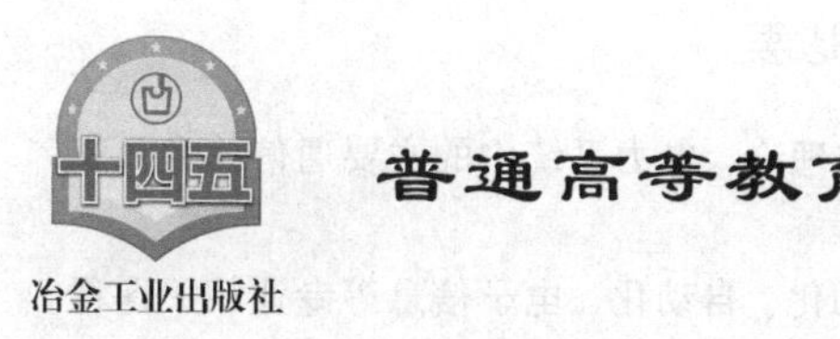

普通高等教育“十四五”规划教材

电力系统通信技术

Communication Technology of Electric Power System

主编　胡 松　黄贤明　彭 程　李巧珊

北 京
冶 金 工 业 出 版 社
2024

内 容 提 要

本书共分9章，内容包括通信技术基础理论、电力系统中的主要通信技术及其在电力通信系统中的应用。

本书可作为高等学校电气工程及其自动化、自动化、电子信息等专业相关课程的教材，也可供从事电力系统通信相关领域的技术人员学习参考。

图书在版编目（CIP）数据

电力系统通信技术 / 胡松等主编. -- 北京 : 冶金工业出版社, 2024. 11. -- (普通高等教育“十四五”规划教材). -- ISBN 978-7-5240-0005-1

Ⅰ. TM73

中国国家版本馆 CIP 数据核字第 2024TW3689 号

电力系统通信技术

出版发行 冶金工业出版社　　**电　话** (010)64027926
地　址 北京市东城区嵩祝院北巷39号　　**邮　编** 100009
网　址 www. mip1953. com　　**电子信箱** service@mip1953. com

责任编辑 张佳丽　美术编辑 吕欣童　版式设计 郑小利
责任校对 李欣雨　责任印制 窦　唯
北京富资园科技发展有限公司印刷
2024年11月第1版，2024年11月第1次印刷
787mm×1092mm　1/16；15.5印张；374千字；237页
定价 42.00 元

投稿电话　(010)64027932　投稿信箱　tougao@cnmip. com. cn
营销中心电话　(010)64044283
冶金工业出版社天猫旗舰店　yjgycbs. tmall. com
（本书如有印装质量问题，本社营销中心负责退换）

前　言

通信技术与计算机技术的迅猛进步，给我们的生活带来了翻天覆地的变革。与此同时，通信技术在电力系统中的应用也产生了本质性的转变。

电力系统通信作为电力行业的重要组成部分，在技术层面深受通信技术的影响。诸多新兴的通信技术在电力系统中得到应用，且形成了独有的性质。例如在光纤通信技术领域，广泛采用的是电力特种光缆，而电力线载波技术更是展现出了行业的鲜明特色。近些年来，伴随电力系统信息化的蓬勃发展，对电力行业从业人员的综合素养提出了更高的要求，在非通信专业人员当中普及通信技术教育势在必行。鉴于目前还没有一本适合电力系统非通信专业学生学习通信技术的教材，我们精心策划编写了本书。

本书的编写秉持着力求简明的指导思想，较为全面地涵盖了通信技术的基本理论、交换技术与通信网、电力载波通信、微波与卫星通信、移动与无线通信、光纤与计算机网络通信、智能电网与量子通信以及电力系统通信电源等内容，并着重展现通信技术的前沿发展动态。在编写进程中，高度注重理论与实际的紧密结合，力求使概念清晰明了，对问题的阐述深入浅出。

本书第 1 章、第 3 章、第 4 章、第 9 章由胡松编写，第 2 章、第 7 章、第 8 章由彭程编写，第 5 章由李巧珊编写，第 6 章由黄贤明编写。

由于作者的水平有限，书中不妥之处，诚恳地期望广大读者给予批评指正。

编　者

2024 年 6 月

目　录

1 绪 论

我国电力系统通信已有近80年的发展历史，早期的电力系统为调度指挥和事故处理的中心，常采用电力线载波通信、架空明线或电缆通信等方式。在20世纪60年代，电力系统通信技术有了新的发展并开始大规模应用。随着数字化通信、微波通信、卫星通信、光纤通信、程控交换机等技术的发展，这些通信新技术不断在电力系统通信网中得到应用，而且发挥着重要作用。在21世纪这二十几年中电力系统通信加快了其发展的步伐，智能电网时代正在到来。

电力系统通信，是电力生产调度与管理服务的专业通信总称。它担负着电力系统内各种信息交换和传递的重要任务，是电力系统内必不可少的联络手段，具有“驿站”“哨所”的作用，同样有着“千里眼”“顺风耳”的美名。电力系统是由电力线路将各发电厂、变电所、用户连接起来的发电、供电网络的总称。由于交流电不能存储，系统中电的产、供、销是同时进行的，因而电力系统就必须有一个和它相适应的电力调度和管理机构，以保证电力系统内安全优质地发电、供电，及时地组织和指挥电能的生产，合理地分配电能，确保电能的质量，迅速地处理系统内的事故等。电力调度机构为了准确迅速地完成其各项任务，必须有一套得心应手的通信设施为其服务，这就是电力系统通信。电力调度已建成五级调度机构——国家电网调度通信中心、区域电网调度通信中心、省网电网调度通信中心、地区电力调度所和县级电力调度。所以，电力系统通信也相应地设立了各级通信机构。

1.1 通信与通信系统

1.1.1 通信与通信网

通信的目的是传送信息，即把信息源产生的语言、文字、数据、图像等信息快速、准确地传给收信者。

最普遍的通信就是电话。现代通信的概念已远不只是简单的电话通信，而是利用多种终端传输各种各样的信息，如数据、图像等。同时，通信的信息可以共享，通信的地理范围已基本不受任何限制，从技术上说，地球上任意两点间均可进行通信。

上述目标的实现，依赖于充分融入计算机的通信网络的存在，如电缆通信网、光纤通信系统、微波通信系统、卫星通信系统、移动通信系统、计算机网络等，从通带上可分成宽带和窄带，从传输速度上可分成高速和低速。利用这些性能，便可以在通信网上实现各自业务不同、目的不同的通信任务。

1.1.2 通信系统的基本组成

通信系统由信息发送者（信源）、信息接收者（信宿）和处理、传输信息的各种设备共同组成。图 1-1 所示为通信系统的组成模型。

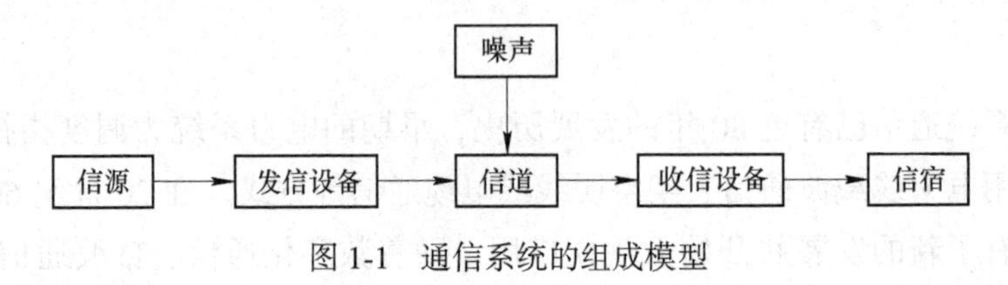

图 1-1 通信系统的组成模型

信源和信宿既可以是人，也可以是机器设备，如计算机、传真机等，因而既可以实现人—人通信，也可以实现人—机或机—机通信。信源发出的信号既可以是话音信号，也可以是数字、符号、图像等非话音信号。

发信设备对信源发来的信息进行加工处理，使之变换为适合于信道传输的形式，同时将信号功率放大，从信道发送出去。

信道是信息的传输媒体。从其物理特性可将信道分为有线和无线两大类。现代的有线信道包括电缆和光缆，无线信道即无线电传输信道。不同的频段，利用不同性能的设备和配置方法，可以组成不同的无线通信系统，如微波中继通信、卫星通信、移动通信等。不同的信道传输性能不同，传送的信号形式也不同。如频率在 0. 3~3. 4 kHz 的话音信号，通过常规的电缆信道可直接传送。若用光缆传送，则必须将话音信号变换为光信号。若用微波传送，则需要对话音信号进行调制，将信号频谱搬移到微波系统的射频频段上去。发信设备对信源信息进行加工、处理，其目的就是完成这些变换。另外，信号传送一般都要经过很长的距离，无论是有线信道还是无线信道，都会使信号能量逐渐衰减。因此，发信设备中一般都包含有功率放大器，将发送的信号功率放大到适当水平，使其沿信道衰减后，收信设备仍能接收到足够强度的信号。

在传输信号的同时，自然界存在的各种干扰噪声也同时作用在信道上。这里的噪声主要是各种电磁现象引起的干扰脉冲，如雷电、电晕、电弧等，另外还有邻近、邻频的其他信道的干扰。干扰噪声对信号的传输质量影响很大，如果噪声过强而又没有有效的抗干扰措施，轻则使信号失真，重则出错，甚至将有效信号完全淹没掉。

正因为如此，收信设备还应具有强大的抗干扰能力，能有效地去除噪声、抑制干扰，准确地恢复原始信号。

图 1-1 只是一个单向的点—点通信系统模型。实际中，大多数的通信系统都是双向的，即两端都有信源和信宿，这就需要在两端都设置有发信、收信设备。为了实现多点间的通信，则需要利用交换设备、网络连接设备将上述多个双向系统连接在一起。

综上所述，通信系统可解释为从信息源节点（信源）到信息终节点（信宿）之间完成信息传送全过程的机、线设备的总体，包括通信终端设备及连接设备之间的传输线所构成的有机体系。

1.1.3 通信系统的主要质量指标及分类

1.1.3.1 通信系统的主要质量指标

评价一个通信系统的质量，最主要的是该系统的有效性和可靠性。有效性是指在给定的信道内能传送多少信息，可靠性是指接收信号的准确程度。

A 信息传输速率

信息传输速率是指在给定信道内单位时间能传输的比特数或码元数。比特数称为信息速率，单位 bit/s；码元数称为码元速率，单位为波特（baud）。信道的传输速率与其带宽成正比，带宽越大的信道，所容许的传输速率也越高。

B 误码率

误码率是数字通信最主要的质量指标，用于衡量在数字传输过程中接收错误的码元数（或比特数）占传输总码元数（或总比特数）的比率。P_{ac}表示误码率，P_{ab}表示误比特率，其定义式分别为

$$P_{ac} = \frac{\text{接收错误码元数}}{\text{传输总码元数}} \times 100\% \tag{1-1}$$

$$P_{ab} = \frac{\text{接收错误比特数}}{\text{传输总比特数}} \times 100\% \tag{1-2}$$

一个码元由若干个比特构成。对于同一次传输过程，其P_{ac}和P_{ab}一般是不相同的。数字通信系统对误码率的要求很严格。

1.1.3.2 通信系统分类

各种通信系统由于使用的波段、传输的信号、调制的方式等不同，所以种类繁多。为进一步了解各类通信系统的特点，可按以下角度，将通信系统进行分类：

（1）按消息的传输媒质划分，即按传输信道的不同，可分为两大类：一类是信号沿导线传输的通信系统，称为有线通信系统；另一类是信号通过空间自由传播的通信系统，称为无线通信系统。无线通信系统根据使用的波段不同又分长波通信、中波通信、短波通信和微波通信系统等。

（2）按消息和信号的特点，即按传送消息的物理特征分类，可分为电话通信、电报通信、图像通信和数据通信等。

（3）按传输信号的特征分类，可分为模拟通信和数字通信。

（4）按调制方式，即按载波参数的变化不同，可分为调幅、调频和调相。对数字通信系统来说，又称为幅移键控（Amplitude Shift-Keying，ASK）、移频键控（Frequency Shift-Keying，FSK）和相移键控（Phase Shift-Keying，PSK）。有时，信源输出的信号不需要调制，而直接进行传输，这类系统称为基带传输系统。相应地，把包含有调制和解调过程的通信系统称为载波传输系统。

（5）从消息传输的方式来划分，可分为单工通信、半双工通信和全双工通信系统。

单工通信系统中，消息只能单方向传输，如图 1-2（a）所示。广播、无线寻呼和遥控系统属于单工通信系统。

半双工通信系统中，通信两端都可以发送和接收，但不能同时进行。即系统中要么 A 端发 B 端收，要么 B 端发 A 端收，如图 1-2（b）所示。

全双工通信系统中，通信的双方可同时发送和接收消息，即消息可同时在两个方向传递，如图 1-2（c）所示。

（6）按信道复用方式划分，可分为频分复用、时分复用、码分复用和波分复用通信系统。数字通信系统中采用时分复用，而光纤通信系统中常用波分复用。

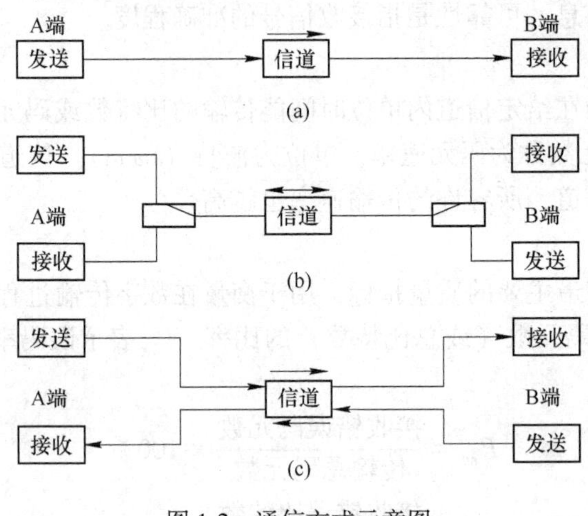

图 1-2 通信方式示意图
（a）单工；（b）半双工；（c）全双工

1.1.4 通信网概念

物理结构上的网，即为线的集合，自然界经常见到的蜘蛛网、渔网等都是用线编织而成的。

通信网的定义，可描述为由各种通信节点（端节点、交换节点、转接点）及连接各节点的传输链路互相依存的有机结合体，以实现两点及多个规定点间的通信体系。由通信网的定义可看出，从物理结构或从硬件设施方面去看，它由终端设备、交换设备及传输链路三大要素组成。

终端设备主要包括电话机、PC 机、移动终端、手机和各种数字传输终端设备，如准同步数字系列（Plesiochronous Digital Hierarchy，PDH）端机、同步数字体系（Synchronous Digital Hierarchy，SDH）光端机等。

交换设备包括程控交换机、分组交换机、ATM 交换机、移动交换机、路由器、集线器、网关、交叉连接设备等。

传输链路即为各种传输信道，如电缆信道、光缆信道、微波、卫星信道及其他无线传输信道等。

1.1.5 通信系统与通信网的关系

1.1.5.1 通信系统与通信网

从以上通信系统和通信网的描述中，可以明显地看出两种概念及它们之间的密切关系。用通信系统来构架，通信网即为通信系统的集，或者说是各种通信系统的综合，通信网是各种通信系统综合应用的产物。通信网源于通信系统，又高于通信系统。但是不论通信网的种类、功能、技术如何复杂，从物理上的硬件设施分析，通信系统是各种网不可缺少的物质基础，这是一种自然发展规律，没有线即不能成网。因此，通信网是通信系统发展的必然结果。通信系统可以独立地存在，然而一个通信网是通信系统的扩充，是多节点各通信系统的综合，通信网不能离开系统而单独存在。

1.1.5.2 现代通信系统与现代通信网

以上讲到的通信系统和通信网的基本概念是从物理结构及硬件设施方面去理解和定义的，然而现在的通信系统及通信网已经融入了计算机技术。

现代通信就是数字通信与计算机技术的结合。同样在数字通信系统中融合了计算机硬件、软件技术，这样的系统即为现代通信系统，如 SDH 光同步传输系统出现后，在光纤传输设备中有中央处理器进行数据运算处理，并引进了管理比特用计算机进行监控与管理，就构成了所谓的现代通信系统。现在的通信网已实现了数字化，并引入了大量的计算机硬件、软件技术，使通信网越来越综合化、智能化，把通信网推向一个新时代，即现代通信网。它产生了更多的功能，适用范围更广，为不断满足人们日益增长的物质文化生活的需要提供了服务平台。现在人们经常谈到的通信网、电话网、数据网、计算机网和移动通信网等都属于现代通信网，也可简称通信网。

1.2 电力系统通信业务特点

随着电力系统通信技术的更加成熟，电力系统通信的业务范围增多，对通信系统的要求也越来越高。

1.2.1 电力系统通信业务内容及特点

电力系统通信中信息的内容是多种多样的，经常传递的信息有：电话传真、话音业务中的调度电话和管理电话、远动和数据信号、远方保护信号、系统运行状态图像信息、水电站水库和水情、工矿信息等。随着调度自动化和企业生产管理水平的不断提高，所需传输的信息内容还在不断增加。

随着电网管理自动化水平要求的不断提高，大量涉及电力生产、运行、管理的各种信息需要稳定、可靠、迅速地进行传输，这无疑对电力系统通信提出了更高要求。电力通信服务的对象不再局限于电力调度，电力系统通信需要提供多种业务的服务，包括通信、远动、继电保护、办公自动化等，这就要求电力系统通信网络稳定可靠并且效率高。

电力系统通信为电力系统生产、调度服务，而且还必须满足继电保护信号对通道的要求，因此，通信网络运行的可靠性就显得越来越重要。而作为一种专用网，它具有以下特点：

（1）高可靠性。即信息传输必须高度可靠、准确，绝不能出错。否则，行动机构不听从指挥，命令不能有效运行，其后果无法设想。

（2）实时性。即信息的传输延时必须很小。这是由电力系统事故的快速性所要求的。如果出了事故不能及时地发现，或发现事故后控制命令不能及时下达，将会造成巨大的损失。

（3）连续性。由于电力生产的不间断性，电力系统的许多信息（如运动信息）是需要占用专门信道，长期连续传送的。

(4) 信息量较少。鉴于电力通信网的特殊用途，主要是传送电力系统的生产、控制、管理信息，故网上传输的信息量比较少，通信网络的触角只需伸至基层变电所。这一点决定了电力通信系统的容量势必较小。当然，随着电力市场和电能自动计费的兴起，以及电力通信参与公用电信市场的竞争，这种格局将逐渐改变。

除以上特点外，电力系统通信网局部地区站点密度大，需要频繁地上下话路；无人值守的通信站占绝大部分；对传输电网自动化信息通道的误码率要求低；同时，电力系统通信网的建设可利用电力系统独特的资源，比如利用高压输电线的载波通信、电力杆塔架设全介质自承式光缆、地线复合光缆等。

电力系统通信必须满足和适应电力不能储存，产、供、销瞬时同时完成的特点，为电力系统提供不间断的通信服务。各级通信部门必须加强对通信网及通信电路和设备的运行管理，时刻保持通信电路畅通，并且符合技术质量指标。各级通信调度是通信网运行管理的指挥中心，各级通信部门和各通信专业部门均应服从调度，严格执行通信调度命令，确保电路畅通。各级通信机构应根据本网、本省或本单位的实际，合理划分通信专业部门的运行管理范围，明确专业界面，确保全程电路畅通。

1.2.2 电力通信系统的抗灾害能力

电力系统运行中，面临危险的外界因素（如雷击、鸟害等）、内部因素（绝缘老化、损坏等）及操作等，都可能引起各种故障及不正常运行状态的出现。常见的故障有：单相接地、三相接地、两相接地、相间短路等。电力系统非正常运行状态有：过负荷、过电压、非全相运行、振荡、次同步谐振、同步发电机短时失磁异步运行等。

电力系统继电保护和安全自动装置是在电力系统发生故障和不正常运行情况时，用于快速切除故障，消除不正常状况的重要自动化技术和设备。电力系统发生故障或存在危及其安全运行的事件时，它们能及时发出告警信号，或直接发出跳闸命令以终止事件，另外能发出警告信号并传送到变电所或调度室中。继电保护的基本任务是：自动迅速有选择地跳开特定的断路器，反映电气元件的不正常运行状态。速动性、选择性、灵敏性和可靠性是对它的基本要求。

监视控制与数据采集系统，是以计算机为基础的监测控制与调度管理自动化系统，它可以在地理环境恶劣、位置偏远、无人值守的环境下，实现远程数据采集、设备控制、测量、参数调节以及信号报警等功能。由于该系统能正确掌握系统运行状态，具有辅助决策、帮助快速诊断出系统故障状态等优点，现已经成为电力调度不可缺少的工具。它对提高电网运行的可靠性、安全性与经济效益，减轻调度员的负担，实现电力调度自动化与现代化，提高调度的效率和水平等有着不可替代的作用。

物联网的发展和兴起，为电力通信网向智能电网过渡起到了重要的作用。智能电网能实现各应用环节相关信息的采集，提升电网各个应用环节的智能化水平，所以未来智能电网在抗灾方面有其独特的优势。智能电网是利用电网控制技术、信息技术和现代管理技术对电网进行实时控制，具有自愈、安全、经济、科学的特点，从发电到用电所有环节的信息交换都以可靠的、先进的通信技术作为支持。随着电网向智能电网的发展，对电力通信提出了高带宽、高可靠性、容灾、广覆盖等新的需求。

电力通信系统的抗灾害能力为提高电力系统抵御自然灾害能力，最大限度地减少自然灾害造成的损失提供了重要保障，它维护了正常的生产和生活秩序，保障了国家能源安全和国民经济正常运行。但从我国电力通信系统现状看，还必须推进电力抗灾技术创新，完善电力应急体系，做好灾害防范应对。

1.3　电力通信系统的重要性

电力系统的安全稳定运行要求有可靠的通信系统。电力通信是电网调度自动化、网络运营市场化和管理现代化的基础；是确保电网安全、稳定、经济运行的重要手段。电力通信有力地保障了电力生产、基建、行政、防汛、电力调度、水库调度、燃料调度、继电保护、安全自动装置、远动、计算机通信、电网调度自动化等的通信需要。电力通信系统是电力系统的重要基础设施，也是电力系统安全运行和现代化管理必不可少的组成部分。

1.3.1　通信在电网的作用

电力系统中通信的一般定义是：利用有线电、无线电、光或其他电磁系统，对电力系统运行、经营和管理等活动中需要的各种符号、信号、文字、图像、声音或其他任何性质的信息进行传输与交换，满足电力系统要求的专用通信。

我国已建立比较完善的专用电力通信网。通信在电力网中的作用突出，主要包含以下几个方面：

（1）调度通常由电力调度员使用系统的调度电话进行各级调度所与各发电厂、变电所之间的联络，或通知执勤人员进行电闸操作等。

（2）监测通过对大型水电、火电、核电站等电站工业原料、使用效率、运行环境的数据估计计算，运用厂内的通信线路监测设备的运行参数，通过通信网将其传送到各级调度所。

（3）监控实时地把调度所通过通信网向发电厂及变电所传送的运行基准信息、电压控制信息、高频继电保护信息、断路器控制信息等各种控制信息进行控制和处理。

（4）电力系统发生事故进行事故抢修或电力线路检修时，采用通信网或临时配置的移动通信手段使抢修及检修作业更加迅速、准确。

（5）发、送、变电工程的基建施工管理，各业务部门的日常行政事务管理，现代化的管理及办公自动化设备管理。通过通信网可以使各部门的信息共享，及时准确地交换各种信息，提高管理效能。

从通信内容来看，除了传输反映近代生产技术要求的厂、站的各种运行数据、文件、图像和语音，以及经过计算机加工、处理的各种数据、控制、操作信号外，还有程控交换机在通信通道中来回传送的信令和自诊断代码信号等。

由于通信在电力生产中的地位与作用很重要，所以，在电力工业的不断发展中，电力系统的专用通信网相应得到了发展与完善。目前，我国已建立成熟的电力系统通信网，它按五级调度机构进行组网。在有线通信方面已大量应用光纤通信、程控交换技术；在无线通信方面应用了卫星通信、微波通信等。通信网的组建已逐步朝着智能电网方向发展。

1.3.2 电力系统通信网的重要性

电力系统的突出特点表现在电力生产的不容许间断性、事故出现的快速性以及电力对国民经济影响的严重性。电力生产是连续的，发电机一旦启动，就将在相当长的时间内日夜运转，将电能经电网送出；电力系统事故特别是输电线路的故障，往往是在瞬间发生，并且不可预知；一旦因事故中断供电，将使得供电区域陷入瘫痪，给国民经济和社会生活带来严重的影响。正因如此，电力系统总是把安全生产放在第一位。

为了保证电力系统的安全运行，就需要有效、可靠的控制系统，借以及时发现系统故障，并迅速采取相关应急措施。而电力系统覆盖面积辽阔，这些控制信息必须借助于快速、可靠的通信网络才能准确、及时地予以传送。

为了保证电力系统安全、经济地发电、供电，合理分配电能，保证电力质量指标及防止和及时处理电力系统事故发生，就要高度集中管理和统一调度，建立起与之相适应的专用通信系统。因此，电力通信系统是电力系统的重要组成部分，它是电网实现调度自动化和管理现代化的基础。

由于电力系统生产的不容许间断性和运行状态变化的突然性，要求电力调度通信高度可靠、传输迅速，因此需要建立与电力系统安全运行相适应的专用通信网。对于在系统运行中具有重要意义的发电厂、变电所应保证有互为备用的通信通道。此外，计算机网络技术也为调度自动化技术的发展提供了广阔的发展空间，可以实现无人监控、自动处理一些事故等。

1.3.3 电力系统通信网

电力系统通信网在通信原理和交换功能方面与公用系统通信网没有根本区别，都是为两点或多点提供电路，建立电信联络。差别是电力系统通信网的结构取决于电力网的结构、运行方式及管理层次，公用系统通信网的结构取决于国家行政管理区域。

在通信网的设计思想方面，电力系统通信网的经济性寓于电力系统的经济性之中，通信网本身把经济性放在第二位，把电网的管理需要放在第一位。其次，电力系统通信网干线及支线容量、信息交换容量和话务量都较公用通信网小，但中继局向多、功能强、可靠性要求高。由此可见，电力系统通信网是一种较为特殊的专用通信网。电力系统通信网可分为电力系统调度通信网、电力系统业务管理通信网（也称行政管理通信网）、数据通信网三类。

电力系统调度通信网的主要职责是传输和交换调度人员的操作命令、经济调度、处理事故等信息。电网调度和电网的经济安全稳定运行休戚相关，不可分割。正因为如此，对电力系统调度通信网的要求很高，主要要求通信电路接续速度快、有百分之百的可用性、高可靠性。为了满足这些要求，在设计通信电路时，重要厂站要有多条独立通信通道，以保证在任何情况下均有电路可用。

电力系统业务管理通信网主要用于行政管理信息和交换。例如物资管理、财务管理、用电管理、人事管理等，也可以作为电力系统调度通信网的后备。

数据通信网则为系统计算机及其终端设备之间的信息传输和交换。中央局、网局、省局和地区调度及大型厂站之间的计算机数据（如安全监控、自动发电控制和经济运行等信息），在现代化电力系统管理中都经过数据网进行传输交换。

电力系统通信网是由多种传输手段、交换设备、终端设备组成的，并且是实行统一领导、分级管理的全国电力行业专用通信网络。电力系统通信具有全程全网、联合作业、协同配合的特点。

电力系统通信网按业务的种类分为电话及传真网、数据通信网、可视电话电视网等。按服务区域范围分为本地通信网、长途通信网、移动通信网等。电力形态通信网中常见的通信网络有电话交换网、电力数据网、电视电话会议网、企业内联网等。电力数据网包含传统的远动信息网、调度数据网、综合业务数据网等。电力系统通信网是信息社会的基础设施，随着通信技术的发展、通信业务的增加，它的类型和结构也在发生变化。目前，我国电力系统通信网的数字化进程迅速，正朝着综合化、宽带化、智能化方向发展。

1.4 电力系统通信技术分类

电力系统通信网主要由传输、交换、终端三大部分组成。其中传输与交换部分组成通信网络，传输部分为网络的线，交换设备为网络的节点。目前常见的交换方式有电路交换、分组交换、ATM 异步传送模式和帧中继。传输系统以光纤、数字微波传输为主，卫星、电力线载波、电缆、移动通信等多种通信方式并存，实现了对除中国台湾外所有省（自治区）、直辖市的覆盖，承载的业务涉及语音、数据、远动、继电保护、电力监控、移动通信等领域。

电力系统通信技术主要有以下 8 种。

（1）电力线载波通信。电力线载波（Power Line Carrier，PLC）通信是利用高压输电线作为传输通路的载波通信方式，用于电力系统的调度通信、远动、保护、生产指挥、行政业务通信及各种信息传输。电力线路是为输送 50 Hz 强电设计的，线路衰减小，机械强度高，传输可靠。电力线载波通信复用电力线路进行通信不需要通信线路建设的基建投资和日常维护费用，是电力系统特有的通信方式。

（2）光纤通信。光纤通信是以光波为载波，以光纤为传输媒介的一种通信方式。在我国电力通信领域普遍使用电力特种光缆，主要包括全介质自承式光缆、架空地线复合光缆、缠绕式光缆。电力特种光缆是适应电力系统特殊的应用环境而发展起来的一种架空光缆体系，它将光缆技术和输电线技术相结合，架设在 10~500 kV 不同电压等级的电力杆塔和输电线路上，具有高可靠、长寿命等突出优点。

（3）微波通信。微波通信是指利用微波（射频）作载波携带信息，通过无线电波空间进行中继（接力）的通信方式。常用微波通信的频率范围为 1~40 GHz。微波按直线传播，若要进行远程通信，则需在高山、铁塔或高层建筑物顶上安装微波转发设备进行中继通信。

（4）卫星通信。卫星通信是在微波中继通信的基础上发展起来的。它是利用人造地球卫星作为中继站来转发无线电波，从而进行两个或多个地面站之间的通信。卫星通信主要用于解决国家电网公司至边远地区的通信。目前电力系统内已有地球站 32 座，基本上形成了系统专用的卫星通信系统，实现了北京对新疆、西藏、云南、海南、广西、福建等边远省区的通信。卫星通信除用作话音通信外，还用来传送调度自动化系统的实时数据。

（5）移动通信。移动通信是指通信的双方中至少有一方是在移动中进行信息交换的通信方式。作为电力通信网的补充和延伸，移动通信在电力线维护、事故抢修、行政管理等方面发挥着积极的作用。

（6）现代交换方式。现代交换方式包括电路交换、分组交换、帧中继、ATM 异步传送模式和多协议标记交换技术。电路交换和分组交换是两种不同的交换方式，是代表两大范畴的传送模式，帧中继和 ATM 异步传送模式则属于快速分组交换的范畴。

1）电路交换是固定分配带宽的，连接建立后，即使无信息传送也需占电路，电路利用率低；要预先建立连接，有一定的连接建立时延，通路建立后可实时传送信息，传输时延一般可以不计；无差错控制措施。因此，电路交换适合于电话交换、文件传送及高速传真，不适合突发业务和对差错敏感的数据业务。

2）分组交换是一种存储转发的交换方式。它将需要传送的信息划分为一定长度的包，也称为分组，以分组为单位进行存储转发。而每个分组信息都包含源地址和目的地址的标识，在传送数据分组之前，必须首先建立虚电路，然后依序传送。在分组交换网中可以在一条实际的电路上，能够传输许多对用户终端间的数据。其基本原理是把一条电路分成若干条逻辑信道，对每一条逻辑信道有一个编号，称为逻辑信道号，将两个用户终端之间的若干段逻辑信道经交换机连接起来构成虚电路。分组交换最基本的思想就是实现通信资源的共享。分组交换最适合数据通信。数据通信网几乎全部采用分组交换。快速分组交换为简化协议，只具有核心的网络功能，以提供高速、高吞吐量和低时延服务。

3）帧中继（Frame Relay，FR）技术是在开放式系统互联（Open System Interconnect，OSI）第二层上用简化的方法传送和交换数据单元的一种技术。

4）异步传送模式（Asynchronous Transfer Mode，ATM）是电信网络发展的一个重要技术，是为解决远程通信时兼容电路交换和分组交换而设计的技术体系。

5）多协议标记交换（Multi-Protocol Label Switching，MPLS）技术是一种新兴的路由交换技术。MPLS 技术是结合二层交换和三层路由的 L2/L3 集成数据传输技术，不仅支持网络层的多种协议，还可以兼容第二层的多种链路层技术。采用 MPLS 技术的 IP 路由器以及 ATM、FR 交换机统称为标记交换路由器（Label Switch Router，LSR），使用 LSR 的网络相对简化了网络层复杂度，兼容现有的主流网络技术，降低了网络升级的成本。此外，业界还普遍看好用 MPLS 提供虚拟专用网（Vital Private Network，VPN）服务，实现负载均衡的网络流量工程。

（7）现代通信网。现代通信网按功能划分可以分为传输网、支撑网。

支撑网是使业务网正常运行，增强网络功能，提供全网服务质量，以满足用户要求的网络。在各个支撑网中传送相应的控制、检测信号。支撑网包括信令网、同步网和电信管理网。

1）信令网。在采用公共信道信令系统之后，除原有的用户业务之外，还有一个起支撑作用的、专门传送信令的网络——信令网。信令网的功能是实现网络节点间（包括交换局、网络管理中心等）信令的传输和转接。

2）同步网。实现数字传输后，在数字交换局之间、数字交换局和传输设备之间均需要实现信号时钟的同步。同步网的功能就是实现这些设备之间的信号时钟同步。

3）电信管理网。电信管理网是为提高全网质量和充分利用网络设备而设置的。网络管理实时或近实时地监视电信网络的运行，必要时采取控制措施，以达到任何情况下，最大限度地使用网络中一切可以利用的设备，使尽可能多的通信业务得以实现。

（8）接入网。接入网是由业务节点接口和用户网络接口之间的一系列传送实体（如线路设施和传输设施）组成的、为传送电信业务提供所需传送承载能力的实施系统，可经由 Q3 接口进行配置与管理。接入的传输媒体可以是多种多样的，可灵活支持混合的、不同的接入类型和业务。接入网作为本地交换机与用户端设备之间的实施系统，可以部分或全部代替传统的用户本地线路网，可含复用、交叉连接和传输功能。

通信技术与计算机技术、控制技术、数字信号处理技术等相结合是现代通信技术的典型标志。随着电力系统信息化的兴起，电力系统通信技术的发展趋势可概括为数字化、综合化、宽带化、智能化和个人化。电力系统通信技术大发展时代已经开始。

1.5 电力系统管理

各级通信机构必须严格执行局部服从整体、下级服从上级的原则，努力做好所辖范围内通信网的运行维护和管理工作，确保电路畅通。

1.5.1 通信机构与职责

1.5.1.1 机构设置原则

（1）电力系统网是一个整体，在专业技术管理方面实行部、网、局、省（自治区、直辖市，以下均简称省）局、地区局、县局（所）分级管理的原则。各级电业部门建立有相应的通信机构，对所辖范围的通信网规划、运行维护、技术管理及通信工程建设等实行统一领导。

（2）各级通信机构严格执行局部服从整体、下级服从上级的原则，努力做好所辖范围内通信网的运行维护和管理工作，确保电路畅通。

（3）各级通信机构根据通信专业特点和运行维护、管理工作的需要，设置相应的通信专业管理部门，配备必要的专业技术管理人员，实施专业化管理。各级通信机构的主管部门应有一名熟悉通信业务的领导，主管通信工作。

1.5.1.2 各级通信机构职责

（1）部通信机构。国家电力调度通信中心（以下简称国调中心），是国家电网公司的一个运行管理部门，负责全国电力专用通信业务的行业管理；国家电网通信中心（以下简称电通中心），是国家电力公司的直属企业，承担着全国电力通信网主干电路的运营和建设任务，是全国电力通信网的调度指挥中心。

国调中心的主要职责是负责国家电网的调度运行，直接调度跨区电网及有关电厂；负责国家电网公司所属及直调大型水电厂的水库调度；负责各区域间电力电量交易；编制国家电网运行方式；依法对全国电网实施调度管理，协调各局部电网的调度关系；负责全国电网调度、运行方式、水库调度、电力市场、继电保护、自动化和电力通信等专业管理；参与制定电网二次系统规划。

电通中心主要职责是负责调度管理国家电力公司的一级骨干通信电路，覆盖全国36个网省公司。一级骨干传输网络由光纤、数字微波和卫星通信构成，其调度中心、监控中心、卫星中心主站均设置在电通中心本部。电力通信交换网络的汇接中心、数据网的网管中心、电话会议系统和电视电话会议系统的控制中心也设置在中心本部。电通中心工作的首要任务是确保电力通信主干电路的安全稳定运行，为电力生产和国家电力公司提供优质服务。

（2）网局通信机构。在网局直接领导下，接受上级通信主管部门的业务领导和通信网管理工作，其主要职责是：贯彻执行上级颁发的各种规程、规范及有关规章制度，结合本网实际，制定相应的通信专业规程、导则或规定；组织或会同有关部门编制本网通信规划和主要通信工程项目计划，参加有关通信工程的设计审查，组织实施有关通信工作的建设；指导和协调所辖省和直属单位（发电厂、变电所）的通信管理工作；审查或批准所辖省和直属单位（发电厂、变电所）的通信规划及主要通信工程项目计划；负责电力线载波（包括继电保护和安全自动装置）的频率管理和配置，负责信息传输通路的使用分配；负责网局所辖通信网主干电路和本局通信设施的运行维护和管理工作，办理设备的大修更新、移设及设备报废的审批等。

（3）省局通信机构。在省局直接领导下，接受上级通信主管部门的业务领导，负责局所辖范围内的通信网管理工作，其职责是：结合本省实际，制定相应的通信专业规程或规定；组织或会同有关部门编制通信规划和主要通信工程项目计划，参加有关通信工程设计审查，组织实施有关通信工程建设；指导和协调所辖地区局和直属单位（发电厂、变电所）的通信网管理工作。审查和批准所辖地区局和直属单位（发电厂、变电所）的通信规划及主要通信工程项目计划；负责电力线载波（包括继电保护和安全自动装置等）的频率管理和配置；负责信息传输通路的使用分配；负责省局所辖通信网主干电路和本局通信设施的运行维护和管理工作，办理设备的大修、改造、更新、移设及设备报废的审批等。

（4）地区局、县局（所）或厂（所）通信机构。在地区局、县局（所）或发电厂、变电所的领导下，接受上级通信主管部门的业务领导，负责本地区局、县局（所）或厂（所）所辖范围内的通信网或通信设施的管理工作，其主要职责是：贯彻执行上级颁发的各种规程、规范及有关规章制度；组织或会同有关部门编制本地区（县、直属厂、所）或本单位通信规划和通信工程项目计划，报上级主管部门批准后组织实施；具体负责所辖通信站的运行值班和维护，组织对通信事故、障碍的调查分析，制定改进措施等。

（5）通信站。通信站是运行维护的基层单位，其主要职责是：按照规程、规范要求做好运行维护工作，确保本站所辖电路和设备处于完好状态；及时消除电路和设备的故障及缺陷，保证电路畅通和安全运行等。

（6）通信调度。其主要职责是：为确保电力系统通信网可靠、灵活地运行，各级通信机构应设置相应的通信调度；各级通信调度代表各通信机构实施所辖运行网络的管理指挥，负责所辖通信网的监测及故障处理时各通信专业间的协调；通信调度工作必须由熟悉通信网路及业务全面的技术人员担任，并需经考核及批准后方可上岗等。

1.5.2 电力系统通信原则

由于网络规模的限制，电力通信网实际上是一个小而全的网络。小是指网络的业务量不大；全是指作为通信网所有环节一样不少，而且电力通信网地域广大、数量繁多。由于规模的原因，电力通信网的管理传统上一直都不分专业，统一管理，每一位通信管理维护人员都必须管理包括网络中传输、交换、终端各个环节上的设备，还包括电源、机房、环境等网络辅助设备，同时还要管理电路调配等网络业务。

由于电力系统行政划分的各级都设置电力调度，电力通信网又被人为地划分成不同级别、不同隶属关系的网络。一般来说，电力通信网分为主干网、地区网，主干网又分国家、网局、省局、地区 4 级，地区网分为地区、县级网。各级别的网络根据隶属关系互联，各行政单位所属的网络管理、维护关系独立。而且由于传统的原因，上级网络的设备维护工作多由通信设备所在地区的下级网络的通信管理人员负责。网络设备管理与维护分离，集中运行，分散维护。

我国电力通信已发展为具有多种通信方式的较为完整的通信网络，但仍存在一些薄弱环节和问题，主要表现在：网络结构薄弱、网络技术落后；主干电路设备老化、运行不够稳定，造成传输质量下降，运行效率降低；传输容量偏小；通道利用率偏低；业务种类开展较少；网络接入系统薄弱；网络管理系统还不够成熟；通信网发展的体制、标准、规范不够完备等。

1.6 电力系统通信现状

回顾我国电力通信网的发展，它从无到有，从简单到如今具有世界领先的技术；从较为单一的通信电缆和电力线载波通信手段到包含光纤、数字微波、卫星智能电网等多种通信手段并用；从局部点线通信方式到覆盖全国的干线通信网和以程控交换为主的全国电话网、移动电话网、数字数据网；从使用普通电源到使用专用的直流开关电源和蓄电池组。所有这些无不展现电力通信发展的辉煌成就。目前，全国电力光纤通信已形成三纵四横的主干网架结构。为满足三峡工程送出、西电东送以及全国跨区电网联网等对通信的需要，国家电网公司组织实施了三大光缆通信项目，建设跨大区电网的光通信干线。这里针对我国电力通信的现状对下面这些通信方式进行阐述。

（1）数字微波干线网。我国于 1982 年建成了亚洲第一条一千余千米（北京—武汉）、480CH 的数字微波电路。近年建设的微波电路采用 SDH 传输技术。通过微波通信，国家电力公司至全国各省市区都有直达电路，形成了以北京为中心的全国性电力通信干线网络。

（2）电力线载波通信。电力线载波通信是电力系统特有的通信方式，其成熟的技术已得到广泛应用，全国 110 kV 以上电力线载波电路已普遍存在。电力线载波通信主要用于话音、保护和远动信息的传输。近年来随着载波机技术水平的提高和数字载波技术的研究，载波通信已能提供数字业务。

(3) 光纤通信。光纤通信技术在电力系统的应用起步较晚，但发展十分迅速，现已成为电力系统通信的常用手段。光纤通信应用于电力系统的突出优点是其具有非常高的抗强电磁干扰的能力。同时，由于其带宽宽，能方便地实现视频传输，在大量无人值班变电站的“五遥”（即遥测、遥信、遥控、遥调和遥视）中具有独特的意义。特别是电力特种光缆的应用，给电力系统通信提供了独特的应用方式。

(4) 卫星通信。卫星通信主要用于解决国家电力公司至边远地区的通信。电力系统内已有频率调制、连续可变斜率增量调制、自适应差分脉冲编码调制等制式地球站，基本上形成了系统专用的卫星通信系统，实现了北京对新疆、西藏、云南、海南、广西、福建等边远省区的通信。卫星通信除用作话音通信外，还用来传送调度自动化系统的实时数据。在应急通信、灾情勘察、指挥救援、灾后重建等都有广泛的应用。

(5) 程控交换。程控交换技术实现了通信网络业务节点数字化，随着我国综合业务数字网和智能网的应用，程控数字电话交换系统在电话业务的基础上，向用户提供综合业务数字网业务和智能网业务。数据和 Internet 的业务迅速增长，使得电话交换系统成为 Internet 公共拨号接入平台。

(6) 自动交换网。已形成以北京为中心的四级汇接（国、大区、省、地）五级交换（国、大区、省、地、县）的全国性电话自动交换网，在主要节点上实现了程控数字化，并且大部分以数字中继联网。

(7) 数字数据网。数据传输和交换是电力系统通信的主要业务之一。目前除在局部地区开展较低速率的数据通信以外，已在北京、武汉、上海三地建立了传输速率为 384 kbit/s 的高速分组交换网，为调度自动化信息的传递及不同速率、不同类型计算机终端之间的通信和数据资源共享提供服务。以此大三角数字数据网为骨干，连接全国各省局的全国性数字数据网和分组交换网也已基本形成。

伴随着我国电网的迅猛发展，上述通信方式在电力通信网中已得到大量应用。但从目前的情况看，电力通信网还不能完全满足电力生产的需求。主要存在的问题有：一是通信网网络结构比较薄弱，目前电力通信主干网络主要是树形与星形相结合的复合型网络，难以构成电路的迂回；二是干线传输容量偏小；三是现有的网络技术尚不能满足未来业务发展的需要，网络管理水平有待提高。

总之，作为专用的通信网络，电力系统通信网有很强的行业性、必要性，它不仅是电网调度自动化和控制自动化的基础，也是电网生产运行和商业化运行的基础。电力系统通信、电力系统自动化和电网安全稳定控制系统被称为电网安全稳定运行的三大支柱。虽然电力通信的自身经济效益目前不能得以直接体现，还存在一些技术上的难题，但它所产生并隐含在电力生产及管理中的经济效益是巨大的。

1.7 电力系统通信发展趋势

未来的通信发展趋势是非常明显的，主流技术是以 IP 技术为核心，专用交换机（Private Branch Exchange，PBX）方式的通信业务将逐渐退出。下一代网络（Next Generation Network，NGN）软交换为核心的交换技术会体现出越来越明显的优势，其优势体现在以IP技术为基础平台，开展增值业务平台的开发，提高技术的可行性和业务扩展的智能性。

近年来，随着通信技术的发展，为了满足电力系统安全、稳定、高效生产的需求及电力企业运营走向市场化的需求，电力通信网的发展十分迅速。许多新的通信设备、通信系统，如光纤环路、数字程控、ATM等，都纷纷涌入电力通信网，使网络的面貌日新月异。新设备的大量涌入表现出通信网的智能化水平不断提高，功能日益强大，配置、应用也更为复杂。受层出不穷的新产品、新功能、新技术及技术经济效益等诸多因素的影响，使可选择的设备越来越多，造成电力通信网中设备种类的复杂化。同时计算机网络技术与通信技术相互交融也导致了人们观念的改变。传统通信网络的交换、传输等领域引入了计算机网络设备，如路由器、网络交换、ATM设备等。某些传统的通信业务通过计算机网络实现，如IP电话等。今天通信网与计算机网的界限已越来越模糊，电力通信业务已从调度电话、低速率远动通道扩展到高速、数字化、大容量的用户业务，如计算机互联网、广域网、视频传送、云计算、物联网等。电力通信网的结构也已从单一服务于调度中心的简单星形方式发展到今天多中心的网状网络，以保证能为日益增长的电力信息传输需求服务。

下一代网络是一个建立在IP技术基础上的新型公共电信网络，它能够容纳多种形式的信息。在统一的管理平台下，实现音频、视频、数据信号的传输和管理，提供各种带宽应用和传统电信业务，是一个真正实现宽带/窄带一体化、有线/无线一体化、有源/无源一体化、传输/接入一体化的综合业务网络。下一代网络的出现和发展也为今后电力系统通信网络实现技术和业务的转型提供了一个重要的战略机遇和发展空间。

智能电网是电力、自动化和信息通信三大技术的综合。智能电网的必要支撑是统一、高效、灵活和高生存性的通信平台。2010年，智能电网作为发展低碳经济的一个重要载体和有效途径，首次被写入政府工作报告，标志着智能电网得到了党和国家的高度重视，并有可能上升为国家战略。从智能电网的信息化、自动化、互动化特征中不难看出，信息通信在智能电网中所处的重要地位。电力系统实现智能化需要信息通信技术的进步及其与电力基础设施的集成。进入21世纪的现代化电网已经从传统的、结构简单的、狭义的电力系统演化为新型的、结构复杂的、交互式的广义电力系统，这个系统由电力系统主体、信息通信系统、监测控制系统三大系统融合而成（以下简称3S系统）。智能电网建立在集成的、高速双向通信网络的基础上，通过先进的传感和测量技术、先进的设备技术、先进的控制方法以及先进的决策支持系统技术等的应用，达到电网的可靠、安全、经济、高效、环境友好和使用安全的目标。智能电网具有八大特征，分别是自愈电网、鼓励和促进用户参与电力系统的运行和管理、能抵御攻击、能提供满足21世纪用户需求的电能质量、能减轻来自输电和配电系统中的电能质量事件、容许各种不同发电形式的接入、能使电力市场蓬勃发展以及资产的优化高效运行。这些都是智能电网发展的必然趋势，它符合并顺应国家电网公司建设的要求。智能电网已成为世界范围内广泛关注的话题，它是全球经济和技术发展的必然趋势，也是国际电力工业积极应对未来挑战的共同选择。

今后一段时期，电力通信中最理想的传输媒介仍是光纤。光纤高速传输技术正沿着扩大单一波长传输容量、超长距离传输和波分复用等3个方向发展。单一波长容量已做到

40Gbit/s，超长距离传输达到了数千千米。由光交换机等组成的全光网络也进入了实用阶段。光通信已渗入网络的各个层面，从长途网、本地网、接入网，一直到用户本地网。

综上所述，信息与通信技术发展速度很快。电信技术的发展趋势是：网络业务应用IP化，网络交换技术分组化，网络基础设施宽带化，网络功能结构简单化，三网融合的一体化。

通信技术与计算机技术、控制技术、数字信号处理技术等相结合是现代通信技术的典型标志。随着电力系统信息化的兴起，电力系统通信技术的发展趋势可概括为数字化、综合化、宽带化、智能化和个人化。电力系统通信技术大发展时代已经来临。

2 通信技术基础

2.1 通信的基本概念

所谓通信就是双方或多方消息或信息的传递与交流。这里的消息是指对客观世界发生变化的描述或报道，如语言、文字、相片、图像、数字等就是消息的具体表现形式。通常将消息中所包含的有意义的内容称为信息，信息就是对客观物质的反映。消息所含信息的多少称为消息的信息量。

数据是一种承载信息的实体，它涉及事物的具体形式，是任何描述物体、概念、情况、形式的事实、数字、字母和符号。数据可分为模拟数据和数字数据两种形式。

信号是消息或者说是信息的携带者，是数据的具体表现形式。信号在形式上是一种具有变化的物理现象。在通信技术中，一般使用电信号、光信号来传输信息。利用不同的电信号、光信号来作为信号实现的通信方法，就形成了不同的通信系统。通信系统中传递的是携带消息或信息的电信号、光信号。所以说信号是数据的表现形式，或称数据的电磁或电子编码，它能使数据以适当的形式在介质上传输。

2.1.1 信号的种类

2.1.1.1 模拟信号与数字信号

通信系统的作用就是传递消息，被传递的消息在通信系统中被变换为某种形式的物理量，如声、光、电等，这些物理量被称为通信信号。从数学的角度来说，信号通常看成是时间的函数，在时域上可以划分为连续函数和离散函数。依据函数的波形将信号分为模拟信号和数字信号。

A　模拟信号

模拟信号是指代表消息的电信号及其参数（幅度、频率或相位）取值随时间的变化而连续变化的信号，如图 2-1 所示。其特点是幅度连续变化，而在时间上可以连续也可以不连续。现实生活中模拟信号的例子很多，如话音、图像等信号。

B　数字信号

数字信号是由一系列的电脉冲所组成，时间上是离散的，幅度上也是离散的，如图 2-2 所示。如电报信号、计算机输入/输出信号、脉冲编码调制（Pulse Code Modulation，PCM）信号等。

2.1.1.2 周期信号与非周期信号

周期信号是指信号在相同的时间间隔后，会重复前一次的波形，如图 2-2 所示。

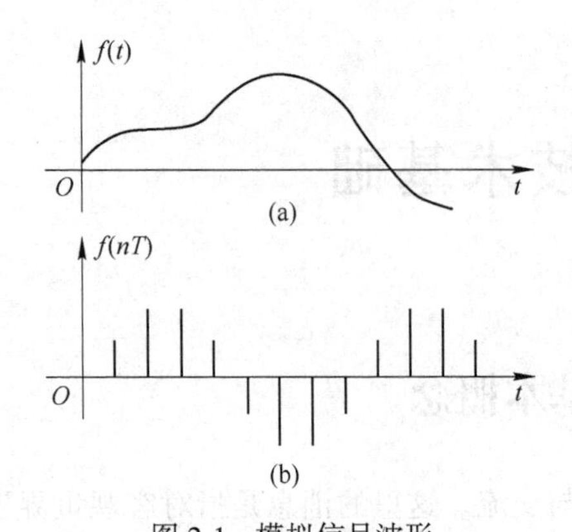

图 2-1 模拟信号波形

（a）连续模拟信号；（b）离散模拟信号

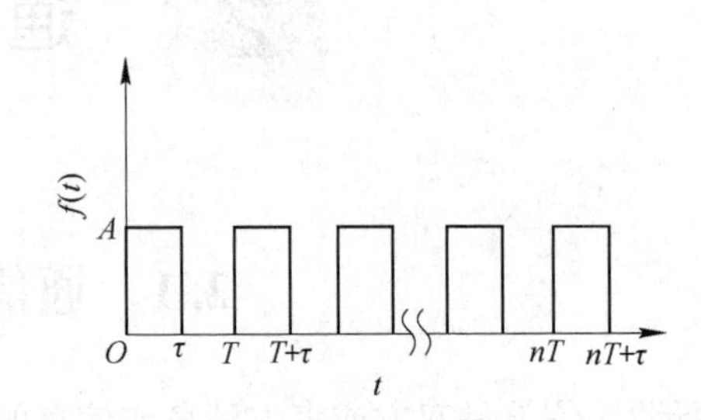

图 2-2 周期矩形脉冲信号

2.1.1.3 信号的表示方法

信号的表示方法有很多种，不同的信号有时用某一种方法表示会比另一种方法更为简便。常用的表示方式有数学表达式法、时域波形图法和频谱表示法。

A 数学表达式法

对周期性的矩形波信号，可以表示为

$$f(t)=\begin{cases}A,\ nT<t<nT+\tau\\0,\ (n-1)T+\tau<t<nT\end{cases}\qquad n=0,\ 1,\ 2,\ \cdots \tag{2-1}$$

但就不如正弦信号这么直观了。

B 时域波形图法

对于上面提到的周期性的矩形波信号，若用波形图法来表示，就显得比较直观，如图 2-2 所示。

C 频谱表示法

实际信号往往比较复杂，不易用数学或图形的方法表示清楚。例如一首乐曲，可以用这些音阶对应的正弦频率的组合来表示。这就是信号的频谱表示法，如图 2-3 所示。

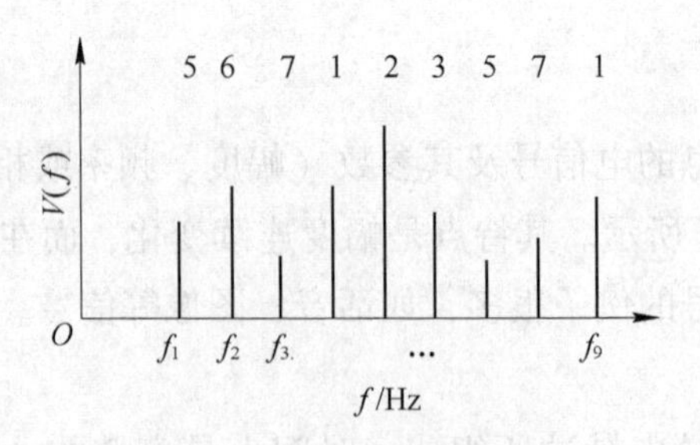

图 2-3 音乐信号的频谱

再比如最常见的话音信号的频率为 0.3~3.4 kHz，话音的主要频率成分落在这个范围内。这样，尽管话音信号是随机的，不便在时域表示，但可以用频域表示来反映其特征。

2.1.2　数据传输模式

2.1.2.1　串行与并行传输

根据在传输介质中的存在状态和先后顺序，数据传输方式分并行传输和串行传输两种。对应的有串行通信和并行通信两种方式，如图 2-4 所示。

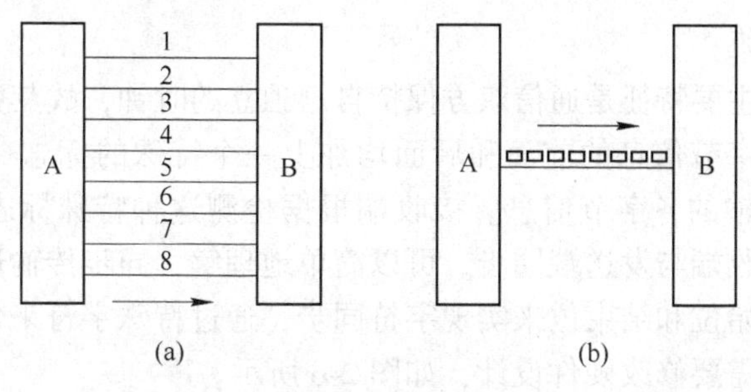

图 2-4　传输方式

(a) 并行传输；(b) 串行传输

A　并行通信

传输中有多个数据位同时通过信道在设备之间进行的传输。在传输过程中同一个字节数据中的各个位同时传输，即一次传输一个字节，在时间上是同步的。计算机与计算机、计算机与各种外部设备间的通信方式都是并行传输，计算机内部的通信也多采用并行传输。并行传输线也叫总线。并行通信是两个通信设备直接相连，通信费用较高，但通信速度很快。适宜于近距离通信。

B　串行通信

传输中只有一个数据位在设备间进行传输。对任何一个二进制序列，串行传输都是用一个传输信道，按位进行传输。串行传输的速度比并行传输慢得多，但它节省了大量的数据通道，降低了信道成本，适宜于远距离传输。常见的计算机网络通信，远程终端单元和最大传输单元间通信均采用串行通信方式。串行通信又分为同步串行通信方式和异步串行通信方式。

2.1.2.2　同步与异步传输

在数据通信系统中，数据从发送端传送到接收端必须保持收、发两端工作协调一致，这就是所谓的同步。数据通信不仅要同步，对其接收端而言，收到数据还必须是可识别的。数据通信按照其传输和同步方式可以分为两种类型：同步通信系统和异步通信系统。

A　同步通信系统

同步通信系统是以恒定的速率传输、处理数据。理论上可以采用很多方法实现收、发端同步。目前，在保证传输信号中有足够定时信息（通过对传输信号编码实现）的情况下，通常采用定时提取的方法从传输信号中提取发送端的定时信息，用以控制调整接收端定时信号，以确保收、发两端同步。并且能够准确地按发端的编码格式解码出信息，还应知道传输码字的起始位置，这个信息通常由群同步系统提供，即在发端发一个不会在消息码中出现的特殊序列，作为接收端判断码字的起始标志信号，如图 2-5 所示。同步传输有较高的传输效率，但实现起来较复杂，常用于高速传输中。

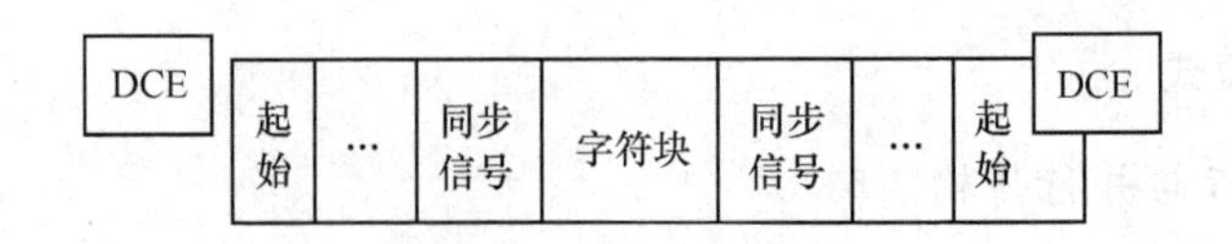

图 2-5 同步传输方式

B 异步通信系统

异步通信系统的主要特征是通信双方保持自己独立的时钟，故其数据传输速率是不确定的，通信中每一个字节信息的前面和后面均加上一个特殊的标志（称为起始位和终止位）用来区分串行传输的各字节信息。接收端根据检测这种特殊标志“起始”码，来启动定时时钟，以使接收端与发送端同步。可以简单地理解，异步传输通过约定传输速率来实现位同步，通过起始位和结束位来实现字符同步，通过特殊字符来保证帧同步。这种方式实现起来简单，不需要修改硬件设计，如图 2-6 所示。

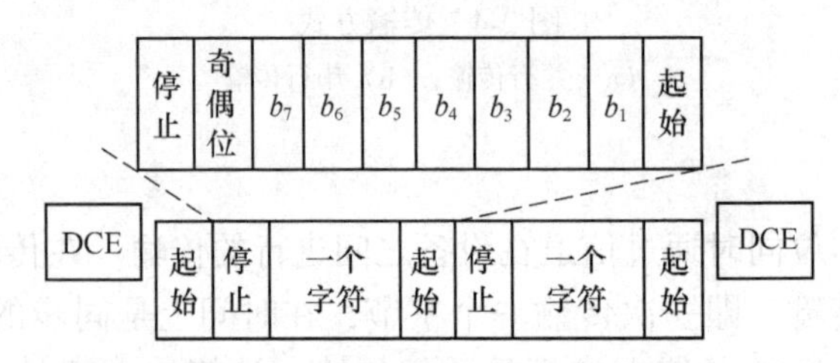

图 2-6 异步传输方式

比较而言，异步通信对于发射设备要求较简单，易于实现，在调度自动化中应用较多。但其通信帧中冗余信息较多、速率低（50~9600 bit/s）、通信效率很低。而同步通信冗余信息少、通信速率高、可达 800000 bit/s。

2.1.2.3 单工、半双工与全双工

信息在通信线路上传输是有方向的，根据某一时间内信息流传输的方向和特点，通信线路的工作方式可分为三种：

（1）单工通信：所传信息始终是一个方向的通信。例如广播、电力系统遥测、遥控，均是单工通信方式。如图 2-7（a）所示。

（2）半双工通信：通信信道两端均可以收发信息，但同一时刻信息只能有一个传输方向。例如对讲机就属于这种工作方式。如图 2-7（b）所示。

（3）全双工通信：通信信道两端可同时收发信息。例如常见的电话通信就属于这种方式。现在，我们使用的远动通道中载波、扩频、通信电缆、微波等通信方式，都采用这种工作方式。如图 2-7（c）所示。

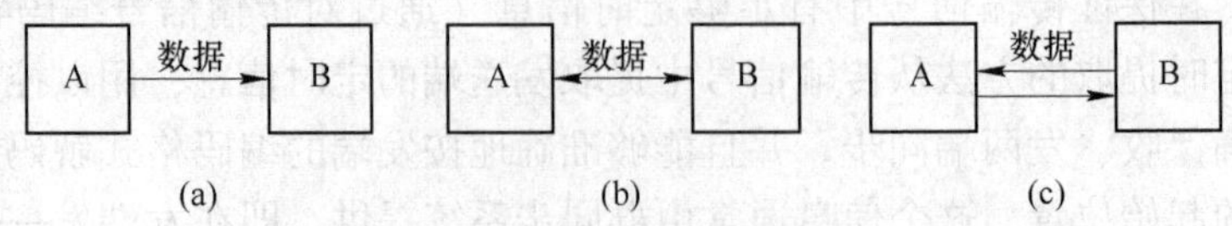

图 2-7 单工、半双工与全双工通信方式

（a）单工通信；（b）半双工通信；（c）全双工通信

2.2 信号的调制与编码

无论是数字信号还是模拟信号，在传输时都会遇到许多问题，如何保障传输质量、实现长距离传输、提高传输速率等变得十分重要。因此，就有了信号的调制与编码技术。

在通信设备内部传输数据，由于各电路之间的距离短，工作环境可以控制，在传输过程中一般采用简单高效的数据信号传输方式，比如直接将二进制信号送上传输通道进行传输等。在远距离传输的过程中，由于线路较长，数据信号在传输介质中将会产生损耗和干扰，为减少在特定的介质中的损耗和干扰，需要将传输的信号进行转换，使之成为适于在该介质上传输的信号，这一过程称为信号编码。

数字信号是电脉冲信号。占用带宽很大，在实际的信道中无法做到不失真地传输。为了节约带宽，提高传输效率，要求信号的带宽越小越好。实际中常采用以固定频率的正弦波作为载波（高频正弦波），把要传输的信号加载在载波上，合成的信号若保持载波的原频率，而幅度按照要传输的信号的幅度变化，这样的一个过程叫作幅度调制。常用的调制方式还有调频（合成信号的频率随原信号的幅度变化，而其幅度保持不变）、调相（合成信号的相位随原信号的幅度变化，而其频率幅度均不变）等。

2.2.1 数字—数字的转换

数字—数字编码或转换是用数字信号来表示数字信息。如由计算机产生的数字数据，直接或经过波形形成电路后在其原始电信号所固有的频带上传输，称为数字数据的基带传输。相应的系统称为基带传输系统。这里的波形形成电路就是为了使信号的码型与信道传输特性相匹配。一般有如下要求：

（1）如果传输线路中有电容耦合电路的设备，就要求信号不含直流和低频分量；

（2）所选码型占用频带要窄；

（3）信号本身包含位同步信息；

（4）具有差错检测能力；

（5）译码的电路应尽量简单便于实现。

数字基带信号的码型种类很多，下面介绍几种常用的码型。

2.2.1.1 单极性不归零码

单极性不归零码是最简单、最基本的编码，占用频带较低，但有直流分量，对连续的“1”和“0”无法识别，自身不能同步。此种码型的编码规则为：对于数据传输代码中的“1”用+E 电平表示，“0”用零电平表示。它通常用在近距离传输上，接口电路十分简单。它的缺点有两个：一是容易出现连续“0”和连续“1”，不利于接收端同步信号的提取；二是因为电平不归零和电平的单极性造成这种码型有直流分量，不利于判别电路的工作，如图 2-8（a）所示。

2.2.1.2 单极性归零码

此种码型的编码规则为：数据代码中的每个“1”都对应一个脉冲，可能是正脉冲也可能是负脉冲，脉冲宽度比每位的传输周期短，即脉冲提前回到零电位；数据“0”仍然为零电平，如图 2-8（b）所示。

2.2.1.3 双极性不归零码

与单极性不归零码相比，双极性不归零码去除了直流分量。此种码型的编码规则为：对于数据中的“1”用+E 或−E 电平表示，对数据“0”用相反的电平（即−E 或+E）表示，如图 2-8（c）所示。常用的 RS-232 电平标准即采用这种编码方式。

2.2.1.4 双极性归零码

此种码型的编码规则为：对于数据中的“1”用一个正或负的脉冲（+E 或−E）来表示，数据“0”用相反的脉冲（−E 或+E）来表示，这两种脉冲的宽度都小于一位的传输时间，即提前回到零电平。对于任意组合的数据位之间都有零电平间隔。这种码有利于传输同步信号，波形如图 2-8（d）所示。

2.2.1.5 极性交替转换码

此种码型的编码规则为：用交替极性的脉冲（+E 和−E）表示码元“1”，用无脉冲表示“0”，脉冲宽度可以是码元宽度，也可以是部分宽度，这种码也没有直流分量，且能抵抗信道中的极性翻转。缺点是连续“0”的个数太多时，不利于定时信号的恢复，如图 2-8（e）所示。

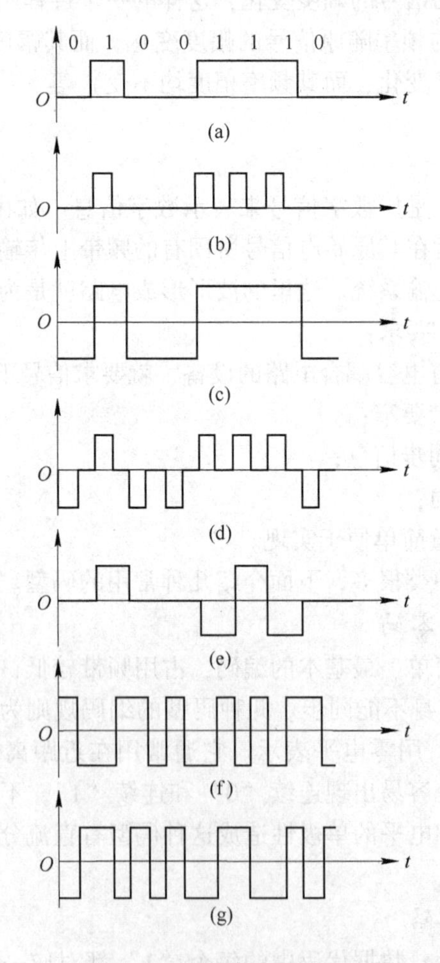

图 2-8 各种码型基带波形

（a）单极性不归零码；（b）单极性归零码；（c）双极性不归零码；
（d）双极性归零码；（e）极性交替转换码；（f）曼彻斯特码；（g）差分曼彻斯特码

2.2.1.6 曼彻斯特码

此种码型的编码规则为：对于数据代码“1”用电平正跳变（或负跳变）来代表，数据代码“0”用与数据代码“1”相反的跳变来表示，这种跳变在一位数据传输时间内完成。所谓的正跳变指的是一位代码前半个周期为低电平，后半个周期为高电平；负跳变正好相反。这种码型的优点为：每传输一位电压都存在一次跳变，有利于同步信号的提取；另外，每一位正电平或负电平存在的时间相同，若采用双极性码，可抵消直流分量。其缺点为：由于跳变的存在，编码后的脉冲频率为传输频率的2倍，多占用信道带宽。这种码广泛应用于10 M以太网和无线寻呼网中，其波形如图2-8（f）所示。

2.2.1.7 差分曼彻斯特码

此种码型的编码规则为：以每位开始有无跳变表示数据，有跳变是“0”，无跳变是“1”，中间的跳变仅表示时钟，如图2-8（g）所示。曼彻斯特和差分曼彻斯特码都将时钟同步信号包含在数据信息中一起传输，因此这两种码都具有自同步能力。

2.2.2 模拟—数字的转换

模拟—数字的转换是将模拟信号数字化。在长距离传输中，由于数字信号具有较好的抗干扰特性，为了提高信号传输质量，需要将模拟信号变换为数字信号。同时，为了在计算机通信网中传送模拟信号，也需要把模拟信号变换为数字信号，以适合计算机通信所采用的数字传输技术。典型的转换方法为脉冲编码调制，其变换过程如图2-9所示。

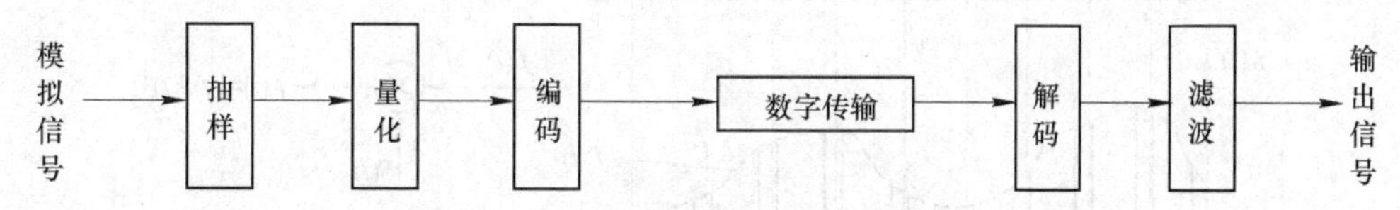

图2-9 模拟信号的脉冲编码调制

2.2.2.1 抽样

话音信号是在时间和幅度上连续变化的模拟信号，将话音信号在时间上离散化的过程称为抽样。所谓抽样就是每隔一定的时间间隔 T，抽取模拟话音信号的一个瞬时幅度值（抽样值）。这一串在时间上离散的幅度值称为样值信号。其幅度仍然是连续的，仍是模拟信号。图2-10给出了抽样的原理示意图，图2-11给出了抽样的实现过程。

2.2.2.2 量化

经抽样后形成的样值信号是脉幅调制信号（Pulse Amplitude Modulation，PAM），PAM信号还是模拟信号。所谓量化，就是把时间离散、幅度连续的模拟样值信号近似地变换为幅度离散的样值序列，并用有限个二进制数来表示。这时还须注意：（1）量化过程是一个用数字量近似表示模拟量的过程，必然带来量化误差（即量化噪声）；（2）量化误差与量化级的大小有关；（3）为了减小量化噪声，应优化量化方法，如均匀量化和非均匀量化。采用均匀量化时，对小信号和大信号都采用相同的量化等级，因而对小信号的量化不利，引起“信号/量化噪声”比值变小，这时可采用非均匀量化的方法加以解决。对于音频信号的非均匀量化是采用压缩、扩张的方法，即在发送端对输入的信号进行压缩，处理再均匀量化，在接收端再进行相应的扩张处理，图2-12为非均匀量化的过程。

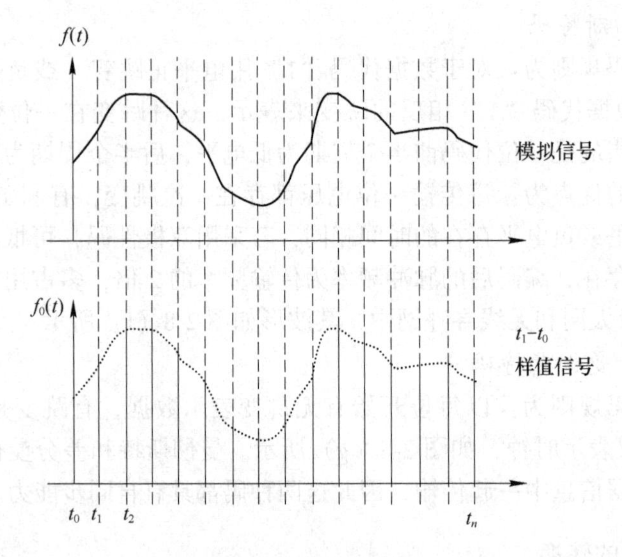

图 2-10 抽样示意图

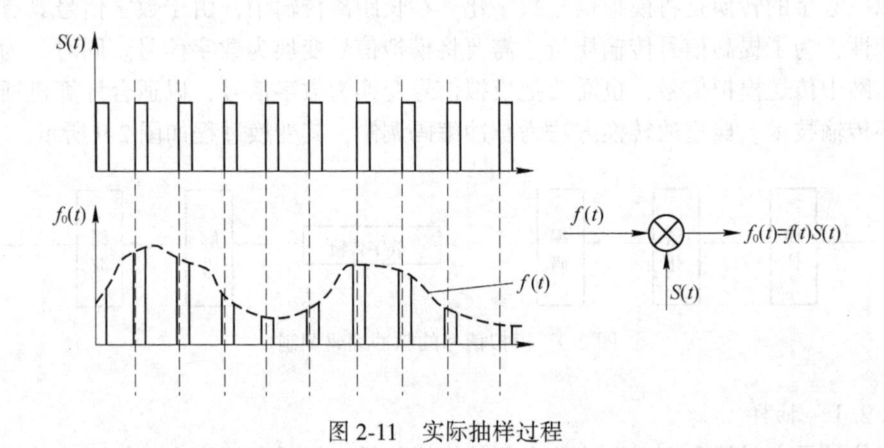

图 2-11 实际抽样过程

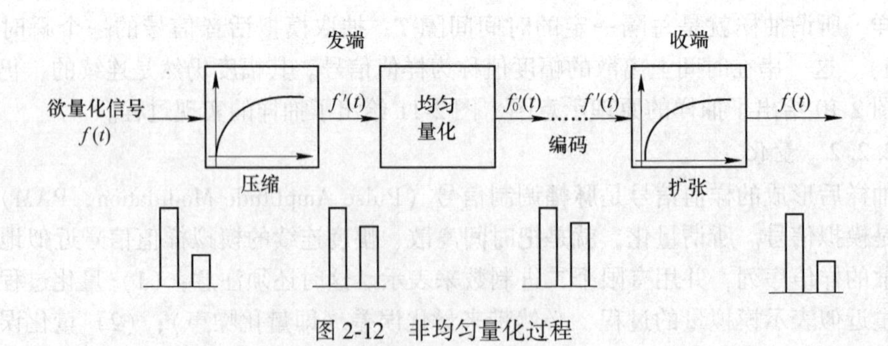

图 2-12 非均匀量化过程

2.2.3 数字—模拟的转换

数字—模拟的转换或数字—模拟调制是基于以数字信号（“0”“1”）表示的信息来改变模拟信号（载波）特征的过程。例如，利用电话线实现计算机之间的数据通信时，数据开始时是数字的，而电话线是模拟线路，一般不能直接传送数字信号，所以数据必须进行转换。通常是用数字基带信号去控制模拟载波信号的振幅、频率和相位，实现幅移键控、频移键控和相移键控三种常用的载波调制方式。

一个标准正弦波由 $U_m \sin(\alpha t+\Phi)$ 表示，其中有振幅 U_m、频率 α、相位 Φ 三个参量，改变其中任意一个参数均可导致波形变化。而所谓的调制就是利用调制信号对载波（标准正弦波）的某一参数进行控制，从而使这些参数随调制信号变化而变化。通信系统中均选择正弦波信号作为载波。

2.2.3.1 幅移键控（ASK）

ASK 是最简单的一种调制方式，在这种方式中，载波的频率、相位是常数，振幅随数字信号的值变化。即以载波的振幅大小来表示二进制数的值（“1” 或 “0”）。二进制数字振幅键控通常记作 2ASK，如图 2-13 所示。

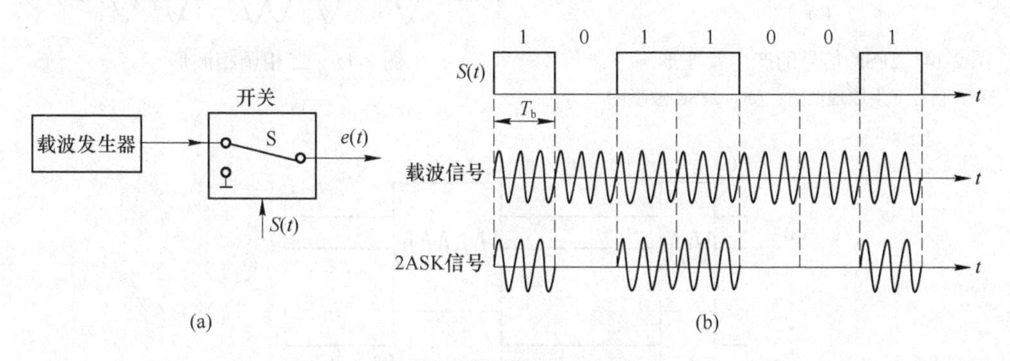

图 2-13 2ASK 信号的产生及波形模型
（a）2ASK 产生原理框图；（b）2ASK 波形图

2.2.3.2 频移键控（FSK）

FSK 是利用载波频率不同来表示二进制数的值（“1” 或 “0”），在这种方式中，载波的振幅、相位是常数，频率随数字信号的值变化，如图 2-14 所示。

2.2.3.3 相移键控（PSK）

PSK 是以改变载波的初始相位来表示二进制数的值（“1” 或 “0”）。在这种方式中，载波的振幅、频率是常数，初始相位随数字信号的值变化，如图 2-15 所示。

图 2-16 列出了三种调制的情况。在这三种基本调制技术中，ASK 方式易受增益变化的影响，是一种效率较低的调制技术。在音频电话线路上，通常只能达到 1200 bit/s 的传输速率；FSK 方式不易受干扰的影响，比 ASK 方式的编码效率高，在音频电话线路上，其传输速率为 1200 bit/s 或更高；PSK 方式具有较强的抗干扰能力，而且比 FSK 方式编码效率更高，在音频线路上，传输速率可达 9600 bit/s。另外，PSK 方式也可以用于多相的调制，如在四相调制中可把每个信号串编码为两位。这些基本调制技术也可以组合起来使用。常见的组合是 PSK 和 FSK 方式的组合及 PSK 和 ASK 方式的组合。在电力系统调度自动化中，用于载波通道或微波通道相配合的专用调制解调器多采用 FSK 频移键控原理。

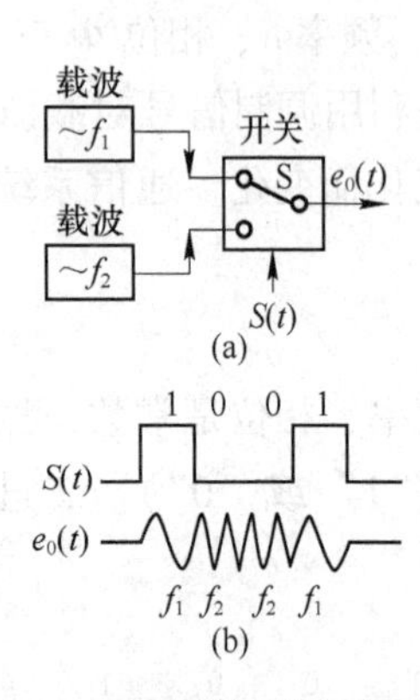

图 2-14 2FSK 信号的产生及波形

（a）2FSK 信号产生原理框图；（b）2FSK 波形图

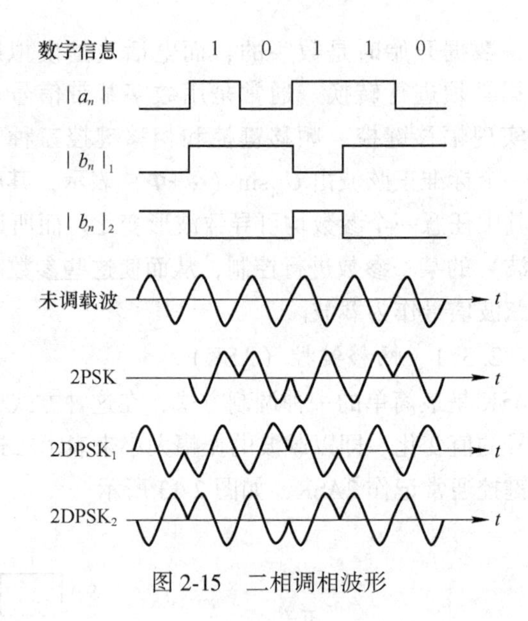

图 2-15 二相调相波形

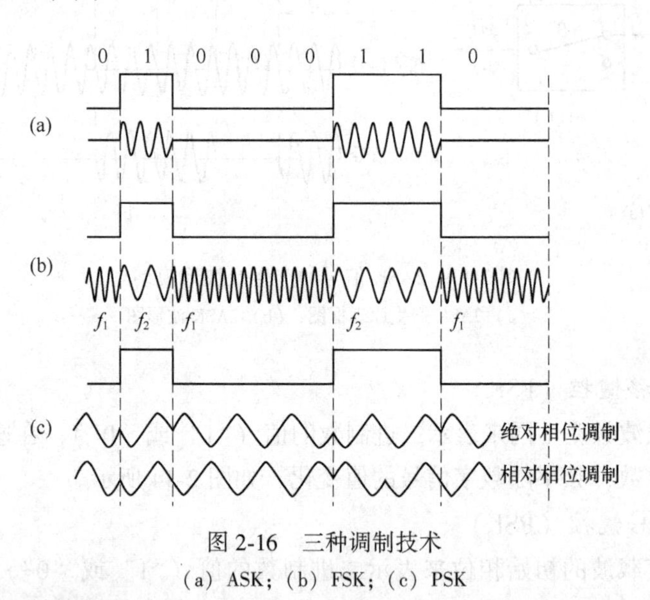

图 2-16 三种调制技术

（a）ASK；（b）FSK；（c）PSK

2.2.4 模拟—模拟的转换

模拟—模拟的转换是使用模拟信号来表示模拟信息的技术。模拟—模拟的调制可通过三种方法实现：调幅、调频和调相。调制是载波通信技术的基础。调制是以音频信号控制（调制）等幅高频波（载波）的某一参数（振幅、频率或相位）的过程。已调的高频波，其某一参数按音频信号的变化规律而变化。将未经调制的等幅高频波称为载波，控制载波的音频信号称为调制信号，调制后的高频波称为已调波。

2.2.4.1 调幅（AM）

如用调制信号去控制载波的振幅，使其振幅按调制信号的变化规律而变化，这样的调制过程称为振幅调制，简称调幅。

$$S_{AM}(t) = [A_0 + m(t)]\cos\omega_c t = A_0\cos\omega_c t + m(t)\cos\omega_c t \tag{2-2}$$

$$S_{AM}(\omega) = \pi A_0[\delta(\omega + \omega_c) + \delta(\omega - \omega_e)] + [M(\omega + \omega_c) + M(\omega - \omega_c)] \tag{2-3}$$

式中：A_0 为外加的直流分量；$m(t)$ 为单频调制信号 $m(t) = \cos\omega t$，可以是确知信号，也可以是随机信号，通常认为其平均值 $m(t) = 0$。其波形和频谱如图 2-17（c）所示。由图 2-17（c）的频谱图可知，AM 信号的频谱 SAM 由载频分量和上、下两个边带组成，上边带的频谱结构与原调制信号的频谱结构相同，下边带是上边带的镜像。因此，AM 信号本身是带有载波的双边带信号，它的带宽是基带信号带宽（fH）的两倍。

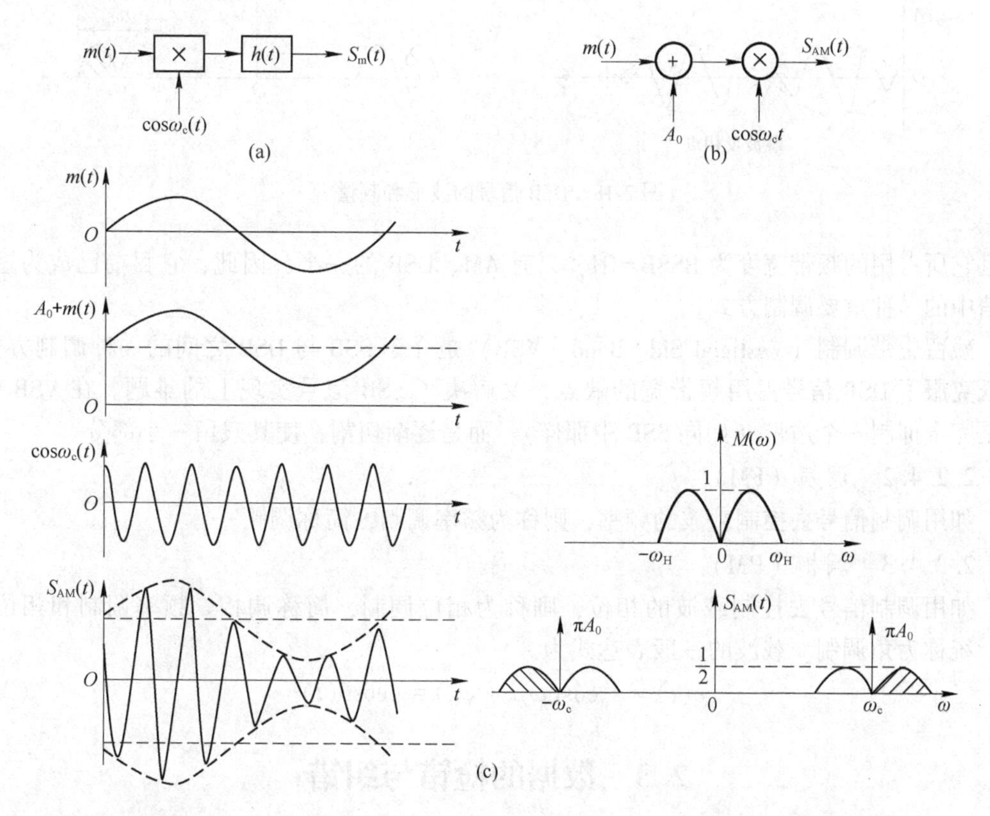

图 2-17　幅度调制器的一般模型（a），AM 调制器模型（b）和 AM 信号的波形和频谱（c）

在 AM 信号中，载波分量并不携带信息，信息完全由边带传送。如果将载波抑制，只需在图 2-17（b）中将直流 A 去掉，即可输出抑制载波双边带信号，此时的 AM 信号就是双边带信号（Double Side Band，DSB）。其时域和频域表示式分别为

$$S_{DSB}(t) = m(t)\cos\omega_c t \tag{2-4}$$

$$S_{DSB}(\omega) = 1/2[M(\omega + \omega_c) + M(\omega - \omega_c)] \tag{2-5}$$

DSB 信号的波形和频谱如图 2-18 所示。

DSB 信号包含两个边带，即上、下边带。由于这两个边带包含的信息相同，因而，从信息传输的角度来考虑，传输一个边带就够了。这种只传输一个边带的通信方式称为单边带通信（Single Side Band，SSB）。SSB 调制方式在传输信号时，不但可节省载波发射功率，

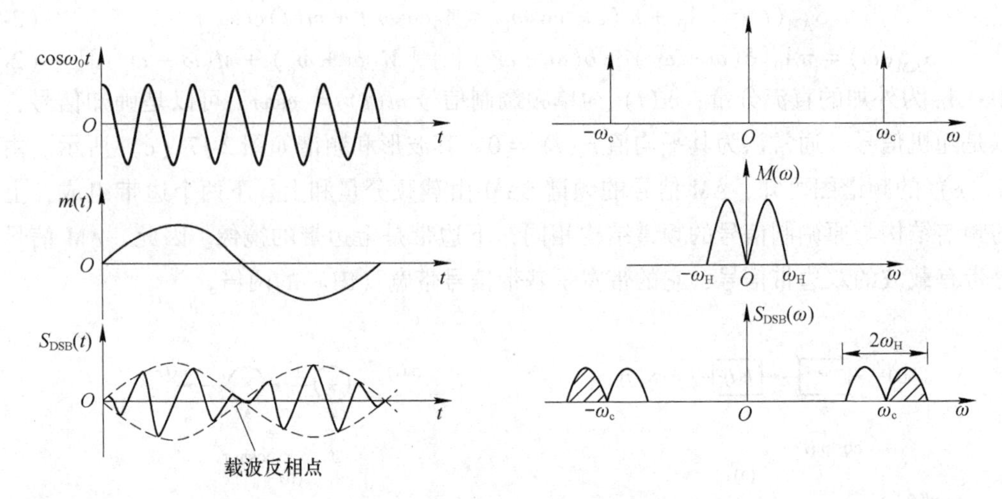

图 2-18 DSB 信号的波形和频谱

而且它所占用的频带宽度为 BSSB = fH，只有 AM、DSB 的一半，因此，它目前已成为短波通信中的一种重要调制方式。

残留边带调制（Vestigial Side Band，VSB）是介于 SSB 与 DSB 之间的一种调制方式，它既克服了 DSB 信号占用频带宽的缺点，又解决了 SSB 信号实现上的难题。在 VSB 中，不是完全抑制一个边带（如同 SSB 中那样），而是逐渐切割，使其残留一小部分。

2.2.4.2 调频（FM）

如用调制信号去控制载波的频率，则称为频率调制，简称调频。

2.2.4.3 调相（PM）

如用调制信号去控制载波的相位，则称为相位调制，简称调相。频率调制和相位调制，统称为角调制。载波的一般表达式为

$$c(t) = A_c\cos(\omega_c t + \varphi_0) = A\cos\theta(t) \tag{2-6}$$

2.3 数据的检错与纠错

在数据通信中，由于来自信道中的各种干扰，使数据在传输与接收的过程中可能发生差错，即接收端接收的数据与发送端出现不一致，如发“0”收到“1”或发“1”收到“0”。这种现象被称为“传输差错”，简称“差错”。

数据传输中产生的差错是由热噪声引起的。由于热噪声会造成传输中的数据信号失真，产生差错，所以传输中应尽量减少热噪声。热噪声包括两大类：随机热噪声和冲击热噪声。随机热噪声是通信信道上固有的、持续存在的热噪声。这类噪声具有不确定性，故称作随机热噪声。由此引起的差错被称作“随机差错”。冲击热噪声是由于外界因素突发产生的热噪声，如电磁干扰噪声、工业噪声等。由此而引起的差错称作“突发差错”。

数据通信业务要求误码率小于 10^{-6}。在改进信道各部分如媒质选择、均衡、滤波措施、提高数字调制解调器质量等不奏效或经济上不能承受的情况下，必须在数据链路两端

采用差错控制技术。差错控制技术的核心是采用高效的纠错检错编码方法，将这些冗余码附加在信息中一起传送。在实际应用的通信系统中要发现这种差错（检错），并采取纠正措施（纠错），把差错控制在最小范围内。

2.3.1 差错控制的基本方式

在数据通信中，利用差错控制编码进行差错控制的基本工作方式一般分为三种：前向纠错、检错重发和混合纠错，如图 2-19 所示。

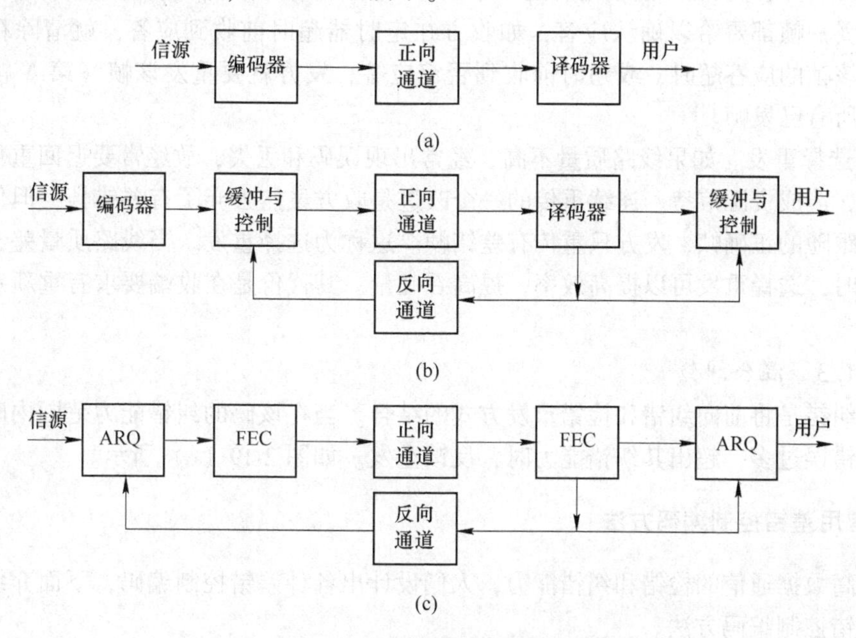

图 2-19 差错控制的基本方式

（a）前向纠错；（b）检错重发；（c）混合纠错

2.3.1.1 前向纠错

如图 2-19（a）所示的通信系统中，收信和发信之间只有一条单向通道（正向信道）。实现纠错的唯一办法是传送纠错码，接收端在接收到码组后不仅能发现差错，而且能够确定差错的准确位置，并及时纠正。这种纠错方法可以在收端及时纠正差错，它要求的监督码多且复杂，效率低，常用于误码较少的单向信道。

2.3.1.2 检错重发

检错重发是数据通信中最常用的方法。如等待发送（空闲重发请求）、连续发送（Go Back N，选择重发）、有限连续发送（限制连续发送的帧数）。检错重发方式如图 2-19（b）所示，发送端经编码后，发出能够检错的码；接收端收到后，在通过反向信道反馈给发送端一个应答信号；发送端收到应答信号后，进行分析，若是接收端认为有错，发送端就把存储在缓冲存储器中的原有码组复本读出，重新传输；如此重复，直至接收端接收到正确的信息为止。

（1）等待发送。在这种系统中，一次只能发送一个分组，一旦发出一帧，发送方就启动一个定时器，该定时器定时的长度大于正常情况下响应到达的最长时间，并保留该帧的内容于缓存器中。接收方一旦收到一帧，要检查是否重复，是否受损，如有重复丢弃发生则丢弃该帧，否则产生一个确认应答回送发送方。如果发送方在定时器溢出（超时）之前收到接收方的确认应答，说明发送无误，可以接着发送下一个分组，如果超过定时器溢出时间还没有收到应答，说明发送有误，应该重发该帧。

（2）连续发送。等待发送采用的是逐帧传输，逐帧等待应答的方法，当链路距离或电波传播时间很长时，等待时间长，效率低。连续发送是对此的改进。一种改进方法称为 Go Back *N*，它允许发送方连续地发送顺序编号的数据帧，发送各帧时启动相应的定时器。收方每收妥一帧都要给以确认应答，如收方在定时器超时前收到应答，就清除存储的该帧，如果该帧的应答超时，或超时前收到否定应答，发方就要重发该帧（第 *N* 帧）和该帧以后的所有已发帧。

（3）选择重发。如果线路质量不高，经常出现误码和丢失，故经常要退回重传，必然降低效率，造成资源浪费。连续重传的一个改进是收方虽然丢弃了有差错帧，但仍接收和暂存后面跟随的正确帧，发方只重传有差错帧。这称为选择重发。当线路质量差，容易出现帧差错时，选择重发可以提高效率，提高吞吐量。其代价是在收端要求有重新定序的缓存器。

2.3.1.3　混合纠错

混合纠错是将前向纠错和检错重发方式的结合。当在该码的纠错能力范围内时，自动纠正；当错误过多，超出其纠错能力时，反馈重发。如图 2-19（c）所示。

2.3.2　常用差错控制编码方法

为提高数据通信的检错和纠错能力，人们设计出各种差错控制编码，下面介绍几种最常用的差错控制编码方法。

2.3.2.1　奇偶校验码

奇偶校验码又称奇偶监督码，是最简单、最常用的检错码。有奇数监督码和偶数监督码两种。其特点是结构简单，插入的冗余度低。奇偶校验编码只需在信息码后加一位校验位（又称监督位），使得码组中“1”的个数为奇数或偶数即可。奇偶监督码能够检测奇数个错码。设 1，2，…，*m* 为一个字符或分组，当监督位直接位于字符后面（见图 2-20，箭头表示发送数据方向）时，称垂直奇偶监督码。当把一定的字符或分组组成阵列，将监督码置于若干字符的相应位后面时，称水平奇偶监督码（见图 2-21，箭头表示发送数据方向）。显然，水平奇偶监督码可以检出突发长度小于 *p* 的突发差错，而垂直奇偶监督码则不能。但水平奇偶监督码实现复杂，需要较大的存储空间，监督位也不能实时生成。

$$
\uparrow\quad
\begin{matrix}
I_{11} & I_{12} & \cdots & I_{1q} \\
I_{21} & I_{22} & \cdots & I_{2q} \\
\vdots & \vdots & \vdots & \vdots \\
I_{p1} & I_{p2} & \cdots & I_{pq} \\
r_1 & r_2 & \cdots & r_q
\end{matrix}
$$

图 2-20　垂直奇偶监督码

$$
\uparrow\quad
\begin{matrix}
I_{11} & I_{12} & \cdots & I_{1q}r_1 \\
I_{21} & I_{22} & \cdots & I_{2q}r_2 \\
\vdots & \vdots & \vdots & \vdots \\
I_{p1} & I_{p2} & \cdots & I_{pq}r_p
\end{matrix}
$$

图 2-21　水平奇偶监督码

如果把奇偶监督码的若干码组排成矩阵，每一码组写成一行，然后再按列的方向增加第二维监督位，就构成了水平垂直奇偶码，又称二维奇偶监督码，如图 2-22 所示。这种编码能够检测出全部奇数个错码和大部分偶数个错码。但无法检出在水平垂直方向上都成偶数的那些错码，例如构成矩形的 4 个顶点位置上的错码就无法检出。

$$
\begin{matrix}
I_{1,1} & I_{1,2} & \cdots & I_{1,q}r_{1,q+1} \\
I_{2,1} & I_{2,2} & \cdots & I_{2,q}r_{2,q+1} \\
\vdots & \vdots & \vdots & \vdots \\
I_{p,1} & I_{p,2} & \cdots & I_{p,q}r_{p,q+1} \\
I_{p+1,1} & I_{p+1,2} & \cdots & I_{p+1,q}r_{p+1,q+1}
\end{matrix}
$$

图 2-22　二维奇偶监督码

2.3.2.2　恒比码

恒比码又称定比码。在恒比码中，每个码组中“1”的数目和“0”的数目保持恒定的比例（见表 2-1）。故在收端只需检测接收码组中“1”的个数是否正确。其纠错能力比奇偶监督码强。

例如用于电传的 5 中取 3 保护电码，用了 32 个 5 位码中的 10 个代表阿拉伯数字，再用 4 个阿拉伯数字的组合代表汉字。由于合理设置了码距，除了成对出现的偶数差错（“1”变成“0”，“0”变成“1”），能检出大部分错来。

表 2-1　恒比码

数字字符	恒比码	普通的五单元码	数字字符	恒比码	普通的五单元码
1	01011	11101	6	10101	10101
2	11001	11001	7	11100	11100
3	10110	10000	8	01110	01100
4	11010	01010	9	10011	00011
5	00111	00001	0	01101	01101

2.3.2.3　汉明码

线性码是一种将信息位和监督位由一些线性代数方程联系在一起的编码。可用线性方程组表述规律性的分组码，称为线性分组码。汉明码是线性码的一种，由 Hamming 于 1950 年首次提出。设总码长为 n，信息位为 k，监督位数为 $r=n-k$。若希望用 r 个监督位构造出 r 个监督关系式来指示一位错码的 n 个可能的位置。

设 $k=4$，可知 $r=3$，下面构造 3 个监督关系式。首先引入校正因子 $S_2S_1S_0$。见表 2-2。

表 2-2　监督关系式的构造

$S_2S_1S_0$	错码位置	$S_2S_1S_0$	错码位置
000	无错	011	a_3

续表 2-2

$S_2S_1S_0$	错码位置	$S_2S_1S_0$	错码位置
001	a_0	101	a_4
010	a_1	110	a_5
100	a_2	111	a_6

在接收端，接收码字后按监督关系式求 $S_2S_1S_0$，并根据其值是否全“0”判断是否有错，如果仅有一位错，可以根据表 2-4 加以纠正。如果错码多于一位，只能检错不能纠错。事实上，最小码矩 $d_o=3$，根据前述可知，可以纠正一位错码或者检出两位错码。其效率为 $R=\frac{k}{n}=\frac{n-r}{n}=1-\frac{r}{n}$，当 $n\to\infty$，$R\to 1$，可见效率很高。

得到监督关系式：

$$\begin{cases} S_2 = a_2 + a_4 + a_5 + a_6 \\ S_1 = a_1 + a_3 + a_5 + a_6 \\ S_0 = a_0 + a_3 + a_4 + a_6 \end{cases} \tag{2-7}$$

无差错时，$S_2S_1S_0=000$，代入监督关系式，求得：

$$\begin{cases} a_2 = a_4 + a_5 + a_6 \\ a_1 = a_3 + a_5 + a_6 \\ a_0 = a_3 + a_4 + a_6 \end{cases} \tag{2-8}$$

2.3.3 差错控制的应用

差错控制技术的应用要视具体情况而定。当出现少量错码在接收端能够纠正时，可采用前向纠错法纠正，当错码较多超过纠正能力，但可以检测时，就可以用反向纠错法。通常应对整个系统全面考虑后才能决定采用哪种技术。

2.4 调制解调器

2.4.1 调制解调器的作用

目前大部分通信信道仍是模拟通道。为了充分利用现有模拟通信网进行数据通信，必须在数据终端与信道之间插入数字调制解调器（Modulator and Demodulator，Modem），利用 Modem 在数据发送端将数字信号转换成便于通道传送的模拟信号，而在接收端再将模拟信号转换为数字信号，如图 2-23 所示。

图 2-23 调制解调器应用

2.4.2 调制解调器的分类

调制解调器有许多种类。按工作速率划分，调制解调器可分为低速 Modem（<1200 bit/s），中速 Modem（1200~9600 bit/s），高速 Modem（>9600 bit/s），见表 2-3。按调制方式划分，调制解调器可分为频移键控（FSK）、相移键控（PSK）、幅移键控（ASK）几类，在电力系统数据通信中，多采用 FSK 方式。按结构划分，调制解调器可分为机箱式、独立式和插卡式。按其应用场合划分，调制解调器可分为有适合四线电路或二线电路的 Modem；有使用在全双工或半双工方式的 Modem；有使用在全音频通道的（300~3400 Hz）Modem；也有使用在上音频频段的（2700~3400 Hz）Modem；有适用专线的 Modem；也有适合交换机的 Modem。按信号传输方式划分，调制解调器又分为同步传输方式和异步传输方式两种。

表 2-3　Modem 按传输速率的分类表

名称	低速	中速	高速
传输速率/$bit \cdot s^{-1}$	<1200	1200~9600	>9600
调制方式	FSK	PSK	4PSK，TCM 等

2.4.3 宽调解调器 Modem

2.4.3.1　ISDN Modem

56 kbit/s 是 Modem 的物理速度上限，要想获得更高的速度，只能选择其他方式。综合业务数字网（Integrated Service Digital Network，ISDN）就是一种选择，电信部门称之为一线通。它采用数字传输和数字交换技术，将电话、传真、数据、图像等多种业务综合在一个统一的数字网络中进行传输和处理。其突出优点是能在一条电话线上同时进行两种不同方式的通信，即一边打电话一边发传真，或一边打电话一边上网等。如图 2-24 所示，目前我国的综合业务数字网线路为 2B+D 模式，即 2 个基本数字信道，1 个控制数字信道，每个 B 信道的带宽为 64 kbit/s。

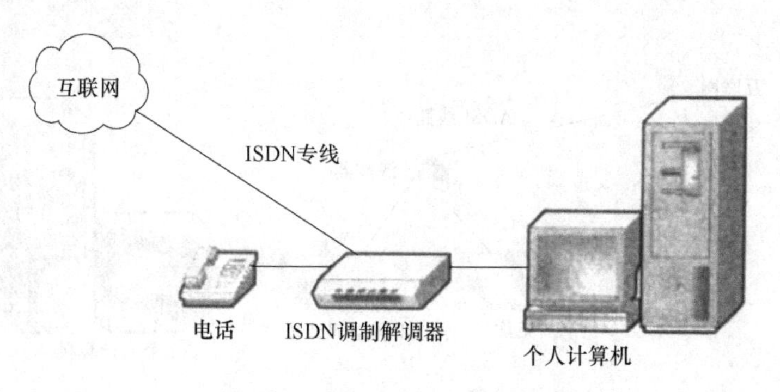

图 2-24　ISDN 接入互联网原理

有了综合业务数字网线路，用户端还必须要采用综合业务数字网的专用 Modem。这类 Modem 有内置和外置两种类型，内置的 ISDN Modem 是一片卡，插进计算机主板的扩展槽内工作，卡上有综合业务数字网线路的 RJ11 接口。因其形状、功能均比较接近传统的 NIC（局域网卡），所以也被大多数人称为综合业务数字网网卡。外置的综合业务数字网 Modem 并不是专门为计算机所设计的，因为它不仅可以作为一个 Modem 使用，而且可用来把综合业务数字网的线路转换成两路普通的模拟线路，所以它就成为综合业务数字网线路最终端的一个设备，学名为综合业务数字网终端适配器（Terminal Adapter），简称 TA。

在 TA 上，有 1 个综合业务数字网的接口、两个普通模拟电话的接口、1 个 D 型接口。使用时，将综合业务数字网线路插入综合业务数字网接口，在两个模拟电话接口上可以连接两部普通电话机，D 型接口通过一根电缆和计算机的串口或者并口连接，这样就可以实现一边上网一边打电话的功能。TA 可以自动选择 1 个空闲的 B 信道来进行通信。

2.4.3.2　ADSL Modem

普通的电话系统使用的是铜线的低频部分（4 kHz 以下频段），而非对称数字用户线路（Asymmetric Digital Subscriber Line，ADSL）是传输到用户的下行速率大于上行速率的非对称数据流的技术，它采用离散多音频（Discrete Multitone，DMT）技术，将电话线路 0~1.1 MHz 频段划分成 256 个频宽为 4.3 kHz 的子频带。其中，4 kHz 以下频段仍用于传送传统电话业务（Plain Old Telephone Service，POTS），20~138 kHz 的频段用来传送上行信号，138 kHz~1.1 MHz 的频段用来传送下行信号。DMT 技术视线路的情况调整在每个信道上所调制的比特数，以便更充分地利用线路。一般来说，子信道的信噪比越大，在该信道上调制的比特数越多。如果某个子信道的信噪比很差，则弃之不用。

由此可见，对于原先的电话信号而言，仍使用原先的频带，而基于 ADSL 的业务，使用的是话音以外的频带。因此它利用数字编码技术从现有铜质电话线上获取最大数据传输容量，同时又不干扰在同一条线上进行的常规话音服务。用户可以在上网的同时打电话或发送传真，而这将不会影响通话质量或降低下载互联网内容的速度。ADSL 提供 3 个信道：一个速率为 1.5~8 Mbit/s 的高速下行通道，用于用户下载信息；另一个速率为 16 kbit/s~1 Mbit/s 的中速双工通道，用于用户上传输出信息；再一个为普通的电话服务通道，用于传统电话业务，如图 2-25 所示。

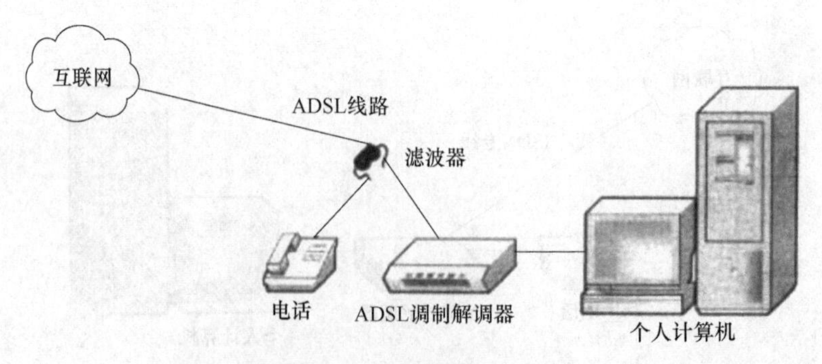

图 2-25　ADSL 接入互联网原理

ADSL 可向终端用户提供 8 Mbit/s 的下行传输速率和 1 Mbit/s 的上行传输速率，较传统的 28.8 k 模拟调制解调器快将近 200 倍。这也是传输速率达 128 kbit/s 的综合业务数字网所无法比拟的，同时ADSL的传输距离可达到3~5 km。ADSL的核心是编码技术，主要有离散多音频（DMT）及无载波幅度和相位调制（Carrierless Amplitude and Phase，CAP）两种方法。其共同点是DMT和CAP都使用正交幅度调制（Quadrature Amplitade Modulation，QAM）。DMT技术复杂，成本也要稍高一些，但由于DMT对线路的依赖性低，并且有很强的抗干扰和自适应能力，已被定为标准。DMT使用0~4 kbit/s频带传输电话音频，用26 kbit/s~1.1 Mbit/s频带传输数据，并把它以4 kbit/s的宽度分为25个上行子通道和249个下行子通道。传输速度计算公式为

传输速度=信道数×每信道采样值位数×调制速度

所以ADSL的理论上行速度为25×15×4 kHz=1.5 Mbit/s，而理论下行速度为249×15×4 kHz=14.9 Mbit/s与综合业务数字网单纯划分独占信道不同的是，ADSL中使用了调制技术，相当于频带得到复用，因此可用带宽大大增加。

2.5　多路复用技术

2.5.1　多路复用的基本概念

为了充分利用信道的传输能力，使多个信号沿同一信道传输而互相不干扰，这种技术称为多路复用技术。通信干线之间几乎无一例外地采用不同的多路复用技术。采用较多的复用技术是频分多路复用和时分多路复用。其中，频分多路复用常用于模拟通信，如载波通信。时分多路复用常用于数字通信，如PCM通信。

2.5.2　频分多路复用（FDM）

频分复用（Frequency Division Multiplex，FDM）的基本原理是频率搬移。频分复用是调制技术的典型应用，它通过对多路调制信号进行不同载频的调制，使得多路信号的频谱在同一个传输信道的频率特性中互不重叠，从而完成在一个信道中同时传输多路信号的目的。

以话音信号为例，所谓频分多路复用就是将每个话路的频带先变换到传输频带的各个频率位置上，再传输到对方，对方经反变换将每个话路频带还原。这样一条物理线路就可以同时传输许多话路了。

频分复用系统组成原理图如图2-26所示。图中，各路基带信号首先通过低通滤波器（LPF）限制基带信号的带宽，避免它们的频谱出现相互混叠。然后，各路信号分别对各自的载波进行调制、合成后送入信道传输。在接收端，分别采用不同中心频率的带通滤波器分离出各路已调信号，解调后恢复出基带信号。

频分复用是利用各路信号在频率域不相互重叠来区分的。若相邻信号之间产生相互干扰，将会使输出信号产生失真。为了防止相邻信号之间产生相互干扰，应合理选择载波频率f_{c1}，f_{c2}，…，f_{cn}，并使各路已调信号频谱之间留有一定的保护间隔。

2.5.3　时分多路复用（TDM）

时分多路复用（Time Division Multiplexing，TDM）是各路信号在同一信道上占有不同

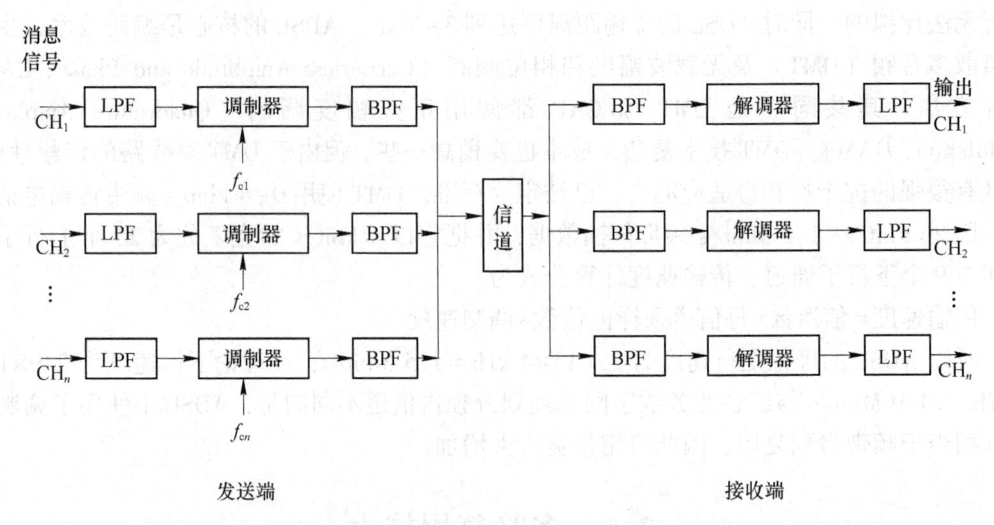

图 2-26 频分复用系统组成原理图

时间间隙进行通信。每个信号占一个指定的固定长度的时间间隙，称为时隙。由抽样定理可知，抽样的一个重要作用，是将时间上连续变化的模拟信号变化成离散的数字信号。其在信道上占用时间的有限性为多路信号沿同一信道传输提供了条件。具体说就是将时间分成一些均匀的时间间隙，将各路信号的传输时间分配在不同的时间间隙，已达到互相分开，互不干扰的目的。图 2-27 所示为时分多路复用示意图。各路信号经低通滤波器将频带限制在 3400 Hz 以下，然后加到快速电子旋转开关（称分配器）S1，S1 依次接通各电路，它相当于对各路信号按不同的时间依次抽样，S1 开关不断重复地匀速旋转，每旋转一周的时间等于一个抽样周期 T，这样就做到对每一路信号每隔周期 T 时间抽样一次。由此可见，发端分配器不仅起到了抽样的作用，同时还起到复用合路的作用。合路后的抽样信号送到 PCM 编码进行量化和编码，然后将数字信码送往信道。在接收端将这些从发送端送来的各路信码依次解码，还原后的 PAM 信号由收端分配器旋转开关 S2 依次接通每一路信号，再经低通平滑，重建成话音信号。由此可见收端的分配器起到时分复用的分路作用，所以收端分配器又称分路门。

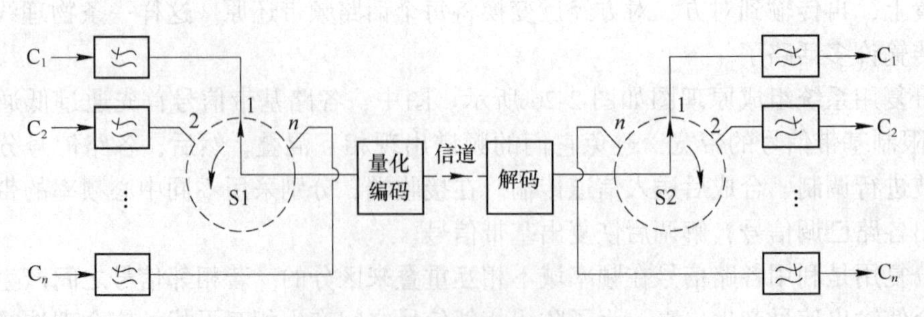

图 2-27 时分多路复用原理

当然，为保证正常通信，S1、S2 必须严格同步，即同频和同相。同频指两旋转开关的旋转速度完全相同，同相指 S1 接发送端 C_1 时，S2 也必须接接收端 C_1。

时分复用通信中的同步技术包括位同步（时钟同步）和帧同步，这是数字通信又一个重要特点。位同步是最基本的同步，是实现帧同步的前提。位同步的基本含义是收发两端的时钟频率必须同频同相。这样接收端才能正确接收和判决发送端送来的每一个码元。为了达到收发两端频率同频同相，在设计传输码型时，一般要考虑传输码型中应含有发送端的时钟频率成分。这样，接收端从接收到的 PCM 码中提取出发端时钟频率来控制收端时钟，就可做到位同步。

帧同步是为了保证收发各对应的话路在时间上保持一致，这样接收端就能正确接收发送端送来的每一路话音信号，当然这必须是在位同步的前提下实现。

为了建立收、发系统的帧同步，需要在每一帧（或几帧）中的固定位置插入具有特定码型的帧同步码。这样，只要接收端能正确识别出这些帧同步码，就能正确辨别出每一帧的首尾，从而能正确区分出发端送来的各路信号。

2.5.3.1 T1 载波

为了使不同国家地区之间能有效协同工作，建立国际标准就显得非常重要，如图 2-28 所示。TDM 有两个国际标准，分别是 T 标准和 E 标准。T 标准在北美和日本采用，E 标准在欧洲和中国采用。T1 载波是 T 标准的基群，由 24 路 8 kHz 抽样的信号复用而成，为帧结构。每路抽样信息占 8 位，每帧包括 24×8+1 位。其中第 193 位是成帧位，用于帧同步。对于话音传输，每个抽样值用 7 位比特编码，另一位用作标志或控制信息位。数据率应为 8000×193=1.544 Mbit/s，而每一路的数据率为 8000×8=64 kbit/s，净数据率为 8000×7=56 kbit/s。

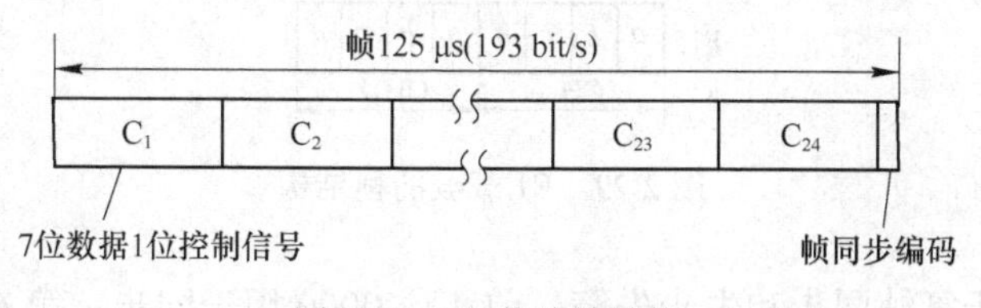

图 2-28 T1 载波帧结构

2.5.3.2 E1 载波

E1 载波是 E 标准的基群，又称 PCM30/32 路系统。E1 载波由 32 路组成，其中 30 路用来传输用户话音信号，2 路用作信令。每路话音信号抽样速率为 f=8000 Hz，故对应的每帧（子帧）时间间隔为 125 μs。一帧共有 32 个时间间隔，称为时隙。各个时隙从 0 到 31 按顺序编号，分别记作 TS0，TS1，TS2，…，TS31。其中，TS1~TS15 和 TS17~TS31 这 30 个路时隙用来传送 30 路电话信号的 8 位编码组，TS0 分配给帧同步，TS16 专用于传送话路信令。每个路时隙包含 8 位码，一帧共包含 256 个 bit。E1 载波信息传输速率=8000×[(30+2)×8]=2.048 Mbit/s，其中，每比特时间宽度为 $r_{\rm b}=1/f=0.448$ μs，每路时隙时间宽度为=$8b\approx3.91$ μs。

每帧开始处 TS0 用作同步，中间 TS16 用作信令，由于 TS16 的 8 位只能传送 2 个话路的信令，因此将 16 个子帧构成一个复帧，以偶数帧的 TS0 作同步码，奇数帧的 TS0 作同步对告，以第一个子帧的 TS16 作复帧同步及对告，以随后的 15 个子帧的 TS16 依次传送 30 路的信令。我国也规定采用 PCM30/32 路制式。

在图 2-29 中，偶帧（F0、F2、F4、…）的 TS0 时隙用于帧同步，第 1 位用于国际通信，第 2 位为 0 表示偶数帧，第 3~第 8 位为 011011，是子帧的帧同步码。奇帧的 TS0 时隙是当帧失步时向对端告警用的，第 1 位用于国际通信，第 2 位为 1 表示奇数帧，第 3 位码为帧失步时向对端发送的告警码（对告码），帧同步时该位为 0，帧失步时为 1，以便告诉对端，收端已出现帧失步，无法工作。第 4~第 8 位用于业务联络，也可不用。

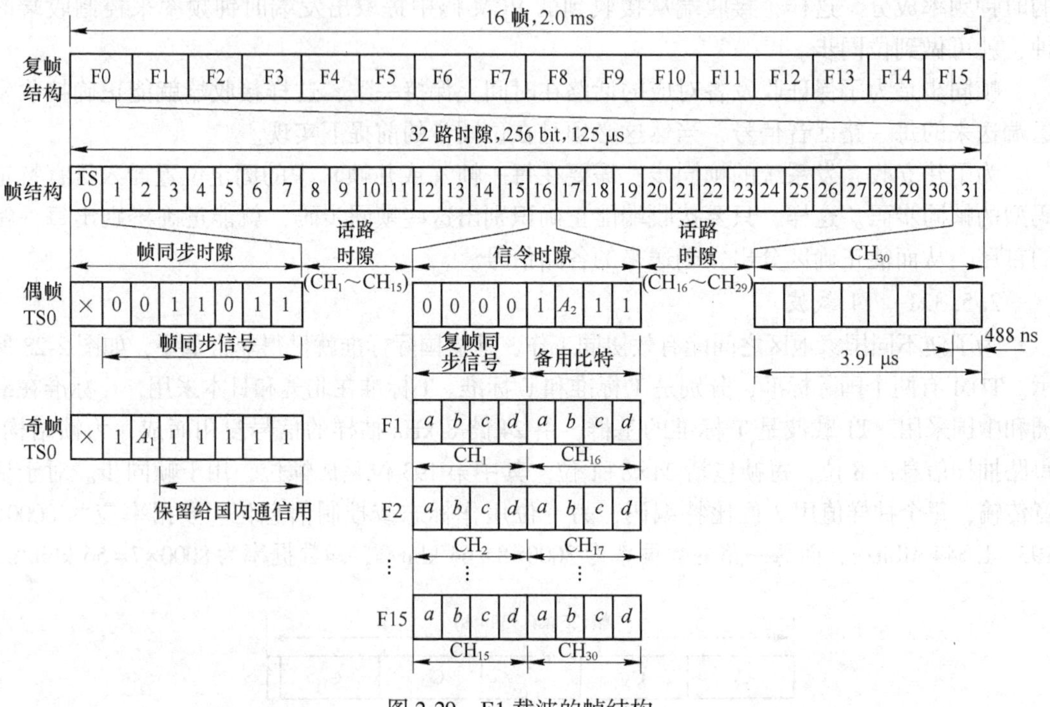

图 2-29　E1 载波的帧结构

F0 的 TS16 用于复帧同步和失步告警，前 4 位 0000 用于同步，第 6 位为 0，表示复帧同步；为 1 表示复帧失步。第 5、第 7、第 8 为可传信令，也可不用。

F1~F15 的 TS16 分别为相应路的信令码（如振铃信号等），由于信令信号频率很低，所以对于每路话路的信令码，只要每隔 16 帧（1 复帧）轮流传送一次就够了。这样 15 帧（F1~F15）的 TS16 时隙可以轮流传送 30 个话路的信令码。

2.5.3.3　多级复用

在 TDM 系统中，将多个基群信号再按时分的方法多次汇接起来，以便形成更高速率的数据流的复接方法，称为多级复用。通常有 3 种复接方法，即按位复接、按路复接和按帧复接。其中，按位复接如表 2-4 所示。

表 2-4　按位复接

国家和地区	基群	二次群	三次群	四次群
北美	T1：24 路 1.544 Mbit/s	T2：T1×4＝96 路 6.312 Mbit/s	T3：T2×7＝672 路 44.736 Mbit/s	T4：T3×6＝4032 路 274.176 Mbit/s
日本	T1：24 路 1.544 Mbit/s	T2：T1×4＝96 路 6.312 Mbit/s	T3：T2×5＝480 路 32.064 Mbit/s	T4：T3×3＝1440 路 97.728 Mbit/s

续表 2-4

国家和地区	基群	二次群	三次群	四次群
欧洲、中国	E1：30 路 2.048 Mbit/s	E2：E1×4=120 路 8.448 Mbit/s	E3：E2×4=480 路 34.368 Mbit/s	E4：E3×4=1920 路 139.264 Mbit/s

显然，速率并非简单的成倍数关系，因为在复接时还要加入一些比特，用作帧同步控制等。

2.5.3.4 波分多路复用

波分复用（Wave Division Multiplexing，WDM）是将频分复用技术用于光纤信道。其基本原理与频分复用 FDM 大致相同。唯一的不同是 WDM 使用光调制解调设备（棱镜或衍射光栅），使不同波长的光信号在同一光纤中传输。需要指出的是单根光纤的带宽很宽（25000 GHz），因此可以将很多信道复用到长距离光纤上。但由于光电转换速度所限，单根光纤的带宽不能充分利用。图 2-30 是波分多路复用的示意图。

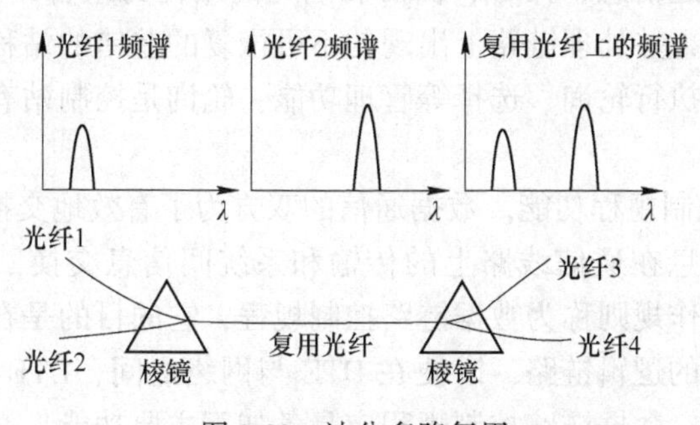

图 2-30 波分多路复用

2.6 数据链路层协议

数据通信与电话通信不同的是，当数据电路建立后，为了进行有效的、可靠的数据传输，需要对传输操作实施严格的控制和管理。完成数据传输的控制和管理功能的规则被称为数据链路传输控制规程，也就是数据链路层协议，如图 2-31 所示。

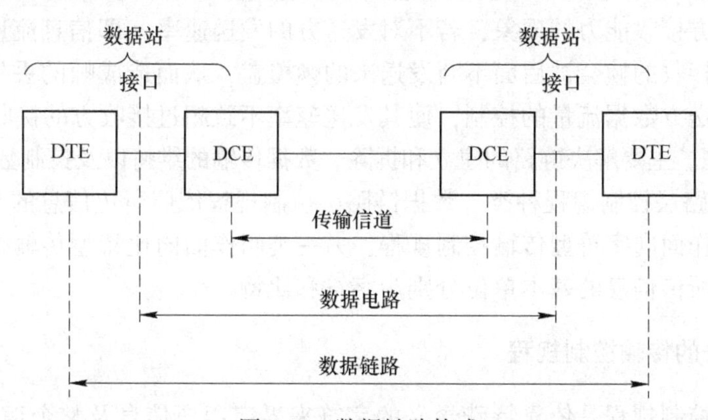

图 2-31 数据链路构成

数据链路层协议又称链路通信规程，是 OSI 参考模型中的第二层，介于物理层和网络层之间，它以物理层为基础，向网络层提供可靠的服务。这里，数据链路是数据电路加上传输控制规程，它由通信线路、调制解调器、终端机通信控制器之间的接口构成。国际标准化组织（ISO）定义数据链路为：按照信息特定方式进行操作的两个或两个以上终端装置与互联线路的一种组合体。所谓特定方式是指信息速率与编码均相同。一个数据通信系统包括一个或多个数据链路。数据链路的结构分为点对点与点对多点两种。数据链路传输数据信息有三种不同的操作方式：

（1）单向型。信息只能按一个方向传送。

（2）双向交替型。信息先从一个方向，后从相反方向传送。

（3）双向同时型。信息可在两个方向同时传送。

数据链路中的数据终端设备（Data Terminal Equipment，DTE）可能是不同类型的终端或计算机，从链路逻辑功能的角度，把这些不同类型、不同功能的 DTE 统称为主站。在点对点链路中，发送信息或命令的站称为主站，接收信息或命令而发出认可信息或响应的站称为从站。同时能发送信息、命令、认可和响应的站称为组合站。在点对多点链路中，负责组织链路中数据流，并处理链路上出现的不可恢复的差错的站称为控制站，而其余各站称为辅助站。控制站执行轮询、选择等管理功能，轮询是控制站有次序的询问各个辅助站接收信息的过程。

（1）数据链路层控制规程功能。数据通信的双方为了有效地交换信息，必须建立一些规约，以控制和监督信息在通信线路上的传输和系统间信息交换，这些规则称为通信协议。数据链路的通信操作规则称为数据链路控制规程，它的目的是在已经形成的物理电路上，建立起相对无差错的逻辑链路，以便在 DTE 与网络之间，DTE 与 DTE 之间有效可靠地传送数据信息。为此，数据链路控制规程应具备如下主要功能：

1）帧同步。将信息报文分为码组，采用特殊的码型作为码组的开头与结尾标志，并在码组中加入地址及必要的控制信息，这样构成的码组称为帧。帧同步的目的是确定帧的起始与结尾，以保证收发两端帧同步。

2）差错控制。由于在传输过程中存在各种干扰和噪声，数据信息可能产生差错，为保证数据的正确性，数据链路层具备检错和纠错能力，使差错控制在所能允许的尽可能小的范围内。

3）流量控制。由于收发两端使用的设备在工作速率上存在差异，可能出现发送方发送能力大于接收方接收能力的现象，若不对发送方的发送速率（即信息流量）作适当的限制，前面来不及接收的帧会被后面不断发送来的帧覆盖，从而造成帧的丢失而出错。流量控制实际上是发送方数据流量的控制，使其发送速率不致超过接收方的接收速率。

4）链路管理。主要解决链路的建立和拆除、数据传输的维持以及控制数据传输方向等。

（2）数据链路层控制规程种类。数据链路层控制规程依照所传信息的基本单位来分有两大类，一类叫作面向字符型传输控制规程，另一类叫作面向比特型传输控制规程。顾名思义，在它们中所传信息的基本单位分别为字符和比特。

2.6.1 面向字符的传输控制规程

面向字符的控制规程是依靠特殊含义的字符来界定用户信息及整个信息交换过程的。

这类规程最早由 IBM 公司在 1969 年提出，其名称为二元同步控制规程（Blowfish Symmetric Cipher，BSC），主要应用场合为半双工或点到多点线路。对应的 ISO 标准称为数据通信系统的基本型控制规程，即 ISO 1745。

任何链路协议均可由链路建立、数据传输和链路拆除三部分组成。为了实现建链、拆链等链路管理以及同步等各种功能，除了正常传输的数据块和报文外，还需要一些控制字符。BSC 协议用 ASCII 或 EBCDIC 字符集定义的传输控制字符来实现相应的功能。这些传输控制字符的标记、名称及含义见表 2-5。

表 2-5 控制字符一览表

类型	符号	名称	含义	适用报文类型
基本型	SOE	报头开始	表示信息电文报头的开始，报头内含路由及目的地址	信息类电文
	STX	正文开始	信息电文正文开始，同时表示报头结束	信息类电文
	ETX	正文结束	一个信息电文正文结束时，用 ETX 结尾	信息类电文
	EOT	传输结束	通知对方传输结束以关闭通道	前向/后向监控
	ENQ	询问	用作询问远程站以给出应答	前向监控
	ACK	确认	由接收站发给发送站的肯定应答，表示接收无差错	后向监控
	NAK	否认	由接收站发给发送站的否定应答，表示接收有差错，并要求重发	后向监控
	SYN	同步/空闲	该字符提出一个同步比特序列以保持收发方同步，有时也作为空闲信道连续发送字符	其他用途
	ETB	组终	当信息电文被分为若干个码组传送时，代表一个码组结束	信息类电文
	DLE	数据链转义	表明其后续字符为控制字符，其功能取决于后续字符	其他用途
扩展型	DLE;	EOT 拆线	本方要求拆除通信线路的物理连接	其他用途
	DLE<	站中断	从站用此代替正常的肯定应答，并要求主站尽快结束现行传输	其他用途
	DLE;	暂停发送	从站不能接收信息电文，要求发端暂停发送（WACK）	其他用途
	DLE_0 DLE_1	编号确认	DLE_0 表示 ACK_0，表示对申请帧和偶帧的确认 DLE_1 表示 ACK_1，表示对奇帧的确认	其他用途
	DLE+基本类		表示对正文中出现与基本类相同的字符时的转义	其他用途

BSC 协议将在链路上传输的信息分为信息报文和监控报文两类。监控报文又分为正向监控和反向监控两种。每一种报文中至少包含一个传输控制字符，用以确定报文中信息的性质或实现某种控制作用。

2.6.1.1 信息报文

信息报文一般由报头和文本组成。文本是要传送的有效数据信息，而报头是与文本传送及处理有关的辅助信息，报头有时也可不用。对于不超过长度限制的报文可只用一个数据块发送，对较长的报文则分成多块发送，每一个数据块作为一个传输单位。接收方对于每一个收到的数据块都要给以确认，发送方收到返回的确认后，才能发送下一个数据块。

BSC 协议的数据块有如下 4 种格式。

（1）不带报头的单块报文或分块传输中的最后一块报文：

SYN	SYN	STX	报文	ETX	BCC

（2）带报头的单块报文：

SYN	SYN	SOH	报头	STX	报文	ETX	BCC

（3）分块传输中的第一块报文：

SYN	SYN	SOH	报头	STX	报文	ETB	BCC

（4）分块传输中的中间报文：

SYN	SYN	STX	报文	ETB	BCC

BSC 协议中所发送的数据均跟在至少两个 SYN 字符之后，以使接收方能实现字符同步。报头字段用以说明信息报文字段的包识别符（序号）及地址。所有数据块在块终限定符（ETX 或 ETB）之后还有块校验字符（Block Check Character，BCC），BCC 可以是垂直奇偶校验或 16 位 CRC，校验范围从 STX 开始到 ETX 或 ETB 为止。

当发送的报文是二进制数据而不是字符串时，二进制数据中形同传输控制字符的比特串将会引起传输混乱。为使二进制数据中允许出现与控制字符相同的数据（即数据的透明性），可在各帧中真正的传输控制字符（SYN 除外）前加上 DLE 转义字符，在发送时，若文本中也出现与 DLE 字符相同的二进制比特串，则可插入一个外加的 DLE 字符加以标记。在接收端则进行同样的检测，若发现单个的 DLE 字符，则可知其后为传输控制字符；若发现连续两个 DLE 字符，则知其后的 DLE 为数据，在进一步处理前将其中一个删去。

2.6.1.2 监控报文

监控报文用于链路上传送命令或响应。一般由单个传输控制字符或由若干个其他字符引导的单个传输控制字符组成。引导字符统称为前缀，它包含识别符（序号）、地址信息、状态信息以及其他所需的信息。ACK 和 NAK 监控报文的作用，首先是作为对先前所发数据块是否正确接收的响应，因而包含识别符（序号）；其次，用作对选择监控信息的响应，以 ACK 表示所选站能接收数据块，而 NAK 表示不能接收。ENQ 用作轮询和选择监控报文，在多站结构中，轮询或选择的站地址在 ENQ 字符前。EOT 监控报文用以标志报文交换的结束，并在两站点间拆除逻辑链路。表 2-6 为监控报文一览表。

表 2-6 监控报文一览表

监控方向	种类		监控序列
正向监控序列	轮询		（EOT）轮询地址 ENQ
	选择结果	站选择	（EOT）选择地址 ENQ
		标志或状态询问	（前缀）ENQ
		非起始状态询问	（前缀）ENQ
		正常结束	（前缀）EOT
		异常结束	EOT
	切断线路		DLE EOT
	对信息报文应答的监控		（前缀）ENQ
	废弃	码组废弃	（前缀）ENQ
		站废弃	EOT
反向监控序列	肯定回答	对选择的应答	（前缀）ACK
		对信息报文的应答	（前缀）ACK
	否定回答	对轮询的应答	（前缀）EOT
		对选择的应答	（前缀）NAK
		对信息报文的应答	（前缀）NAK
	切断线路		DLE EOT
	中断	信息组中断	EOT
		站中断	DLE

正、反向监控报文有如下 4 种格式。

（1）肯定确认和选择响应：

SYN	SYN	ACK

（2）否定确认和选择响应：

SYN	SYN	NAK

（3）轮询/选择请求：

SYN	SYN	P/S 前缀	地址站	ENQ

（4）拆链：

SYN	SYN	EOT

由于 BSC 协议与特定的字符编码集关系密切，故兼容性较差。为满足数据透明性而采用的字符填充法，实现起来也比较麻烦，且依赖于所采用的字符编码集。此外，由于 BSC 协议是一个半双工协议，它的链路传输效率很低。不过，由于 BSC 协议需要的缓冲存储空间较小，因而在面向终端的网络系统中仍然被广泛使用。

2.6.2 面向比特的链路控制规程

这里以 ISO 的高级数据链路控制规程（High-level Data Link Control procedures，HDLC 规程）为例，来讨论面向比特的链路控制规程的一般原理和操作过程。作为面向比特的数据链路控制协议的典型，HDLC 规程具有如下特点：

（1）规程不依赖任何一种字符编码集；

（2）数据报文可透明传输，用于实现透明传输的“0 比特插入法”易于硬件实现；

（3）全双工通信，不必等待确认便可连续发送数据，有较高的数据链路传输效率；

（4）所有帧均采用循环冗余校验（Cyclic Redundancy Check，CRC），对信息帧进行顺序编号，可防止漏收或重份，具有传输可靠性；

（5）传输控制功能与处理功能分离，具有较大的灵活性。

由于以上特点，目前网络设计普遍使用 HDLC 协议作为数据链路控制协议。

2.6.2.1 HDLC 规程适用环境与操作方式

利用 HDLC 规程进行通信时，可以有 3 种类型的通信站，即主站、从站和组合站。所谓操作方式就是指某站点是以主站方式操作还是从站方式操作，或者是两者兼备。其中主站负责链路控制操作，包括对从站的控制、恢复链路差错等。主站发出的帧称为命令帧；受主站控制的站称为从站。从站仅完成主站所命令的工作，它所发出的帧称为响应帧；组合站是既有主站功能，又有从站功能的站，可发出命令帧或响应帧。

连有多个站点的链路通常使用轮询技术，轮询其他站的站称为主站，而在点到点链路中，每个站均可成为主站。主站需要比从站有更多的逻辑功能，所以当终端与主机相连的时候，主机一般总是主站。在一个站连接多条链路的情况下，该站对于一些链路而言可能是主站，而对另一些链路而言又可能是从站。这些兼备主站和从站功能的站称为组合站。用于组合站之间信息传输的协议是对称的，即在链路上主、从站具有同样的传输控制功能，这又称作平衡式操作，如图 2-32（a）所示。相对的，那种操作是有主从站之分的，且各自功能不同的操作，称为非平衡式操作，如图 2-32（b）所示。

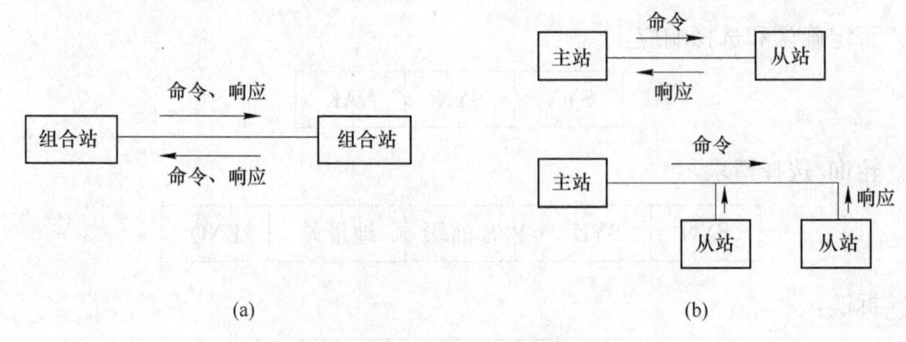

图 2-32 两种链路结构
（a）平衡式结构；（b）非平衡式结构

HDLC 中常用的操作方式有三种：

（1）正常响应方式（Normal Response Mode，NRM）。这种数据操作方式用于非平衡式链路结构。只有主站才能发起向从站的数据传输，从站只有在主站向它发送命令进行探询时才能发出响应帧。该操作方式适用于面向终端的点到点或一点到多点的链路。

（2）异步平衡方式（Asynchronous Balanced Mode，ABM）。这种数据操作方式用于平衡式链路结构。每个组合站都可以平等地发起对另一个站的数据传输，既可发出命令帧，也可发出响应帧。这是一种允许任何节点来启动传输的操作方式。

（3）异步响应方式（Asynchronous Response Mode，ARM）。这种数据操作方式用于非平衡式链路结构，但一般使用较少。它允许从站发起向主站的数据传输，但主站仍然负责初始化、链路的建立和释放、错误恢复等工作。

2.6.2.2 HDLC 的帧结构

HDLC 采用的是同步传输，所有的传输均为帧的形式。所谓“帧”是通过通信线路被传输信息的基本单元。HDLC 的帧格式如图 2-33 所示。

标志	地址	控制	信息	帧校验序列	标志
F 01111110	A 8位	C 8位	I 长度可变	FCS 16位	F 01111110

图 2-33 HDLC 的帧格式

A 标志字段 F

标志字段是一个固定的 8 比特序列 01111110，表示一帧的开始和结束，同时也用于帧同步。凡是连接数据链路的数据站，都要不断地搜索这个序列，用作帧同步。

为了实现数据的透明传输，采用“0”比特插入法以保证标志序列的唯一性。当发送端在发送数据时，凡是 5 个连续的“1”后面即自动插入一个“0”；接收时再自动删除它，以恢复原来的比特流。

B 地址字段 A

地址字段的作用是完成寻址功能。地址字段一般为 8 比特，必要时可进行扩展。未扩展时共有 $2^8=256$ 个地址，全“1”为广播地址，全“0”为地址不分配给任何站，仅用作测试。当地址扩展时，前面的 8 位组首位为“0”，只有最后一个 8 位组首位为“1”，以表示地址字段的结束。

在使用非平衡链路结构时，该字段的内容是从站地址。如果某站发出的帧其地址字段存放目的地址，说明该站为主站，该帧是一个命令帧；如果地址字段存放本站地址，说明该站是从站，该帧是一个响应帧。在使用平衡链路结构时，该字段的内容是应答站的地址。

C 控制字段 C

该字段是最复杂的字段，用于定义帧类型和参数的控制信息。根据最前面两个比特的取值，可将 HDLC 帧分成三种类型：信息帧（Information）、监控帧（Supervisory）和无编号帧（Unnumbered）。三种帧的控制字段格式及扩展的控制字段格式如表 2-7 和表 2-8 所示。

表 2-7 控制字段格式

帧类别	位序号							
	1	2	3	4	5	6	7	8
信息帧 I	0	N (S)			P/F	N (R)		
监控帧 S	1	0	S	S	P/F	N (R)		
无编号帧 U	1	1	M	M	P/F	M	M	M

表 2-8 扩展后的控制字段格式

帧类别	位序号															
	1	2	3	4	5	6	7	8	9	10	11	12	13	14	15	16
信息帧 I	0	N (S)							P/F	N (R)						
监控帧 S	1	0	S	S	0	0	0	0	P/F	N (R)						
无编号帧 U	1	1	M	M	0	M	M	M	P/F	0	0	0	0	0	0	0

a 信息帧 I

信息帧用于进行数据信息的传输。HDLC 采用滑动窗口协议，N（S）表示发送的帧序号，N（R）表示捎带给对方的确认信息，确认 N（R）以前各帧已正确接收，并期待接收 N（R）号帧。

P/F 为探询/终止（Poll/Final）位，这一位在 3 种类型的帧中都要用到。在正常响应方式 NRM 下，主站轮询各个次站时将 P 位置“1”。若次站有数据发送，则在最后一个数据帧中将 F 位置为“1”，其他各帧 F 都置为“0”。若次站无数据发送，则在响应帧中将 F 置为“1”。

在异步响应方式 ARM 和异步平衡方式 ABM 中，任何一个站都可以在主动发送的 S 帧中和 1 帧中将 P 位置为“1”，对方站在收到 P=“1”的帧后应尽早回答本站的状态，并将 F 比特置为“1”。此时并不表示数据已发完或不再发送数据了。

b 监控帧 S

监控帧主要用于差错控制、流量控制以及链路管理。根据第 3、第 4 位的取值，监控帧有四种类型，如表 2-9 所示。

表 2-9 4 种监控帧的名称和功能

SS	帧 名	功 能
00	接收准备就绪（Receive Ready，RR）	准备接收下一帧 确认序号为 N（R）-1 及以前各帧
01	接收未就绪（Receive Not Ready，RNR）	暂停接收下一帧 确认序号为 N（R）-1 及以前各帧
10	拒绝（Reject，REJ）	从 N（R）起的所有帧都被否认 确认序号为 N（R）-1 及以前各帧

续表 2-9

SS	帧　名	功　能
11	选择拒绝（Selective Reject，SREJ）	只否认序号为 N（R）的帧 确认序号为 N（R）-1 及以前各帧

c　无编号帧 U

无编号帧主要提供对链路的建立、拆除及多种控制功能。其本身不带编号，无 N（S）和 N（R）字段，而是用控制字段的第 3、第 4、第 6、第 7、第 8 位共 5 个修饰比特来表示不同功能的无编号帧。虽然有 32 种不同组合，但有许多是未定义的。表 2-10 给出了常用的无编号帧。

表 2-10　常用无编号帧

帧　名		M 位				
命令类	响应类	3	4	6	7	8
SNRM 置正常响应方式		0	0	0	0	1
SARM 置异步响应方式	DM 拆除连接响应	0	1	0	0	0
SABM 置异步平衡方式		1	1	1	0	0
DISC 拆除链路	RD 请求断连	0	0	0	1	0
SIM 置初始方式	RIM 请求初始化	1	0	0	0	0
	FRMR 帧拒绝	1	0	0	0	1
	UA 无编号确认	0	0	1	1	0
UI 无编号信息	UI 无编号信息	0	0	0	0	0

D　信息字段 I

信息字段跟在控制字段之后，其内容包括所要传输的数据信息。该字段可填入任意长的数据信息。在实际情况下，一般信息字段的长度不超过 255 个字符。信息段可以是任意组合的比特序列，即透明传输。

E　帧校验序列 FCS

该字段用于差错控制，校验采用 CRC 码，其生成多项式为 CCITT 的 X16+X12+X5+1，校验范围包括从地址字段起至信息字段结束。

2.7　信息交换技术

2.7.1　交换的概念

前面介绍的通信系统，都是点到点的通信，只要在通信双方之间建立一个连接即可。而在更多的情况下，通信是多对象、多用户的，即点到多点或多点到多点的通信。要实现这样的通信，最直接的方法就是让所有通信方两两相连，如图 2-34（a）所示。这样的连接方式称为全互连式。

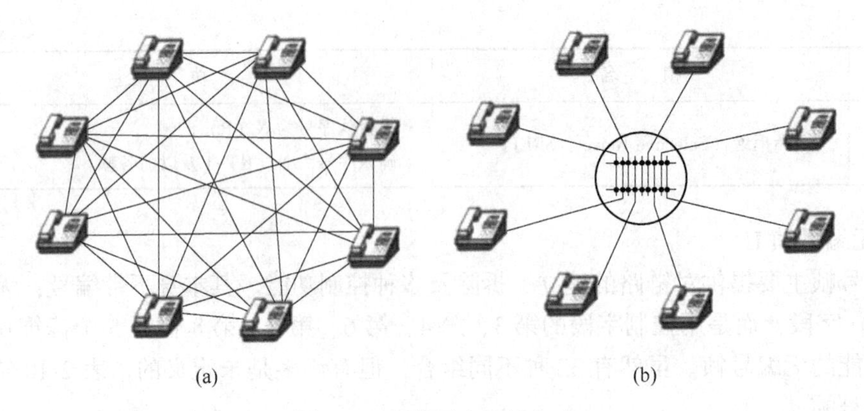

图 2-34　通信用户连接方式
（a）通信用户的全互连；（b）通信用户通过交换机连接

全互连方式存在以下缺点：

（1）当存在 N 个终端时需要 $N(N-1)/2$ 条连线，连线数量随终端数的平方而增加；

（2）当这些终端分别位于相距很远的地方时，相互间的连接需要大量的长途线路；

（3）每个终端都有 $N-1$ 根连线与其他终端相接，因而每个终端都需要 $N-1$ 个线路接口，增加第 $N+1$ 个终端时，必须增设 N 条线路；

（4）在实际应用中，全互连方式仅适合于终端数目较少、地理位置相对集中且可靠性要求很高的场合。显然，全互连方式存在着极大的浪费。为此有必要引入交换的概念。

当终端用户较多，分布范围较广时，最好的互连方式是在用户分布密集中心处安装一个交换设备，把每个用户终端设备（如电话机）分别用专用的线路（电话线）连接到这个设备上，如图 2-34（b）所示。当任意两个用户之间要进行通信时，交换设备只需将连接这两个用户的开关接点合上，两个用户就可以通信了。当两个用户通信结束时，再把相应的开关接点断开即可。这样，N 个用户只需要 N 对连线就可以了，降低了投资费用。

简单地说，能够将多个输入和多个输出随意（一般是两两连通或切断）连通或切断的设备就叫交换机。交换设备与连接在其上的用户终端设备以及它们之间的传输线路便构成了最简单的通信网，而由多个交换设备便可以构成实际的大型通信网络，如图 2-35 所示。处于通信网中的任何一部交换设备都可称作一个交换节点。

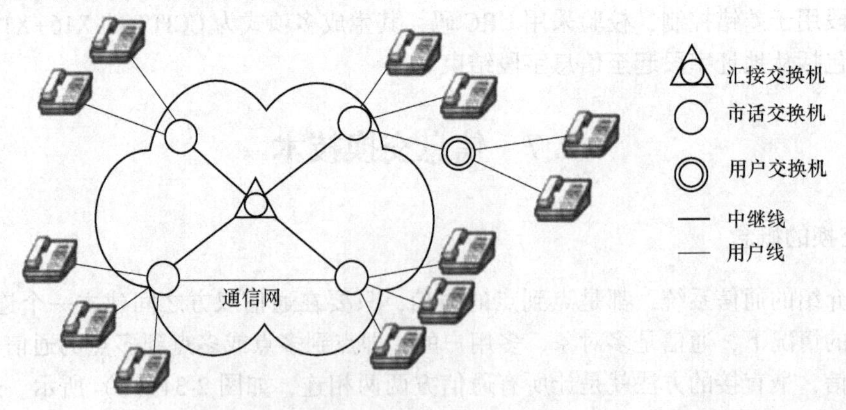

图 2-35　由多台交换机组成的通信网

图2-35中直接与电话机或终端连接的交换机称为本地交换机或市话交换机，相应的交换局称为端局或市话局；仅与各交换机连接的交换机称为汇接交换机。当距离很远时，汇接交换机又称为长途交换机。用户终端与交换机之间的线路称为用户线，其接口称为用户网络接口（User Network Interface，UNI），交换机之间的线路称为中继线，其接口称为网络节点接口（Network Node Interface，NNI）。

图2-35中的用户交换机（Private Branch Exchange，PBX）常用于一个企业或单位的内部。PBX与市话交换机之间的中继线数常常比PBX所连接的用户线数少，因此当单位中的电话主要用于内部通信时，采用PBX要比将所有话机都接至市话交换机更经济。当PBX具有自动交换能力时，又称为电话交换机（Private Automatic Branch Exchange，PABX）。

综上所述，所谓交换就是指各通信终端之间（比如计算机之间、电话机之间、计算机与电话机之间等），为交换信息所采用的一种利用交换设备（交换机或节点机）进行连接的工作方式。

具有交换功能的网络称为交换网，交换中心称为交换节点。通常，交换节点泛指网内的各类交换机。

一台交换机通常由3个部分组成：通信接口、交换网络、控制系统，如图2-36所示。

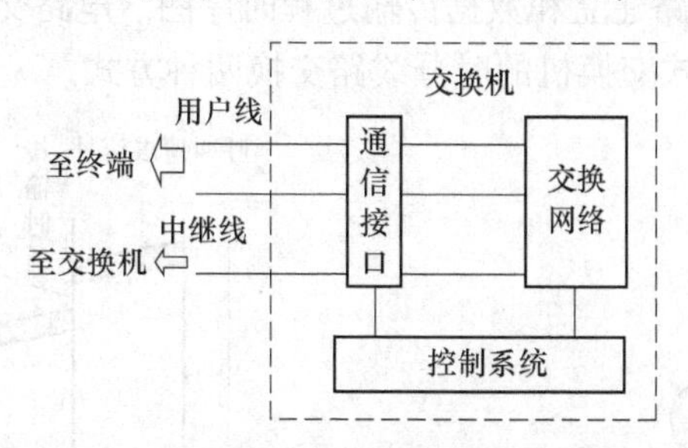

图2-36 交换机的组成

（1）通信接口分为两种：用户接口和中继接口。接口的作用是将来自不同的终端（如电话机、计算机等）或其他交换机的各种传输信号转换成统一的交换机内部工作信号，并按信号的性质分别将信令（信令是通信网中各交换局在完成各种呼叫连接时所采用的一种通信语言）传送给控制系统，将消息传送给交换网络。通信接口技术主要由硬件实现，部分功能也可由软件或固件实现。

（2）交换网络的作用是实现各入、出线上信号的传递或接续。

（3）控制系统负责处理信令，并按信令的要求控制交换网络完成接续，通过接口发送必要的信令，协调整机工作以及管理整个通信网。

由图2-36可见，通信接口、交换网络都与控制系统有关。不同类型的交换系统有不同的控制技术，这也与通信协议密切相关。

交换技术从人工交换开始至今，历经了4个发展阶段：人工交换阶段，机电式自动交换阶段，电子式自动交换阶段和信息包交换发展阶段。经过不断地努力和发展，现在的交换技术已从单一方式发展为多种形式，如电路交换、报文交换、分组交换、ATM交换等。而这些交换技术大都是随着计算机网络的发展应运而生，前面的介绍已经阐述了交换在通信中的重要地位。所以，要想很好地掌握通信和网络知识，必须了解和掌握交换技术。针对数据（计算机网络）通信，这里简要介绍几种交换方式的工作原理。

2.7.2 电路交换

目前公用电话网上广泛采用的就是电路交换方式。电路交换早期是由接线员人工完成交换的，而后经历了由步进、纵横到程控的自动化过程。电路交换的重要特性是在数据传送前，在信息（数据）的发送端和接收端之间，直接建立一条临时通路，供通信双方专用，其他用户不能再占用，直到双方通信完毕才能拆除。电路交换的优点是传输可靠、实时、有序。缺点是存在的建立拆除时间，对传输量不大的间歇性通信而言，效率不高。

电路交换分为如下 3 个阶段：

（1）建立电路，首先在要通信的双方之间，各节点通过电路交换设备，建立一条仅供通信双方使用的临时专用物理通路。

（2）数据传输，通信双方进行数据或信号传输。

（3）电路拆除，在完成数据传输后，须拆除这个临时通道，以释放由该电路占用的节点和信道资源。

例如，如图 2-37（a）所示，节点 B、D、E 为 A、F 两点提供一条直接通路。图 2-37（b）给出了电路交换的电路建立和数据传输过程时序图。电路交换有采用模拟式交换机的空分线路交换和采用数字式交换机的时分线路交换两种方式。

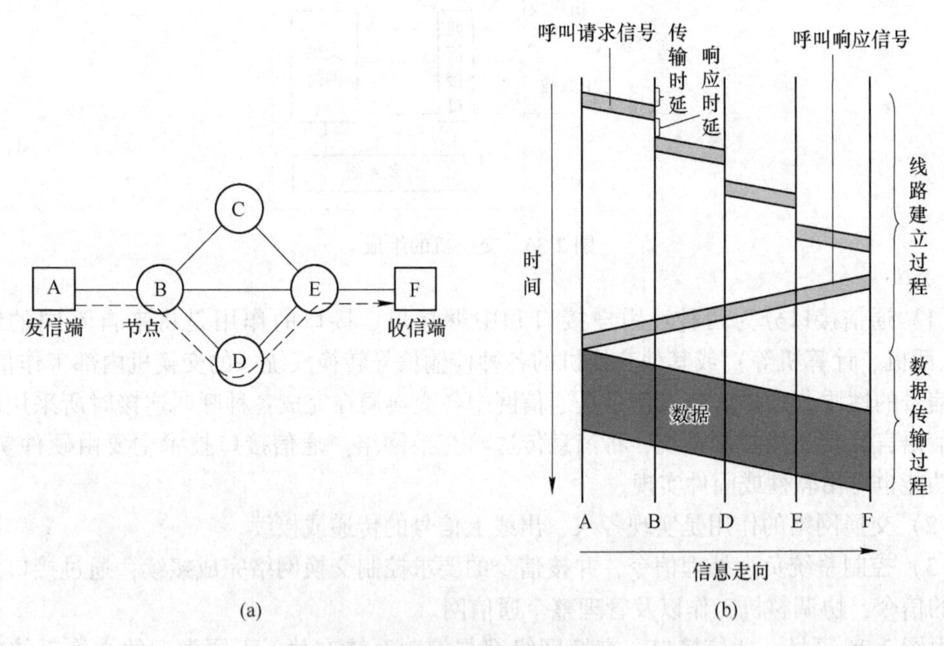

图 2-37　电路交换过程示意图

（a）电路交换节点示意图；（b）电路交换时序示意图

电路交换技术的主要特点为：

（1）传输延迟小；

（2）实时交换，通信质量有保障；

（3）网络忙时建立线路所需时间较长，需 10~20 s 或更长时间；

（4）数据传输中真正使用线路的时间不过 1%~10%，系统消耗高，利用率低；

（5）电路交换不具备差错控制的能力，也不具有数据存储能力，因此，很难满足计算机通信系统要求的指标；

（6）当节点使用电路交换技术时，可构成公用电话网、数字数据网、移动通信网等。

由此可见，电路交换技术适用于实时性要求强的场合，尤其适用会话式通信、语言、图像等交互式通信，不适合传输突发性、间断型数据与信号的计算机通信。

2.7.3　报文交换

报文交换是指以报文为单位进行存储与转发的交换方式。在报文交换中，每个报文由传输的数据和报头组成，报头中间包含源地址和目标地点。这样的报文送上网络后，节点根据报头中的目标地点为报文进行路径选择。即每个节点都先将报文存储在该节点处，然后按目标地点、按网络的具体传输情况（忙、闲），寻找合适的通路将报文转发到下一个节点。经过这样的多次存储/转发，最终到达信宿，完成一次数据传输。

例如，如图 2-38 所示，从 A 到 F 有 3 条链路 A—B—C—E—F、A—B—E—F 和 A—B—D—E—F 可走，具体走哪一条由网络当时的情况决定，图中给出了沿 A—B—C—E—F 链路的报文传输示意图及时序图。

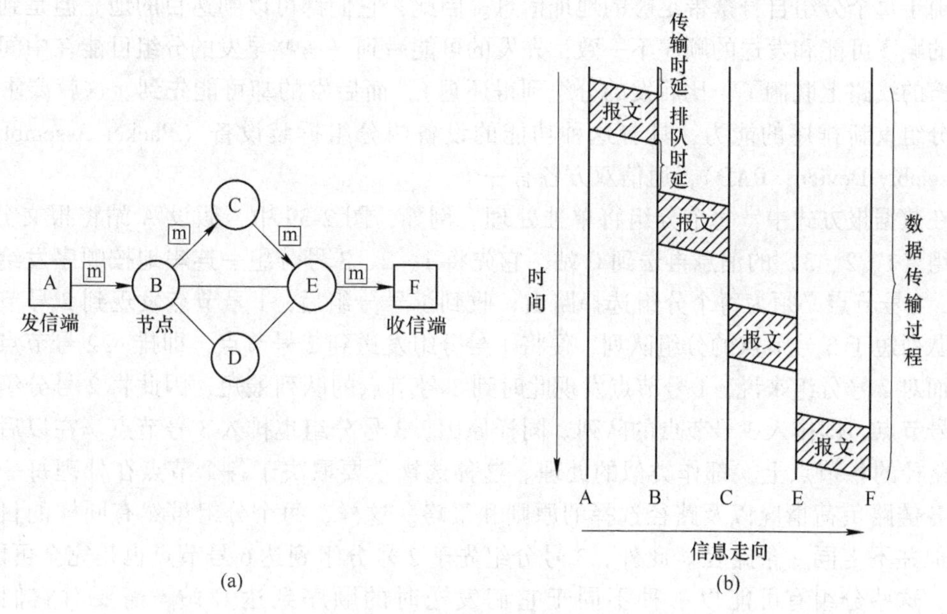

图 2-38　报文交换示意图

（a）报文交换节点示意图；（b）报文交换时序示意图

报文交换的特点是：

（1）与电路交换相比，报文交换没有电路接续所需的延时；

（2）在报文交换过程中不需要独占信道，多个用户的报文可以在一条线路上以报文为单位进行多路复用，线路的利用率极高；

（3）用户不需要叫通对方就可以发送报文，无呼损；

（4）要求节点具有足够的报文数据存储能力；

(5) 数据传输的可靠性高，每个节点在存储/转发中，都进行差错控制。

报文交换的缺点是：由于采用了对完整的报文的存储/转发，且对报文长度没有限制，当报文很长时就会长时间占用某两个节点之间的链路，节点存储/转发的延时较大，不利于实时交互式通信。如常见的电话通信就不适合。

2.7.4　分组交换

分组交换即所谓的包交换，是针对报文交换的缺点而提出的一种改进的交换方式。分组交换类似于报文交换，其差别在于分组交换是数据量有限的报文交换。在报文交换中，一个数据包的大小没有限制。而在分组交换中，要限制一个数据包的大小，即要把一个大数据包分成若干个小数据包（俗称打包），每个小数据包的长度是固定的。然后再按报文交换的方式进行数据交换。为区分这两种交换方式，把小数据包（即分组交换中的数据传输单位）称为分组（packet）。

数据分组在网络中有两种传输方式：数据报和虚电路。

2.7.4.1　数据报方式

类似于报文交换，每个分组在网络中的传输路径与时间完全由网络当时的状况随机确定。由于每个分组自身携带足够的地址信息。因此，它们都可以到达目的地。但是到达目的地的顺序可能和发送的顺序不一致，先发的可能后到（有些早发的分组可能在中间的某段拥挤的线路上耽搁了，比后发的分组到得还迟），而后发的却可能先到。这就要求信宿有对分组重新排序的能力，具有这种功能的设备叫分组拆装设备（Packet Assembly and Disassembly Device，PAD），通信双方各有一个。

在数据报方式中，每个分组将单独处理。例如，图 2-39 中，假设 A 站将报文分成 3 个分组（1、2、3）的消息再送到 C 站，它先将 1、2、3 号分组一连串地按顺序发给 1 号节点，1 号节点必须为每个分组选择路由。收到 1 号分组后，1 号节点发现到 2 号节点的分组队列短于 3 号节点的分组队列，便将 1 号分组发送到 2 号节点，即排入 2 号节点的队列。而对 2 号分组来说，1 号节点发现此时到 3 号节点的队列最短，因此将 2 号分组发送到 3 号节点，即排入 3 号节点的队列。同样原因，3 号分组也排入 3 号节点。在以后通往 C 站路径的各节点上，都作类似的处理。这种选择主要取决于各个节点在处理每一个分组时各链路负荷情况以及路径选择的原则和策略。这样，每个分组虽然有同样的目的地址，但并不走同一条路径。此外，3 号分组先于 2 号分组到达 6 号节点也是完全可能的。因此，这些分组有可能以一种不同于它们发送时的顺序到达 C 站，需要对它们重新排序。

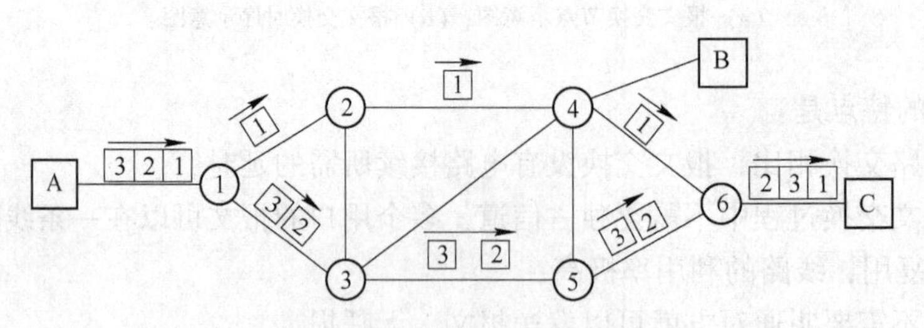

图 2-39　数据报原理示意图

数据报分组头装有目的地址的完整信息，以便分组交换机进行路由选择。用户通信不需要经过呼叫建立和呼叫清除的阶段，对短报文消息传输效率较高。

2.7.4.2　虚电路方式

类似于电路交换，在发送分组前，需要在通信双方建立一条逻辑通路。之后报文的所有分组都将沿着这条逻辑通路以存储/转发方式传输，并且每个分组都包含有这个逻辑通路（虚拟电路）的标识符。它与数据报方式不同的是，逻辑通道建成后，各节点不需要为分组选择路径，各分组将沿同一虚路径在网中传送，到达顺序和发送的顺序完全一样。

虚电路方式的特点是：所有分组都必须沿着事先建立的虚电路传输，存在一个虚呼叫（为建立虚电路的呼叫过程）建立阶段和拆除阶段。与电路交换不同的是，虚电路不存在电路交换中那样的专用线路，只是选定了特定的路径进行传输，而此路经是公用的传输路径。需要强调的一点是，虚电路的标识符只是一条逻辑信道的编号，而不是指一条物理线路本身。一条同样的物理线路可能被定为许多逻辑信道的编号。这一点正体现了信道资源共享的特性。

虚电路实时性较好，适合于交互式通信；数据报则适合于单向传送信息。虚电路方式的不足之处在于虚电路如果发生意外中断时，需要重新呼叫建立新的连接。数据采用固定的短分组，不但可减小各交换节点的存储缓冲区大小，同时也使数据传输的时延减少。此外，分组交换也意味着按分组纠错，当接收端发现错误时，只需让发送端重发出错的分组，而不需将所有数据重发，这样就提高了通信的效率。

如图 2-40 所示，假设 A 站要将多个分组送到 B 站，它首先发送一个“呼叫请求”分组到 1 号节点，要求到 B 的连接。1 号节点决定将该分组发到 2 号节点，2 号节点又决定将其发送到 4 号节点，最终将“呼叫请求”分组发送到 B。如果 B 准备接收这个连接的话，它发送一个“呼叫接收”分组，通过 4 号、2 号、1 号节点到达 A，此时，A 站和 B 站之间可以经由这条已建立的逻辑连接即虚电路（图 2-40 中 VC1）来传输分组、交换数据。此后的每个分组都包括一个虚电路标识符，预先建立的这条路由上的每个节点依据虚电路标识符就可知道将分组发往何处。在分组交换机中，设置相应的路由对照表，指明分组传输的路径，并不像电路（时隙）交换中那样要确定具体电路或具体时隙。

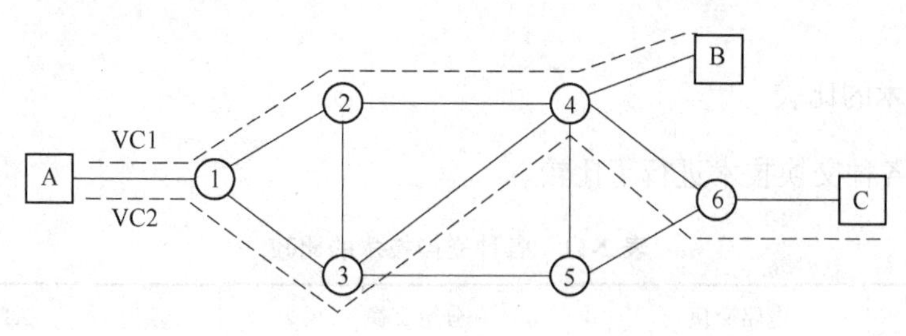

图 2-40　虚电路原理示意图

虚电路方式的一次通信具有呼叫建立、数据传输和呼叫释放 3 个阶段。

2.7.4.3　分组交换主要特点

分组交换主要特点为：

(1) 传输质量高，误码率低；

（2）能自动选择最佳路径，节点利用率高；

（3）共享信道，资源利用率高；

（4）可在不同速率的通信终端之间传输数据；

（5）一般用于数据交换，也可用于分组话音业务；

（6）传输信息有一定的时延；

（7）技术实现复杂；

（8）对于长报文通信的传输效率较低。

分组交换是线路交换和报文交换相结合的一种交换方式，如图 2-41 所示，它综合了线路交换和报文交换的优点，并使其缺点最少。

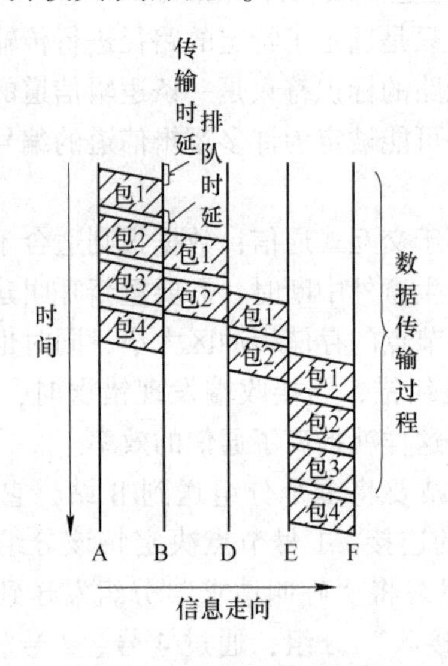

图 2-41 分组交换时序图

目前广泛采用的 X. 25 协议就是由 CCITT 制定的分组交换协议。分组交换技术是最适于数据通信的交换技术。现有的公用数据网均采用分组交换技术，广域网大都也采用分组交换方式。同时，提供数据报和虚电路两种服务由用户选择，并按交换的分组数收费。

2. 7. 5 交换技术的比较

表 2-11 对各种交换技术进行了比较。

表 2-11 各种交换技术的比较

特性	电路交换	分组交换	ATM
统计复用	无	是	是
吞吐量	低	低	高
时延	小	较大	小
时延可变	不变	是	支持可变与不变

续表 2-11

特性	电路交换	分组交换	ATM
服务类型	面向连接	面向连接	面向连接/无连接
用户接入速率	固定	2400 bit/s～64 kbit/s	N×64 kbit/s～622 Mbit/s
信息单元定长	不固定	不固定	固定
信息单元长度		缺 128 字节	53 字节
开销	高	较低	较高
提供的业务	数据	数据	语音、数据动态图像、多媒体视频
应用	信息量大的场合	计算机、终端联网、电子信箱、EDI 等	综合的语音、高速数据多媒体视频
传输介质	模拟/数字电路	模拟/数字电路	光缆

2.8 通信网

通信网是指多用户通信系统在一定的范围相互连接构成的通信系统。通信网以通信设备和交换设备为点，以传输设备为线，并按一定的顺序点线相连构成有机组合的系统。完成多个用户对多个用户的通信。

2.8.1 通信网组成

构成通信网的基本要素是：终端设备、传输链路和转接交换设备。其中，终端设备是信网中的源点和终点。

终端设备的主要功能是把输入信息变换为适宜于在信道中传输的信号，并参与控制通信工作。对应不同的通信业务有不同的终端。如电话业务的终端设备是话机终端；传真业务的终端是传真终端；数据业务的终端是数据终端；此外还有图像通信终端、移动通信终端和多媒体终端等。

传输链路是网络节点的连接媒介，是信息和信号的传输通路。它由传输介质和各种通信装置组成。传输链路具有波形变化、调制解调、多路复用、发信和收信等功能。传输介质分为有线或无线传输线路，如明线、电缆、载波传输线路、PCM 传输系统、数字微波传输系统、光纤传输系统和卫星传输系统等。

转接交换设备是通信网的核心。其主要功能有交换、控制、管理及执行等。对于不同业务网络的转接交换设备的性能要求是不同的。

2.8.2 通信网分类

通信网有不同的分类方法，常见的有以下几种：

(1) 按照运营方式分为公用网和专用网。

（2）按照网络服务范围分为市内网、长途网和国际网等。

（3）按照业务范围分为电话通信网、数据通信网和广播电视网等。

2.8.3　通信网拓扑结构

（1）星型网。每一个终端均通过单一的传输链路与中心交换接点相连，如图 2-42（a）示。星型网具有结构简单、建网容易且易于管理的特点。缺点是线路利用率低，安全性差。

（2）总线型网。如图 2-42（b）示，通过总线把各个节点连接起来，从而形成一个共享信道。其结构简单，扩展方便。

（3）环型网。如图 2-42（c）示，各节点用闭合环路形式组成。这种结构常用于计算机通信网，有单环双环之分。

（4）树型网。树型网是一种分层结构，适用于分级控制的系统，如图 2-42（d）所示，其优点是节省线路、降低成本和易于扩展，缺点是对高层节点和链路的要求较高。

（5）网型网。网型网即全互联网。特点是安全性高，链路数多［n 个节点具有 $1/2n(n-1)$ 条链路］，如图 2-42（e）所示。

（6）复合型网。该网络结构是现实中最常见的一种形式。其特点是将网型网和星型网结合。在通信容量大的区域采用网型网，而在局域区域内采用星型网，这样既保证了网络的可靠性又节省了链路如图 2-42（f）所示。

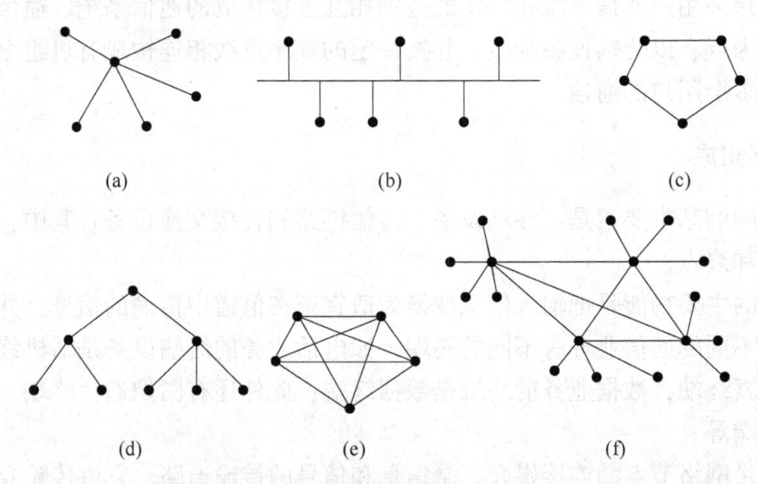

图 2-42　网络的拓扑结构

（a）星型网；（b）总线型网；（c）环型网；（d）树型网；（e）网型网；（f）复合型网

2.8.4　电力系统通信中常用通信网

电力系统通信网中常见的通信网络有电力电话交换网、电视电话会议网、企业内联网等。

2.8.4.1　电力电话交换网

我国电力电话交换网由三级长途交换中心和一级本地网端局组成四级结构。其中一级、二级、三级的长途交换中心构成长途电话网，由本地网端局和按需要设置的汇接局组成本地电话网。一级交换中心是国家电力（国网）通信中心，二级交换中心是网（区域网公司）局交换中心，三级交换中心是省（省公司）级交换中心。电力电话交换网是专用交换通信网，其作用是传输和交换电力调度人员的操作命令、经济调度、处理事故、行政管理等信息，是确保电力系统安全生产、稳定、经济运行的重要指挥调度工具。

2.8.4.2 电视电话会议网

会议电视系统是依托计算机网络在异地的多个会场召开电视会议系统。其国际标准为H.32*x*。我国幅员辽阔，选择会议电视系统可减轻交通压力及减少经费开支。

在我国，会议电视系统的应用有两种形式：一是由中国电信经营的以预约租用方式使用的公用会议电视系统，系统覆盖所有省会及主要地级城市，需要召开电视会议的单位事先进行预约，电视会议在中国电信的会场进行；二是组建专用系统。

建设会议电视系统时需要考虑这样一些关键因素：

（1）需求分析，包括业务要求、系统规模、安全要求、功能/性能要求、可靠性和预算控制等；

（2）使用何种网络类型，是电路交换网络还是分组交换网络，网络运行费用是否可以承受。

A 会议电视系统的制式

对电力企业专用会议电视系统而言主要面临两种选择：一是选择由H.320协议实现的专用系统；二是选择由H.323协议实现的开放式系统。就目前来讲两种系统各具优点与不足，下面分别进行介绍。

a H.320系统

H.320协议的系统类似于传统广播电视系统。其相同之处在于，网络上传输的图像信号与视频信息依然严格按照时序进行，若网络时延经常处于不确定的变化之中，则将使接收的电视信号轻者出现扭曲，重者图像则被完全破坏，因此该系统严格要求网络传输时延小且确定。不同之处在于H.320系统传送/接收的图像和语音为数字化信息。H.320协议第1版于1989年推出，目前使用的是第2版。经过多年来的发展与实践，无论是功能、性能，还是在工程实施与系统可靠稳定运行方面，该系统都已十分成熟，在企业专业会议电视系统领域特别是在大型的关键系统中占据统治地位。

基于H.320的会议电视系统具有如下特点：

（1）利用电路交换网络组成系统，包括DDN、卫星电路、综合业务数字网等时延很小且确定的电路类型；

（2）通信带宽通常为384~2048 kbit/s；

（3）属于专用系统，不同厂商的系统不能互通；

（4）功能、性能完整，有大型系统实施运行经验，系统成熟。

b H.323系统

H.323是支持在分组交换网络进行多媒体通信的协议。国际电信联盟电信标准化部门（ITU-T）于1996年推出了H.323协议第1版，1998年推出第2版，现在又在讨论第3版。

基于H.323协议的系统技术特征是，允许在网络时延不确定的平台上运行。显然该系统应支持随网络时延变化而调节帧的传输速率，电视终端能自动调节帧的显示速率。即系统能够自适应网络时延的不确定性。

H. 323 协议的推出符合 IP 统一一切、在开放式网络平台和应用平台上进行互联互通的国际发展趋势，受到了广大用户和设备厂商的欢迎，系统与设备的发展十分迅速。这种系统既适用于广域网提供正式会议室，又适用于局域网在桌面系统使用的基于 H. 323 的开放式系统。

基于 H. 323 协议的系统有如下特点：

（1）利用分组交换网络组成系统，如 IP 网络、帧中继、ATM 等，时延不确定，但有一定带宽质量保证；

（2）通信带宽可达 2 Mbit/s，但通常使用在 384 kbit/s 以下（如 128 kbit/s）；

（3）IP 协议从理论上保证了不同厂商的系统在不同类型网络之间互联互通；

（4）协议、技术和系统正在发展之中。

总之，是选择成熟但是封闭的 H. 320 系统，还是选择技术仍在成熟中的、但却是未来发展方向的 H. 323 系统，在目前来看，仍然是个复杂的、难以把握的问题，它涉及用途、功能/性能、安全、系统成熟程度、费用等因素。

B　会议电视系统的网络

a　支持 H. 320 系统的网络

原则上只要是提供电路交换形式的网络均可支持 H. 320 系统。其中，DDN 电路、卫星电路的特点是：

（1）专用网络；

（2）网络时延小（通常在数 10 ms 以内），而且为确定时延；

（3）通常使用 384 kbit/s 带宽就可组成具有较好质量的会议电视系统；

（4）采用星型或者树型网络结构支持会议电视系统。

综合业务数字网电路的特点是：

（1）采用公用交换电话网络通过拨号方式实现通信；

（2）通信速率 128 kbit/s（2B 信道）；

（3）可以使用多个 2B 信道以支持高速通信，但对信道质量要求很高；

（4）通常用来支持点对点或小规模电视会议。

b　支持 H. 323 系统的网络

基于 H. 323 的视频终端通常通过局域网络经 IP（路由器）网络进行通信，因此除上述支持 H. 320 的网络可以使用外，还可使用帧中继和 ATM 网络（国内的 X. 25 网络因为时延通常在 800 ms，甚至更大，故对图像质量有较高要求时通常不予考虑）。对会议电视系统影响较大的因素主要是带宽和时延。

利用 DDN 组织 H. 323 会议电视系统的特点如下：

（1）通信带宽通常为选定的会议电视设备速率（如 384 kbit/s），再加上必要的 IP 开销（一般为 20%）；

（2）系统需要使用网闸以进行系统的呼叫建立与拆除、网络带宽控制等。

帧中继网络（ATM 特性优于帧中继网络，故不再介绍）除具有 DDN 电路特性外，还具有：

（1）网络时延一般在数十至数百毫秒，且不确定；

（2）通信基本带宽（CIR 参数）为会议电视终端设备速率加上 20%左右的 IP 开销，

还应再考虑由 IP 分组变成帧中继分组所增加的少量开销。最为重要的是，无论是在 DDN 还是在帧中继网上组织 H.323 会议电视系统，都需要按照循序渐进方式实施，特别是较大规模系统的工程实施。

国家电力公司会议电视系统一期工程于 2001 年 3 月建成，开通了省级以上的 22 个点。同时实现了和原有的 8 个省局会议电视终端的互联互通。

3 电力系统交换技术与通信网

3.1 电力系统交换技术的概述

交换技术是通信网的重要组成部分，如果没有交换技术，组成的通信网络将非常复杂、成本高，而且网络效率低下，可见交换技术在通信网中起着非常重要的作用。

3.1.1 交换机的引入

通信的目的是实现信息传递。在通信系统中，信息是以电信号或光信号的形式传输的。一个通信系统至少应由终端和传输媒介组成，如图 3-1 所示。

图 3-1 点对点通信

终端将含有信息的消息，如话音、图像、计算机数据等转换成可被传输媒介接收的信号形式，同时将来自传输媒介的信号还原成原始消息；传输媒介则把信号从一个地点传送至另一个地点。这样一种仅涉及两个终端的单向或交互通信方式称为点对点通信。

当存在多个终端，且希望它们中的任何两个都可以进行点对点通信时，最直接的方法是把所有终端两两相连。

这样的一种连接方式称为全互连式。全互连式连接存在下列一些缺点：

（1）当存在 N 个终端时，需用 $N(N-1)/2$ 条线对，线对数量以终端数的平方增加。

（2）当这些终端分别位于相距很远的两地时，两地间需要大量的长线路。

（3）每个终端都有 $N-1$ 对线与其他终端相接，因而每个终端需要 $N-1$ 个线路接口。

（4）增加第 $N+1$ 个终端时，必须增设 N 对线路。当 N 较大时，无法实用化。

（5）由于每个用户处的出线过多，因此维护工作量较大。

3.1.1.1 通信网

最简单的通信网仅由一台交换机组成，如图 3-2 所示。

每一台通信终端通过一条专门的用户环线（或简称用户线）与交换机中的相应接口连接。交换机能在任意选定的两条用户线之间建立和释放一条通信链路。

由此可见，交换机在通信中起着非常重要的作用，它就像公路中的立交桥，可以使路上的车辆（信息）安全、快捷地通往任何一个道口（交换机输出端口）。

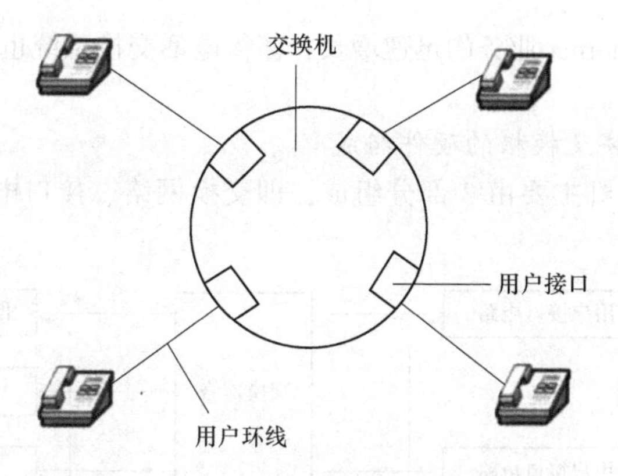

图 3-2　由一台交换机组成的通信网

3.1.1.2　交换节点的基本功能

无论何种交换机，在通信网中均完成如下功能：

(1) 接入功能：完成用户业务的集中和接入，通常由各类用户接口和中继接口完成。

(2) 交换功能：指信息从通信设备的一个端口进入，从另一个端口输出。这一功能通常由交换模块或交换网络完成。

(3) 信令功能：负责呼叫控制及连接的建立、监视、释放等。

(4) 其他控制功能：包括路由信息的更新和维护、计费、话务统计、维护管理等。

交换节点可以控制以下呼叫类型：本局呼叫、出局呼叫、入局呼叫和转接呼叫。本局呼叫是指本局用户之间的接续；出局呼叫是指本局用户与出中继模块之间的连接；入局呼叫是指入中继模块与本局用户之间的接续；转接呼叫是指入中继模块与中继模块之间的连接。交换节点的功能是通过节点交换机的硬件和软件来实现的。

3.1.2　程控数字交换技术和信令

3.1.2.1　程控交换技术的发展

自 1965 年产生了世界上第一台程控交换机以来，程控交换机一直处在突飞猛进的发展过程中。概括来说，程控交换机的发展可以归纳为以下 4 个方面。

(1) 程控交换机中话路网的发展。早期的程控交换机，其话路网采用笛簧、铁簧、剩簧及小型纵横接线器等电磁元件，按空分方式组成，称为空分程控交换机。

(2) 程控交换机中控制方式的发展。程控交换机发展初期，一般采用中央集中控制方式，即控制任务集中在一台大型或巨型专用计算机上。

(3) 程序软件的发展。因为电话通信的实时性很强，所以早期均采用汇编语言编制运行软件。但由于汇编语言在生产效率、结构化设计、可维护性和可移植性等各方面均不如高级语言，而软件在程控交换机中占有越来越重要的地位，所以现在多采用高级语言和汇编语言混合编程，或全部采用高级语言编程的办法。

(4) 接入业务的发展。在当今时代，电信网、有线电视网、计算机网三网合一已成必然趋势。当前，主要是通过 PSTN（公众电话网）或 CATV（有线电视网）进行 Internet（互联网）接入，从而给人们提供以宽带技术为核心的综合信息服务。

程控数字交换技术实现了通信网络业务节点数字化。随着我国综合业务数字网和智能网的应用，程控数字电话交换系统在电话业务基础上，向用户提供综合业务数字网业务和智能网业务。数据和 Internet 业务的迅速增长，使得电话交换系统也成为 Internet 公共拨号接入平台之一。

3.1.2.2　程控数字交换机的硬件组成

一台程控数字交换机主要由 3 部分组成，即交换网络、接口电路和控制系统，如图 3-3 所示。

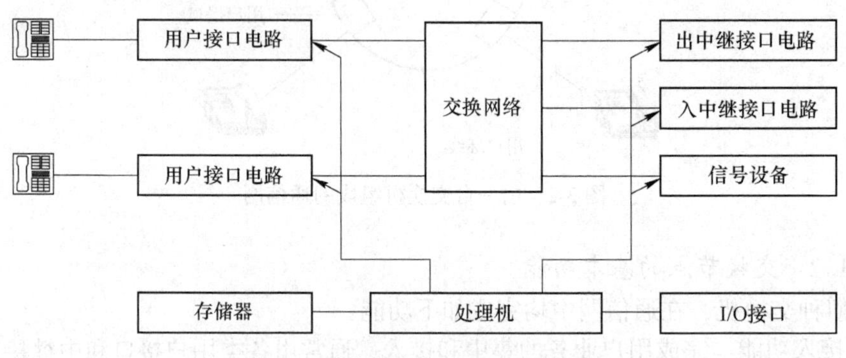

图 3-3　程控数字交换机的组成框图

A　交换网络

交换网络可看成是一个有 M 条入线和 N 条出线的网络。其基本功能是根据需要使某一入线与某一出线连通，提供用户通信接口之间的连接。此连接可以是物理的，也可以是逻辑的。物理连接指通信过程中，不论用户有无信息传送，交换网络始终按预先分配方法，保持其专用的接续通路；而逻辑连接即虚连接，只有在用户有信息传送时，才按需分配提供接续通路。

程控数字交换机的根本任务是要通过数字交换实现大量用户之间的通话连接，数字交换网络是完成这一任务的核心部件。数字交换网络实现所有终端电路相互之间的联系以及处理机之间的通信。因此通过数字交换网络能传送语音、数据、内部信令、数字信号音、内部和外部消息等。

数字交换网络分为用户级（入口级）和选组级，用于完成各条 PCM 链路各个时隙的数字信息交换，包括空分交换和时分交换。数字交换以数字帧结构形式进行。每个呼叫建立都分配相应的时隙（TS），即分配固定速率的信道（CH），标准速率为 64 kbit/s。数字交换原理如图 3-4 所示。

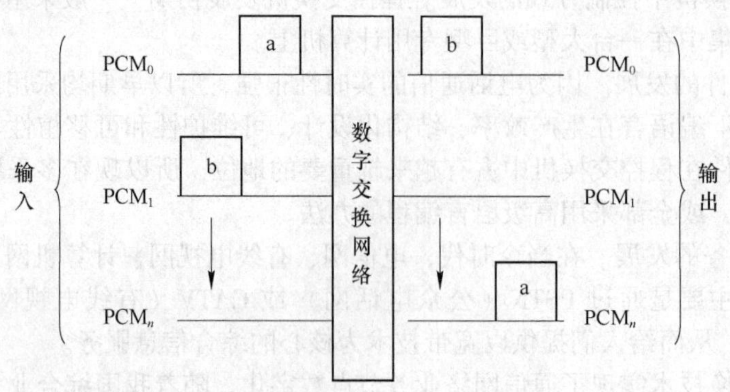

图 3-4　数字交换示意图

程控数字交换机采用的数字交换网络主要有两种典型结构：一种是由数字交换单元（Data Service Equipment，DSE）固定连接构成的数字交换网络；另一种是由时间接线器（T 接线器）和空间接线器（S 接线器）构成的数字交换网络。

（1）数字交换单元（DSE）。DSE 是数字交换网络的基本功能单元，同时兼有时分和空分交换功能。每个 DSE 有 16 个双向端口，每一端口分接收（R）和发送（T）两部分，形成一条双向 PCM 链路。16 个端口之间通过公用时分复用总线相连接，即每个 DSE 有 16 条 32 信道双向 PCM 链路，每个信道 16 bit，传输速率为 4.096 Mbit/s。DSE 的基本结构如图 3-5 所示。

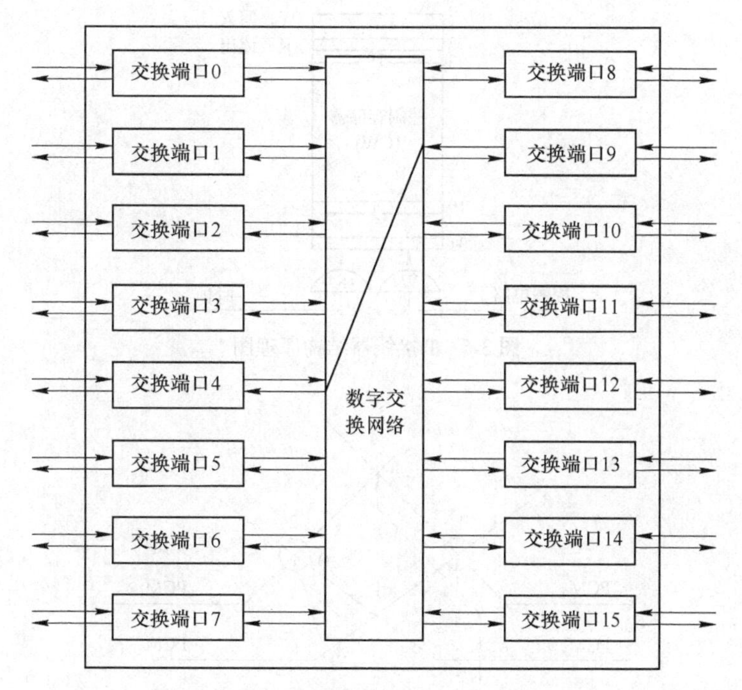

图 3-5 数字交换单元（DSE）的基本结构

DSE 本身具有通路选试和控制功能，它根据接收侧所收到的选择命令进行通路选择和建立通路，完成任一接收端口的任一信道与任意发送端口的任一信道之间信息的交换。故一个 DSE 可完成 512 个输入信道（输入时隙）与 512 个输出信道（输出时隙）之间的交换，相当于一个 512×512 的接线器。

（2）时分接线器（T 接线器）。时分接线器的功能是完成一条 PCM 复用线上各时隙间信息的交换，它主要由话音存储器和控制存储器组成，如图 3-6 所示。

（3）空分接线器（S 接线器）。数字交换网络中的空分接线器在数字交换网络中的作用是完成不同 PCM 复用线上同时隙间的信码交换，其结构如图 3-7 所示。

（4）TST 和 STS 数字交换网络。虽然程控交换机的交换网络可以是单级 T 接线器，但更多是由 T 接线器和 S 接线器多级组合而成，其中 TST 和 STS 网络是最基本的两种组合形式。

TST 交换网络是三级交换网络，其输入、输出级都是时分接线器，而中间是空分接线器。图 3-8 示出了一个 TST 交换网络结构原理示例。

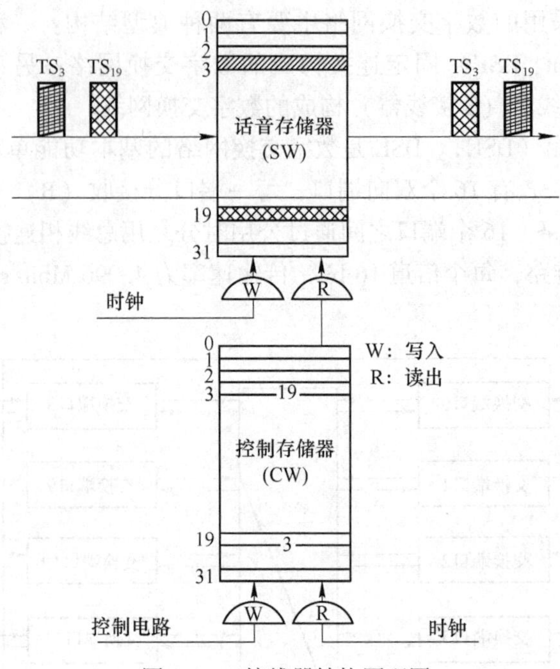

图 3-6　T 接线器结构原理图

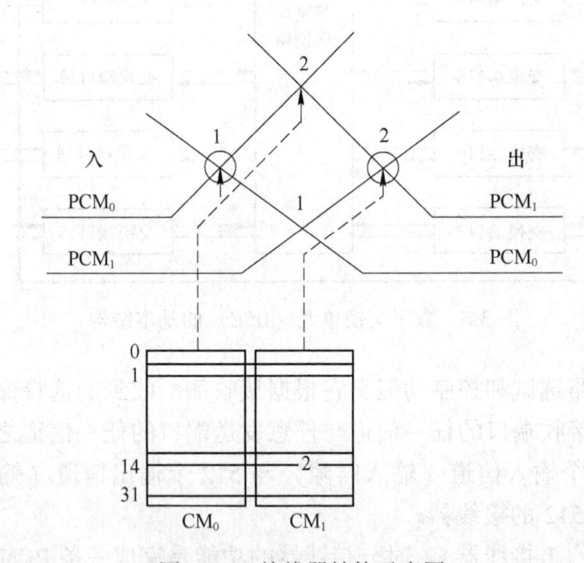

图 3-7　S 接线器结构示意图

图 3-8 中有 8 条输入 PCM 复用线，每条接至一个 T 接线器（称为输入 T 级），其工作方式为“控制写入，顺序读出”；有 8 条输出 PCM 复用线从输出 T 级接出，其工作方式为“顺序写入，控制读出”；中间级 S 接线器相应则为 8×8 的交叉矩阵，其出入线对应地接到两侧的 T 接线器上。

STS 交换网络的输入、输出级都是 S 接线器，中间一级为 T 接线器。图 3-9 所示即为 STS 交换网络的一种形式。其中输入级 S 为输出控制方式，T 级采用顺序写入、控制读出方式，输出级 S 采用输入控制方式。

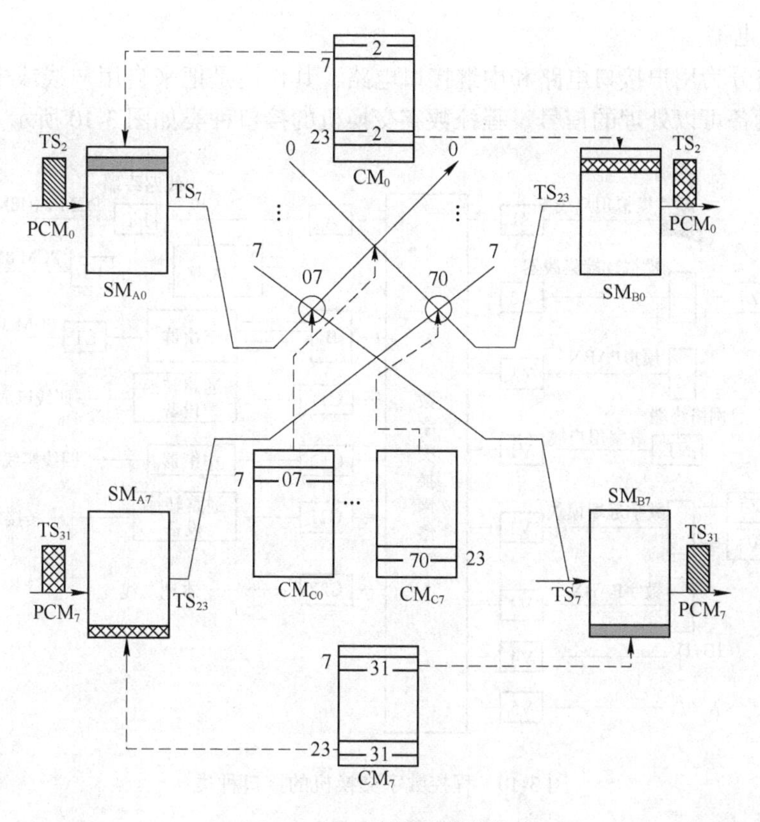

图 3-8　TST 交换网络结构

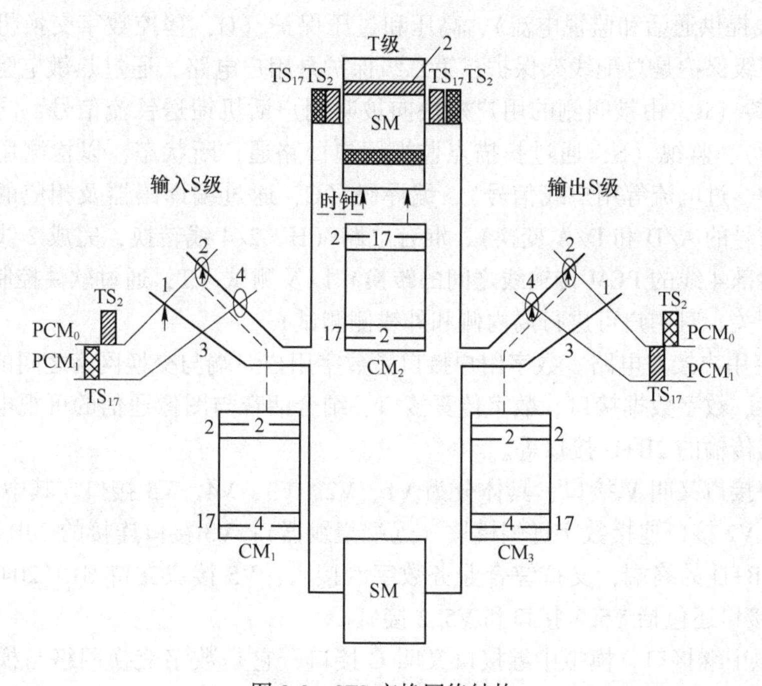

图 3-9　STS 交换网络结构

B 接口电路

接口电路分为用户接口电路和中继接口电路，其作用是把来自用户线或中继线的消息转换成交换设备可以处理的信号。程控数字交换机的接口种类如图3-10所示。

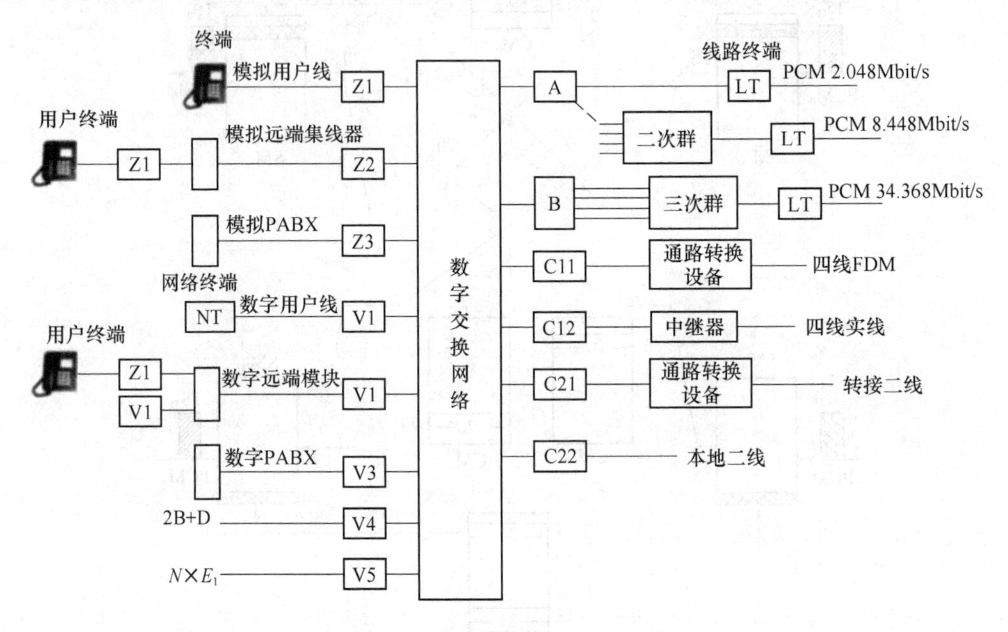

图3-10 程控数字交换机的接口种类

（1）模拟用户接口。模拟用户接口电路基本功能可归结为BORSCHT功能，即馈电（B，为用户线提供通话和监视电流）、高压和过压保护（O，程控数字交换机一般采用两级保护：第一级保护是总配线架保护；第二级保护是用户电路，通过热敏电阻和双向二极管实现）、振铃（R，由被叫侧的用户模块向被叫用户话机馈送铃流信号，同时向主叫用户送出回铃音）、监视（S，通过扫描点监视用户回路通、断状态，以检测用户摘机、挂机、拨号脉冲、过电流等用户线信号）、编译码（C，通过编译码器及相应的滤波器，完成模拟语音信号的A/D和D/A变换）、混合电路（H，2/4线转换，完成2线的模拟用户线与交换机内部4线的PCM传输线之间的转换）以及测试（T，通过软件控制用户电路中的测试转换开关，对用户可进行局内侧和外线侧测试）。

（2）数字用户接口电路。数字用户接口是数字用户终端与交换网络之间的接口，包括数字电话接口、数字数据接口、数字传真接口、结合话音与图像通信的可视电话接口、结合话音与数据传输的2B+D接口等。

数字用户接口又叫V接口，具体分为V1、V2、V3、V4、V5接口。其中，V1接口连接用户终端；V2接口连接数字远端模块（远端集线器）；V3接口连接的30B+D接口；V4接口接多个2B+D的终端，支持综合业务数字网接入；V5接口支持E1（2048 kbit/s）的接入网。V5接口还包括V5.1接口和V5.2接口。

（3）模拟中继接口。模拟中继接口又叫C接口，它是数字交换网络与模拟中继线之间的接口电路，包括C1、C2、C11、C12、C21、C22接口。其中，C1接口接四线音频接口；C2接口接二线音频接口；C11接口接四线FDM的载波设备；C12接口接四线模拟实线电路；C21 接口接数字转接局的二线模拟接口；C22 接口接数字本地局的二线模拟接口。

（4）数字中继接口。数字中继接口电路是数字中继线与交换网络之间的接口电路。数字中继接口包括 A 接口和 B 接口。其中，A 接口是速率为 2048 kbit/s 的接口，它的帧结构和传输特性符合 32 路 PCM 要求；B 接口是 PCM 二次群接口，其接口速率为 8448 kbit/s 数字中继接口由收/发电路、同步电路、信令插入（提取）电路和报警控制电路 4 部分组成。

（5）用户模块与远端用户模块。一般情况下，用户的平均话务量非常低，如果每个用户都在交换网中占一条信道，势必造成网络资源浪费。若把用户的话务量按 2：1（两个用户的话务量共享一条交换网络信道）、4：1 或 8：1 集中处理，便可以达到提高交换网络利用率的效果。用户模块除了实现用户接口功能之外，还包含一个 N：1 集线器，可用来实现话务量的集中。

当一个程控交换机的服务范围很广时，为了缩短用户环线的距离，常常在远端用户密集之处设置一个远端用户模块，以实现用户级的远程化。远端用户模块与前述用户模块本质一样，只是它们与母局之间的连接距离不一样。用户模块放置在母局，不需要中继线连接，其主要功能是提高数字交换网络的利用率。而远端用户模块放置在远端，与母局之间的连接需经过适当的接口和中继线传输系统。它的主要功能是提高数字交换网络和线路的利用率。

控制系统与交换网络、接口设备的关系如图 3-11 所示。

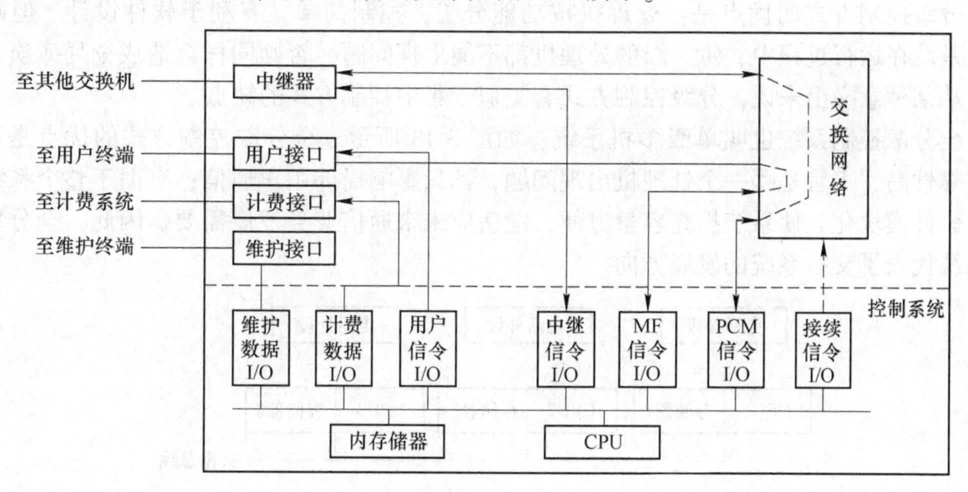

图 3-11 控制系统与交换网络、接口设备的关系

（1）处理机主要用于收集输入信息、分析数据和输出控制命令。

（2）内存储器分数据存储器和程序存储器两种。数据存储器又分为两类：一类用来存储永久性和半永久性的工作数据，如系统硬件配置、电话号码、路由设置等；另一类用于存储实时变化的动态数据，如线路忙闲状态、呼叫进行情况等。

（3）输入/输出设备类似于计算机的输入/输出设备，用以提供外围环境和交换机内部之间的接口。

早期的程控数字交换机中只配备一个处理机，交换机的全部控制工作都由这个处理机来承担，称为集中控制方式。在这种控制方式下，处理机可独立支配系统的全部资源，有完整的进程处理能力。但也存在着处理机软件规模过大，操作系统复杂，特别是一旦出现故障，可能引起全局瘫痪的缺点。

随着微处理机的发展，程控数字交换机里可配备若干个微处理机分别完成不同的工作，这样使程控数字交换机在处理机配置上构成了二级或二级以上的结构。图 3-12 所示为三级处理机控制系统。

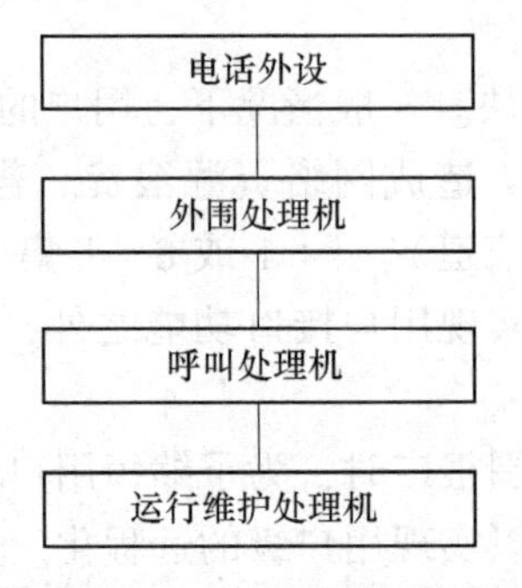

图 3-12 三级处理机控制系统

在图 3-12 所示三级处理机控制系统中，外围处理机用于控制电话外设，完成诸如监视用户摘、挂机状态等简单而重复的工作，以减轻呼叫处理机负担；呼叫处理机完成呼叫建立；运行维护处理机完成系统维护测试工作。

分级控制方式的优点是：处理机按功能分工，控制简单，有利于软件设计。但缺点是：系统在运行过程中，每一级的处理机都不能出现问题，否则同样会造成全局瘫痪。所以，从某种意义上来说，分级控制方式有类似于集中控制方式的缺点。

全分散控制系统也叫单级多机系统，如图 3-13 所示。全分散控制方式的优点是：系统可靠性高，不管是哪一个处理机出现问题，都只影响局部用户通信；有助于整个系统硬件、软件模块化，使系统扩充容量方便，能适应未来通信业务发展需要。因此，全分散控制系统代表了交换系统的发展方向。

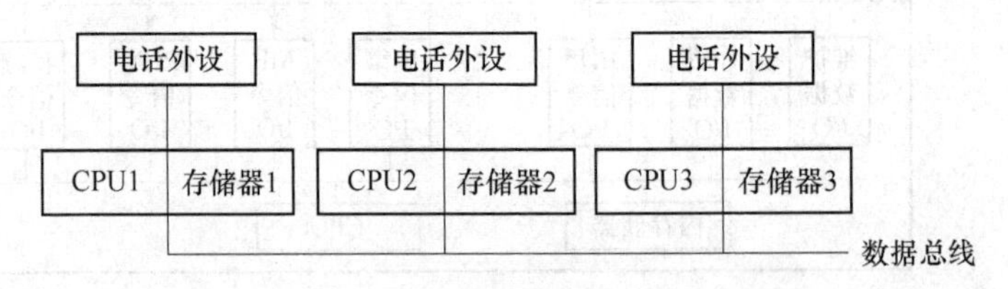

图 3-13 全分散控制系统

3.1.3 分组交换技术

分组交换技术是实现存储转发的过程。因此，进一步介绍分组交换技术需要借助具体的技术或协议，如帧中继、ATM 和 X. 25 协议等都工作于分组交换方式。

用分组格式传输和交换数据，采用数据传送的规程是分组交换规程，一般采用 ITU-T 的 X. 25 协议。以分组格式传输和交换数据的协议是分组交换协议，可分为接口协议和网内协议两种。

接口协议是指终端用户和网络之间的通信规程，而网内协议是指通信网络内部（即包交换节点机）之间的通信规程。在20世纪60~70年代，各国有许多公用分组交换网纷纷投入运行，我国电力系统也于20世纪80年代末开始建立自己的基于X.25协议的数据通信网。这些网络虽都采用分组形式交换，但在接口通信规程、信息格式定义和内容上尚有许多差距。为了实现各种终端用户和不同的分组交换网之间的自由连接，ITU-T组织于1976年首次通过了X.25协议，形成一个统一的国际标准，并根据技术发展不断完善，又做了许多大的修改。

X.25协议是在DATAPAC网络有关标准的基础上生成的。X.25协议研究如何把一个数据终端设备（DTE）连接到公用分组交换网上，所以它只是一个对公用分组交换网的接口规范。要实现这个接口规程，需要终端用户设备和与它相连的网络设备共同完成。若终端设备使用标准的分组交换网规程（即X.25协议）与网络相连，则该终端称为分组终端，否则为非分组终端。非分组终端一般都有自己的通信规程，这些规程是由厂家自己定义的。当它们不与分组网连接时，具有同种规程的终端之间可以通信，而不同规程的终端之间不能通信。网络内部采用何种规程，取决于各生产厂商。

3.1.3.1　X.25协议分组的类型和格式

X.25协议的分组级规定了分组的类型，见表3-1。

表3-1　X.25协议的分组类型

类型	分组类型		适用服务	
	从DTE到DCE	从DCE到DTE	VC（可切换虚电路）	PVC（永久虚电路）
呼叫建立与清除	呼叫请求	入呼叫	✓	
	呼叫接收	呼叫接通	✓	
	释放呼叫	释放指示	✓	
	DTE释放确认	DCE释放确认	✓	
数据和中断	DTE数据	DCE数据	✓	✓
	DTE中断请求	DCE中断请求	✓	✓
	DTE中断确认	DCE中断确认	✓	✓
信息流控制和重置	DTE接收准备就绪	DCE接收准备就绪	✓	✓
	DTE接收未准备就绪	DCE接收未准备就绪	✓	✓
	DTE拒绝接收		✓	✓
	DTE重置请求	DCE重置指示	✓	✓
	DTE重置确认	DCE重置确认	✓	✓
重新启动	DTE重新启动请求	DCE重新启动指示	✓	✓
	DTE重新启动确认	DCE重新启动确认	✓	✓
诊断①		诊断	✓	✓

①表示可选项。

3.1.3.2　呼叫请求分组

图3-14（a）所示为呼叫请求分组的格式。在此分组中，第1字节中的第1~第4 bit和第2字节8 bit，共12 bit用于识别逻辑信道，一条逻辑信道对应于一条虚电路。第1字节中的第1~4 bit用以识别逻辑信道组，第2字节用以识别某组内的某一信道，12 bit可以识别4096条逻辑信道。第3字节为分组类型识别符，呼叫请求分组的识别编码为00001011。第4字节的两个4 bit分别表示被叫DTE和主叫DTE地址的长度，接在后面的就是被叫DTE和主叫DTE的地址。再后面的字段是补充业务的长度和补充业务。当用户数据较少时可以采用快速选择，这时，可以在分组末尾附上最多为16字节的主叫用户数据。

3.1.3.3　控制分组

图3-14（b）所示为控制分组格式。第3字节的第1 bit为C/Dbit，用以识别是控制分组还是数据分组。当识别比特为1时是控制分组。第3字节的第6~第8 bit为分组接收序号P（R），其余4个比特识别控制分组的类型是RR、RNR还是REJ。

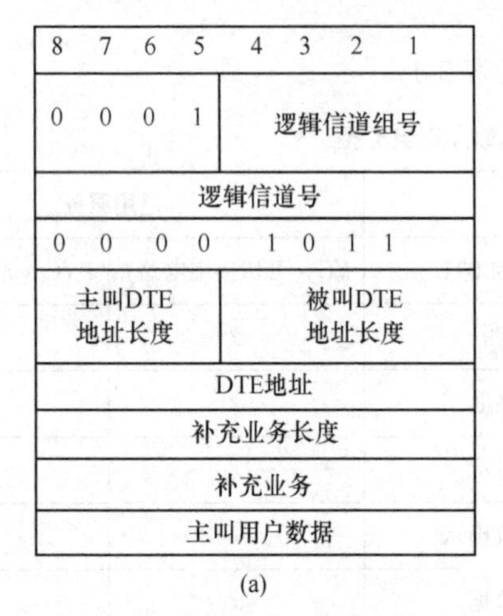

(a)

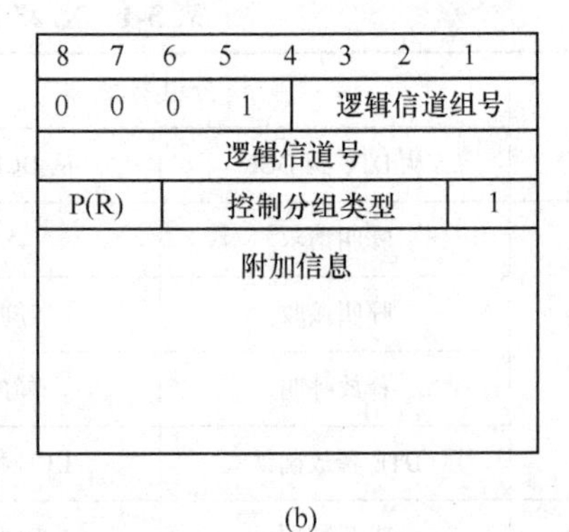

(b)

图3-14　X.25数据分组格式

（a）呼叫请求分组格式；（b）控制分组格式

3.1.3.4　数据分组

数据分组的格式有两种，如图3-15所示。图3-15（a）所示为一般形式，图3-15（b）所示为它的扩展形式。第1字节的第8 bit，是Qbit（Qualifies），此比特用来区分传输的分组，当Q=0时，净荷部分是数据，当Q=1时，净荷部分是控制信息。第1个字节中的第7 bit是Dbit，D=0表示数据分组由本地数字通信设备（Data Circuit-terminal Equipment，DCE）确认，D=1表示由远端数据终端设备（Data Terminal Equipment，DTE）确认。第6、第5 bit SS=01表示分组的顺序编号按模8方式工作，SS=10表示按模128方式工作。第3字节包含分组发送序号P（S）和接收序号P（R）。Mbit称为“Moredata” bit。Mbit为1表示还有数据分组到来。

3.1.3.5　X.25协议的虚电路

在X.25协议中，虚电路的概念是非常重要的。一条虚电路在穿越分组交换网络的两

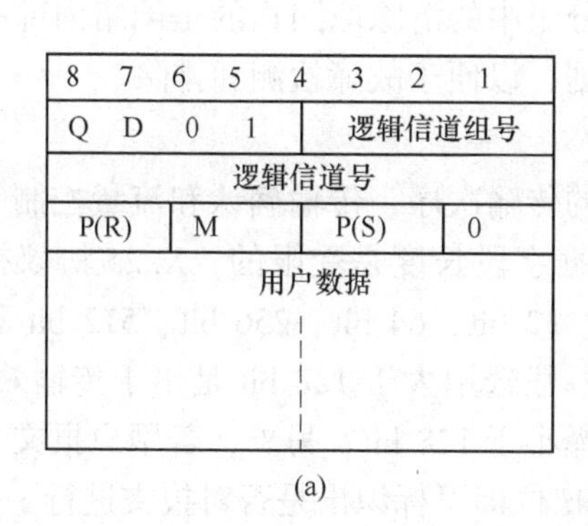

(a)

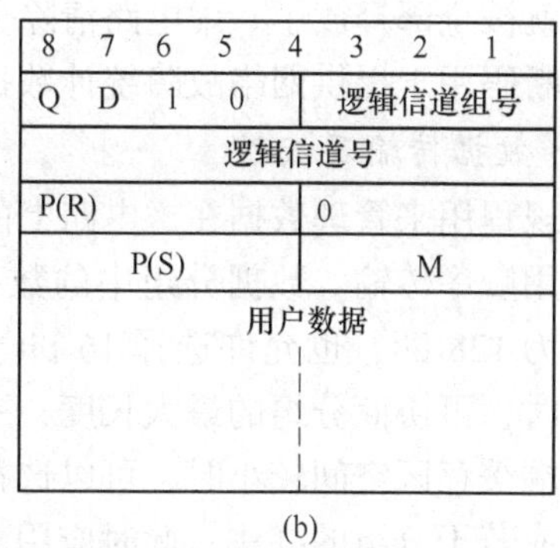

(b)

图 3-15 数据分组格式

（a）模 8；（b）模 128（扩展模式）

个地点之间建立一条临时性或永久性的“逻辑”通信信道。使用一条电路可以保证分组是按照顺序抵达的，这是因为它们都按照同一条路径进行传输。它为数据在网络上进行传输提供了可靠的方式。在 X. 25 协议中有临时性虚电路和永久性虚电路两种类型的虚电路，基于呼叫的虚电路，在数据传输会话结束时应该拆除；永久性虚电路，在两个端点节点之间保持一种固定连接。X. 25 协议使用呼叫建立分组，在两个端点节点之间建立一条通信信道。当呼叫建立了后，在这两个站点之间数据分组就可以传输信息了。

注意：由于 X. 25 协议是一种面向连接的服务，因而分组不需要源地址和目的地址。虚电路为传输分组通过网络到达目的地提供了一条通信路径。然而，对分组分配了一个号码，这个号码可以被作为连接源地和目的地的信道鉴别标识。

X. 25 协议网络易于安装和维护。它是根据发送的分组数据来收费的，在一些情况下，还会考虑连通的时间。其他一些服务更适合于高速局域网传输（如帧中继）或专用连接。

3. 1. 3. 6 虚电路的建立与拆除

建立过程：建立连接首先需要借助呼叫建立规程来完成。过程如下：当主叫 DTE 发送一个呼叫请求分组时，该分组携带主、被叫 DTE 地址以及自选业务进入通信子网，在通信子网节点机上查找路由表并转发至下一个节点，直到传入被叫端 DCE。被叫端 DCE 向被叫 DTE 发送入呼叫分组，若被叫 DTE 同意建立虚电路，则回送呼叫接收分组，该分组沿呼叫请求分组所建的路由反向转发到主叫端 DCE，该 DCE 再向主叫 DTE 发送呼叫建立分组，至此，呼叫建立规程执行完毕。

呼叫建立过程是一个“握手”规程，在这一过程中，要使逻辑信道号与主被叫地址建立对应关系，同时要预约业务参数。X. 25 协议的 DTE 地址字段由 X. 121 协议规定，它包括网络标识号及用户 DTE 标识号，以便寻址及网间互联。我国网络标识为 460~479。可选业务字段是双方要预约的参数，包括分组最大长度、流控窗口大小、缓冲区大小、闭合用户组选定及反向计费等。用户业务数据字段用于传送简短的用户管理数据（最多为 16 字节）。

拆除过程：当数据传输结束后，虚电路任何一端均可发送清除请求分组至本端 DTE，DCE 接收该分组后，一方面回送清除确认，通知本端 DTE 该条虚电路已清除，释放已占用的逻辑信道，另一方面转发清除请求至下一节点，逐点清除虚电路，直到转发到另一端 DCE，向 DTE 发清除指示分组，远端 DTE 回送清除确认分组并释放逻辑信道为止，至此整个一条电路就被全部释放了。虚电路清除分组中的清除原因指的是网络内部故障或用户请求清除。诊断码用于提供网络故障统计数据，以便于故障检测和排除。

3.1.3.7 数据传输及流控

数据传输规程用来管理数据在虚电路上的传输次序、传输确认和流量控制等。虚电路的组网方式采用顺序传输。数据分组中的数据字段长度是受限的，X.25 协议推荐的最大数据分组长度为 128 bit，也允许选择 16 bit、32 bit、64 bit、256 bit、512 bit 和 1024 bit。在虚电路建立时，可协商分组的最大长度，一般选用大于 128 bit 是出于传输效率的考虑；当考虑照顾终端缓存区空间较小时，可以选择小于 128 bit。另外，若用户报文太长，只能采用将报文分成若干分组的办法，此时应用 *M* 位即可标识出是否对报文进行了分组。

为了防止接收缓存区拥塞或溢出，X.25 协议采用滑动窗口法进行流量控制。用于流量控制的控制分组有 3 种：RR（接收准备好）表示可以接收，RNR（接收未准备好）表示缓存将满要求暂停发送，REJ（拒绝分组）表示数据分组有丢失，要求重发。这些流量控制类的分组格式如图 3-16 所示。

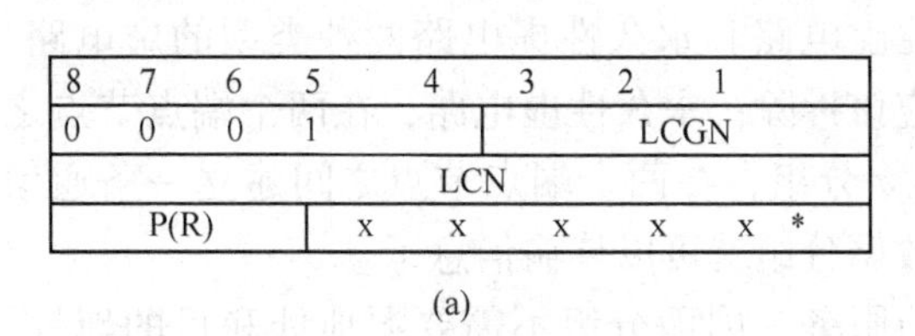

(a)

8	7	6	5	4	3	2	1
0	0	0	1	LCGN			
LCN							
0	0	0	x	x	x	x	x *
P(R)							0

(b)

图 3-16 流量控制分组格式

（a）模 8 流量控制分组格式（RR、RNR、REJ）；（b）模 128 流量控制分组格式（RR、RNR、REJ）

3.1.4 帧中继技术

3.1.4.1 概述

帧中继技术是在分组技术充分发展，数字与光纤传输线路逐渐替代已有的模拟线路，用户终端日益智能化的条件下诞生并发展起来的。帧中继仅完成 OSI 物理层和链路层核心层的功能，将流量控制、纠错等留给智能终端去完成，大大简化节点机之间协议；同时，帧中继采用虚电路技术，能充分利用网络资源，因而帧中继具有吞吐量高、时延低、适合突发性业务等特点。帧中继对于基于信元的异步转移模式（ATM）网络，是一个重要的接入可选项。帧中继作为一种附加于分组方式的承载业务引入综合业务数字网，其帧结构与综合业务数字网的 D 信道链路接入规程结构一致，可以进行逻辑复用，作为一种新的承载业务，帧中继具有很大的潜力，主要应用在广域网（Wide Area Network，WAN）中，支持多种数据型业务，如局域网（Local Area Network，LAN）互连、计算机辅助设计（Computer Aided Design，CAD）和计算机辅助制造（Computer Aided Manufacturing，CAM）、文件传送、图像查询业务、图像监视等。

帧中继技术归纳为以下几点：

（1）帧中继技术主要用于传递数据业务，它使用一组规程将数据信息以帧的形式（简称帧中继协议）有效地进行传送。

（2）帧中继传送数据信息所使用的传输链路是逻辑连接，而不是物理连接，在一个物理连接上可以复用多个逻辑连接，使用这种机理，可以实现带宽的复用和动态分配。

（3）帧中继协议简化了 X.25 协议的第 3 层功能，使网络节点的处理大大简化，提高了网络对信息处理的效率。采用物理层和链路层的两级结构，在链路层也仅保留了核心子集部分。

（4）在链路层完成统计复用、帧透明传输和错误检测，但不提供发现错误后的重传操作。省去了帧编号、流量控制、应答和监视等机制，大大节省了交换机的开销，提高了网络吞吐量、降低了通信时延。一般 FR 用户的接入速率在 64 kbit/s～2 Mbit/s，高速 FR 的速率已提高到 8～10 Mbit/s，今后将达到 45 Mbit/s。

（5）交换单元—帧的信息长度远比分组长度要长，预约的最大帧长度至少要达到 1600 字节/帧，适合于封装局域网的数据单元。

（6）提供一套合理的带宽管理和防止阻塞的机制，用户有效地利用预先约定的带宽，即承诺的信息速率（Committed Information Rate，CIR），并且还允许用户的突发数据占用未预定的带宽，以提高整个网络资源的利用率。

（7）与分组交换一样，帧中继采用面向连接的交换技术，可以提供交换虚电路（Switching Virtual Circuit，SVC）业务和永久虚电路（Permanent Virtual Circuit，PVC）业务，但在目前已应用的 FR 网络中，只采用 PVC 业务。

根据上述帧中继技术的特点，帧中继技术适用于以下 3 种情况：

（1）当用户需要数据通信时，其带宽要求为 64 kbit/s～2 Mbit/s，而参与通信的各方多于两个的时候使用帧中继是一种较好的解决方案。

（2）通信距离较长时，应优选帧中继。因为帧中继是一种网络，帧中继的高效性使用户可以享有较好的经济性。

（3）当数据业务量为突发性时，由于帧中继具有动态分配带宽的功能，选用帧中继可以有效地处理突发性数据。

3.1.4.2　帧中继业务

帧中继业务是在用户—网络接口（UNI）之间提供用户信息流的双向传送，并保持原顺序不变的一种承载业务。用户信息流以帧为单位在网络内传送，用户—网络接口之间以虚电路进行连接，对用户信息流进行统计复用。图 3-17 所示为帧中继支持的 3 种典型业务。

帧中继网络提供的业务有永久虚电路和交换虚电路两种。永久虚电路（PVC），是指在帧中继终端用户之间建立固定的虚电路连接，并在其上提供数据传送业务。PVC 是端点和业务类别由网络管理定义的帧中继逻辑链路。与 X.25 协议永久虚电路相类似，PVC 由始发帧中继网络地址、始发数据链路控制标识、终接帧中继网络地址和终接数据链路控制标识组成。始发是指启动 PVC 的接入接口，终接是指 PVC 终止的接入接口。许多数据网络客户需要两个端点之间的 PVC。有连续通信需求的数据终端设备使用 PVC。

交换虚电路是指在两个帧中继终端用户之间通过虚呼叫建立虚电路连接，网络在建好的虚电路上提供数据信息的传送服务；终端用户通过呼叫清除操作终止虚电路。

支持帧中继业务网络主要考虑几个方面：

（1）信息传递速率，指端到端的通信速率，目前用户终端可能使用的速率有标准化的 64 kbit/s、多于 64 kbit/s 速率或低于 64 kbit/s 的速率。

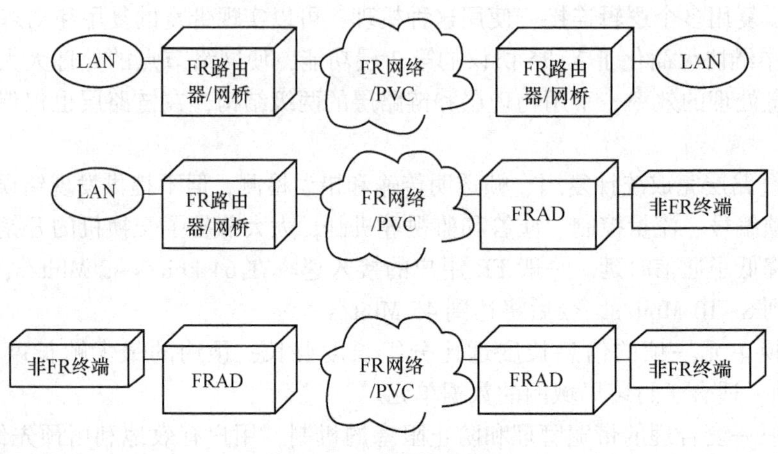

图 3-17 帧中继业务应用

(2) 信息传递能力，表示端到端间被传送信息的类型。例如，“不受限的数字信息”是指将发信者送出的比特流不作任何改变传送给受信者，也称作比特透明。

(3) 通信的建立，表示从受理用户请求到建立通信为止的时间关系。有用户根据需要而进行通信的即时连接、预定连接和专线连接。

(4) 对称性，指发信者与收信者间建立呼出、呼入通路有关的属性。在呼出和呼入方向上属性完全相同的业务称作“双向对称”。即便有一个属性不同的业务也被称作“双向非对称”。只能建立单向通信的业务称作“单向业务”。

(5) 通信配置，表示进行通信的地点是点到点、点到多点还是多点到点或多点到多点。

(6) 接入通路及其速率，表示用户—网络接口上通路类型的属性。

(7) 接入协议，表示为了实现业务在用户—网络接口上所用的协议类型的属性。例如，综合业务数字网接入协议中的 I. 441 协议和 I. 451 协议，分别规定了综合业务数字网用户—网络接口第 2、第 3 层的规范。X. 25 协议则规定了在分组方式下传送数据所采用的协议。

3. 1. 4. 3 帧交换业务

帧交换业务的基本特征与帧中继业务相同，其全部控制平面的程序在逻辑上是与用户面相分离的，而且物理层用户面程序使用 I. 430/I. 431 协议，链路层用户平面程序使用 I. 441 协议的核心功能，能够对用户信息流量进行统计复用。

帧中继网由用户终端、接入设备、交换机和数据链路组成，如图 3-18 所示。帧中继是一种面向连接的通信方式，经过呼叫建立虚连接，虚连接由 DLCI 来进行识别，多条虚连接复用在同一物理电路上。两个终端之间的虚连接分成若干段，每个段有相应的 DLCI，图 3-18 中有两条虚连接。

3. 1. 4. 4 帧中继协议参考模型

图 3-19 所示为开放式系统互联（OSI）、电路方式（TDM）、X. 25 协议和 FR 协议参考模型对比的示意图。

3. 1. 4. 5 帧中继的带宽管理

帧中继网络适合为具有大量实发数据（如 LAN）的用户提供服务，因为帧中继实现

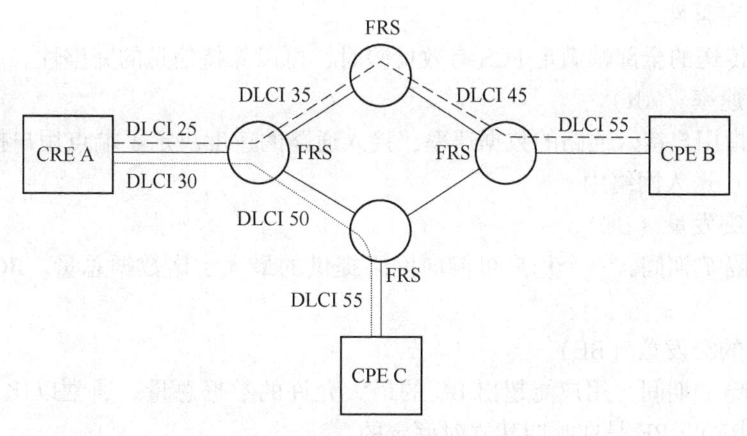

图 3-18　帧中继网络组成

FRS—帧中继交换机；CPE—中央处理设备；DLCI—数据链路连接识别符；
从 A 到 B 的帧中继逻辑链路—DLCI 25，DLCI 35，DLCI 45，DLCI 55；
从 A 到 C 的帧中继逻辑链路—DLCI 30，DLCI 50，DLCI 55

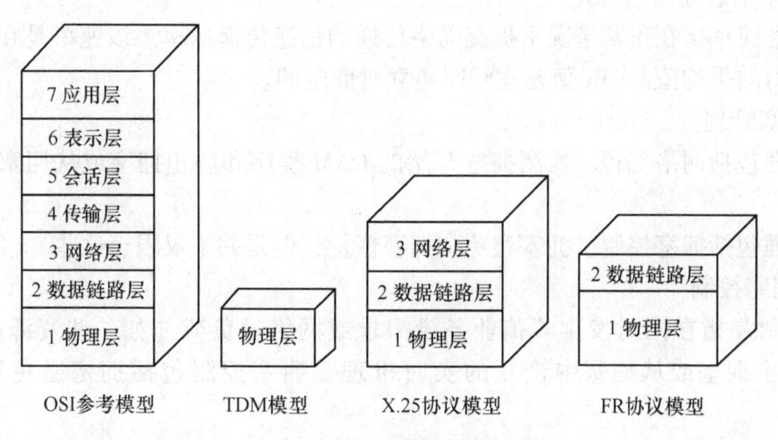

图 3-19　帧中继与其他参考模型对比

了带宽资源的动态分配，在某些用户不传送数据时，允许其他用户占用其数据带宽。这样，对于用户来说，要得到高速低时延的数据传送服务需交纳的通信费用大大低于专线。网络通过为用户分配带宽控制参数，对每条虚电路上传送的用户信息进行监视和控制，实施带宽管理，以合理地利用带宽资源。

3.1.4.6　常用的帧中继技术术语

（1）吞吐量（throughput）。

吞吐量是在一个方向上单位时间传送的连续数据比特的数量。显然吞吐量与数据速率有关。假设 3 个信息帧用了 2 s 时间传送，第 1 个帧长为 68 个 8 bit 组，第 2 个帧长为 171 个 8 bit 组，第 3 个帧长为 97 个 8 bit 组，其吞吐量则为 1344 bit/s。

（2）端口（port）。

端口是通过公用通信交换机到达帧中继网络的入口点。端口速率必须由用户在向通信公司申请业务时选定。一个端口可以有多个 PVC。

(3) 信息完整性。

当由网络传送的全部帧满足 FCS 有效检验时，可以保持信息的完整性。

(4) 接入速率（AR）。

接入速率指用户接入通路的数据速率，接入通路的速度决定了端点用户把多大的数据量（最大速率）送入网络中。

(5) 承诺突发量（BC）。

在时间间隔 T 期间，一个用户可能向网络提供的最大承诺数据总量。BC 是在呼叫建立时商定的。

(6) 超过的突发量（BE）。

在时间间隔 T 期间，用户能超出 BC 的最大允许的数据总量。通常以比 BC 低的概率传送该数据（BE）。BE 是在呼叫建立时商定的。

(7) 承诺速率测量间隔（Tc）。

承诺速率测量间隔指允许用户只送出承诺的数据总量（BC）和超过的数据总量（BE）的时间间隔。

(8) 承诺信息速率（CIR）。

承诺信息速率指在正常情况下提交网络传递的信息传递速率。该速率是在时间下的最小增量上求得的平均值。CIR 值是在呼叫建立时商定的。

(9) 拥塞管理。

拥塞管理包括网络工程、检测拥塞开始的 OAM 程序和防止拥塞或从拥塞中恢复的实时机理。

拥塞管理包括拥塞控制、拥塞避免和拥塞恢复，但是并不仅限于这些。

(10) 拥塞控制。

拥塞控制是指在同时发生峰值业务量需求或网络过负荷（如一些资源故障）情况期间，为防止拥塞或从拥塞中恢复的实时机理。拥塞控制包括拥塞避免和拥塞恢复机理。

1) 拥塞避免。

拥塞避免是指为了防止拥塞变得严重，在出现轻度拥塞时或在它之前起始的一些程序。拥塞避免程序运用在轻度拥塞和严重拥塞的范围内及其周围。

2) 拥塞恢复。

拥塞恢复是指为避免拥塞而起始的一些程序，以防止端点用户所感受到的由网络提供的服务质量的严重恶化。当网络由于拥塞已经开始舍弃一些帧时，通常就要发动这些程序。拥塞恢复程序运用在严重拥塞区域内及其周围。

(11) 残余差错率。

对各种帧方式承载业务和相应的层服务应规定残余差错率。相应于帧方式承载业务的层服务是由业务数据单元（Service Data Unit，SDU）的交换来表征的。对于帧中继而言，是在协议 Q. 922 核心功能和在它们之上执行的端到端协议之间的功能性界面上交换 SDU。借助于帧协议数据单元（Frame Data Unit，FRDU）网络参与这种交换。在帧中继中，FPDU 是在协议 Q. 922 核心功能中规定的那些帧。

(12) 传送的有误帧。

在一个被传送的帧中，有一个或多个比特值处于差错情况时，或者在帧中的一些比特、但不是全部比特被丢失或额外增加时（即在原始信号中没有出现过的比特，见协议X. 140)，就把这个被传送的帧定义为有错误的帧。

（13）重复传送的帧。

如果下面两种情况存在的话，则把一个特定目的地用户接收的帧D定义为重复传递的帧：1）D不是源点用户产生的；2）D与先前传送到那个目的地用户的帧完全相同。

（14）传送失序的帧。

考虑一个帧序列 F_1，F_2，F_3，…，F_n，最后传送 F_n。如果被传送的帧 F_i 在 F_{i+1}，…，F_n 任何帧之后到达目的地，则把 F_i 定义为失序。

（15）失帧。

当在一个待定的越限时间内，一个被传送的帧没有传到指定的目的地用户，并且网络对未送达负责（见协议X. 140）时，则称该帧为失帧。

（16）误传帧。

一个误传帧是从一个源点传送到目的地用户以外的其他某个目的地用户的帧。至于信息的内容是否正确是无关紧要的（见协议X. 140)。其中吞吐量和时延是两个重要的参数。现有X. 25协议分组网络由于协议处理和数据传输的选路方式比较复杂，网络进行数据处理的时延较大，约为50 ms，信息在网络层即第3层进行复用。而帧方式承载业务在用户平面上简化了协议的操作，使网络对每个协议数据单元的处理效率有所提高，从而提高了吞吐量，降低了时延，时延约为3 ms，信息在链路层即第2层进行统计复用，使更多的呼叫可以共享网络资源。但是在业务流量超过了网络处理能力的情况下，在U平面应该进行拥塞控制，否则将会影响网络性能。

3.1.5 异步转移模式技术

ATM（Asynchronous Transfer Mode）为异步转移模式的缩写，是电信网络发展的一个重要技术，是为解决远程通信时兼容电路交换和分组交换而设计的技术体系。传统的N-ISDN的业务能力已经不能适应市场的需要，因此，提出宽带综合业务网B-ISDN的概念，ATM技术应运而生。

3.1.5.1 ATM的基本概念

为了能够支持任何类型的用户业务（如语音、图像和数据应用等)，ATM网络的目标是提供一个高速率、低延时的复用和交换网络。因此，ATM将用户的业务流拆分或组装成固定大小的信元，并以此为基础进行复用和交换等处理。

ATM信元长度为53 bit，信元长度的确定是兼顾PCM30/32和PCM24体系的结果。其中5个为信元头，48个为用户净荷。ATM网络通过信元头内的虚电路标识符来识别一个信元的相关属性，并以该标识符经高速交换机，将源自用户端的信元中继送达目标端的用户。

ATM网络不对信元内的用户净荷做出错误检查，也不提供重传服务，对信元头的处理也尽可能地简化。

ATM信元在分组交换方式中，分组长度可变时的传输效率高于分组长度固定的情况。但对于带网来说，这种效率的提高是有限的，却要求处理速率高，缓冲器管理和容量设计也较复杂；此外，使用固定长度的分组可以预测排队时延和网络的总时延；固定长度的分组使交换机的结构较简单，性能更可靠，故 ATM 采用固定长度的分组。

在使用 ATM 技术的通信网（简称 ATM 网）上，用户线路接口称作用户—网络接口，简称 UNI，中继线路接口称作网络—节点接口，简称 NNI。在 UNI 和 NNI 上，信头的定义有所不同，如图 3-20 所示。ATM 信元在线路上的发送顺序是从左到右，从上到下。

图 3-20 中各符号的意义如下：

GFC（Generic Flow Control）：一般流量控制字段。

VPI（Virtual Path Identifier）：虚路径标识符。

VCI（Virtual Channel Identifier）：虚通道标识符。

CLP（Cell Loss Priority）：信元丢弃优先级。

HEC（Header Error Control）：信头校验码。

两种接口上 ATM 信头的不同之处，仅在于 NNI 接口上没有定义 GFC 域，VPI 占用了 12 个比特。对上述的信头中的各个域的用途进一步说明如下。

A　GFC 的编码

0000 终端是非受控的。分配的信元或在非受控的 ATM 连接上。

0001 终端是受控的。未分配的信元或在非受控的 ATM 连接上。

0101 终端是受控的。信元在受控的 ATM 连接组 A。

0011 终端是受控的。信元在受控的 ATM 连接组 B。

有关 GFC 的功能如图 3-20 所示。

<table>
<tr><td>Bit7</td><td>Bit6</td><td>Bit5</td><td>Bit4</td><td>Bit3</td><td>Bit2</td><td>Bit1</td><td>Bit0</td></tr>
<tr><td colspan="8">VPI</td></tr>
<tr><td colspan="4">VPI</td><td colspan="4">VCI</td></tr>
<tr><td colspan="8">VCI</td></tr>
<tr><td colspan="4">VCI</td><td colspan="3">PT</td><td>CLP</td></tr>
<tr><td colspan="8">HEC</td></tr>
</table>

(a)

<table>
<tr><td>Bit7</td><td>Bit6</td><td>Bit5</td><td>Bit4</td><td>Bit3</td><td>Bit2</td><td>Bit1</td><td>Bit0</td></tr>
<tr><td colspan="4">GFC</td><td colspan="4">VPI</td></tr>
<tr><td colspan="4">VPI</td><td colspan="4">VCI</td></tr>
<tr><td colspan="8">VCI</td></tr>
<tr><td colspan="4">VCI</td><td colspan="3">PT</td><td>CLP</td></tr>
<tr><td colspan="8">HEC</td></tr>
</table>

(b)

图 3-20　NNI 和 UNI 信头格式

（a）NNI 信头格式；（b）UNI 信头格式

B　GFC 的功能

GFC 用于控制用户向网上发送信息的流量。

信头中的 GFC 提供对于 ATM 连接的流量控制，以便减轻瞬间的业务量过载。GFC 仅用于用户—网络接口上，用来控制终端流入网络的业务量。GFC 的协议使用分配的和未分配的信元来传送 GFC 编码。

目前在 ITU-TI. 150 和 I. 361 协议中规定了两种操作方式：

（1）非受控方式：不使用 GFC 程序，GFC 字段置为 0000。

（2）受控方式：使用 GFC 程序。

GFC 程序完成以下三项主要功能：

（1）在 UNI 接口的全部 ATM 连接上实施业务量的循环停止（cyclic halt）控制，以减少业务量。

（2）在受控 ATM 连接上实施业务量的接入控制。

（3）向控制设备指示受控 ATM 连控上的业务量。

目前 GFC 程序支持两组受控 ATM 连接（A 组和 B 组）。

C　VPI 和 VCI

ATM 的连接分为虚信道（Virtual Channel，VC）和虚通路（Virtual Path，VP）两个等级。VC 是具有相同虚信道标志的一组 ATM 信元的逻辑组合。

ATM 物理链路可以同时支持多个 VP 的连接，每个 VP 都有其自己的标志 VPI（虚通路标识）；而一个 VP 中又同时有多个 VC。对于 VPI，在用户网络接口（UNI）的信头中有 8 bit，在网络节点接口（NNI）处有 12 bit，以便更多的标识 VP 连接。图 3-24 给出了 VPI 与 VCI 之间的关系。

从图 3-21 中可以看出，相同 VPI 中间包含了不同的 VCI（VCI21、VCI22），在一个虚通路 VP 内，包含多个虚信道 VC，具有“捆绑在一起”的意思。

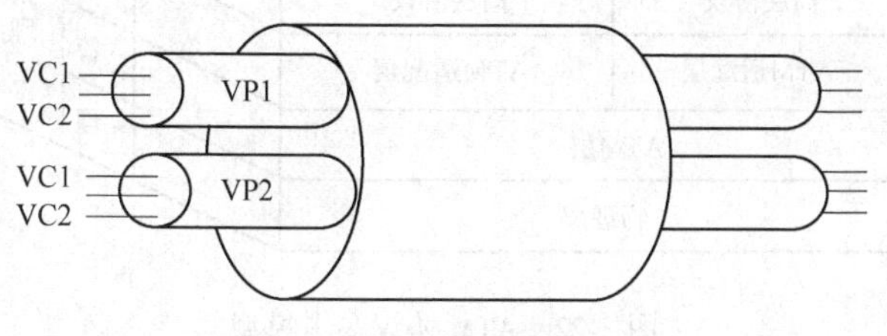

图 3-21　VPI 与 VCI 的关系

3.1.5.2　ATM 协议参考模型

在 ITU-T 的 I. 321 协议中定义了 B-ISDN 协议参考模型，如图 3-22 所示。它包括用户面、控制面和管理面 3 个面，而在每个面中又是分层的，分为物理层、ATM 层、AAL 层（ATM 适配层）和高层协议。

协议参考模型中的 3 个面分别完成不同的功能：

（1）用户面。采用分层结构，提供用户信息流的传送，同时也具有一定的控制功能，如流量控制、差错控制等。

（2）控制面。采用分层结构，完成呼叫控制和连接控制功能，利用信令进行呼叫和连接的建立、监视和释放。

（3）管理面。其包括层管理和面管理。其中层管理采用分层结构，完成与各协议层实体的资源和参数相关的管理功能；同时还处理与各层相关的操作维护管理信息流；面管理不分层，它完成与整个系统相关的管理功能，并对所有平面起协调作用。

各层的功能如下：

（1）物理层，它又划分为两个子层：物理媒体子层（Physical Media Dependent，PM）和传输会聚子层（Transmission Convergence，TC）。PM负责线路编码光电转换、比特定时，以确保数据比特流的正确传输；TC负责为信元速率解耦、HEC的产生/校验、信元定界、传输帧适配和传输帧产生/恢复。

（2）ATM层，它主要完成4项功能：一般流量控制；信头的产生和提取；信元VPI/VCI的翻译；信元复用和分路。

（3）AAL层，其功能是将高层功能适配成ATM信元。AAL层的目的是使不同类型的业务，包括管理平面和控制平面的信息，经过适配之后都可用统一的ATM信元形式来传送。AAL层与业务有直接关系。AAL层对不同类型的业务进行不同的适配。对于ATM用户，AAL在用户终端设备中实现；对于非ATM用户，AAL在UNI的网络侧设备中实现。AAL层又分为拆装子层（Segmetation And Reassembly，SAR）和汇聚子层（Convergence Sublayer，CS）两个子层。在发送端，需要将业务流适配到ATM层，SAR将高层信息分段为固定长度和标准格式的ATM信元；在接收端，在向高层转接ATM层信息时，SAR接收ATM信元，将其重新组装成高层协议信息格式。CS执行定时信息的传递、差错检测和处理、信元传输延迟的处理、用户数据单元的识别和处理等功能。

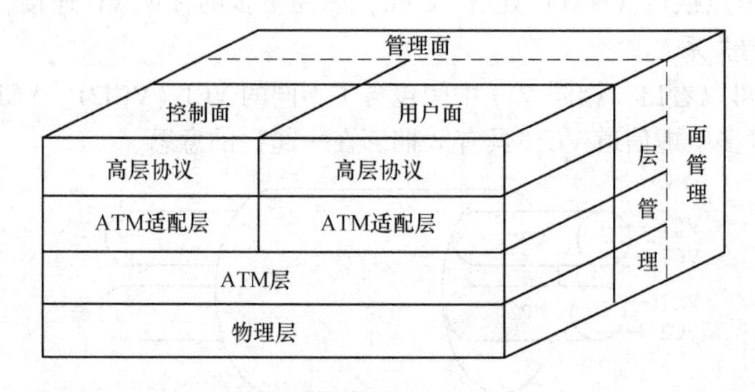

图3-22　ATM协议参考模型

3.1.5.3　ATM支持的业务划分

ATM支持的业务可以划分成4种业务类型，见表3-2。

表3-2　ATM支持的4种业务类型

业务类型	A类	B类	C类	D类
源点和终点之间是否有定时关系	要求		不要求	
比特率	固定	可变		
业务举例	电路仿真，恒定比特率业务：语音、视频、专线	可变比特率业务：语音、视频	X. 25/FR	SMDS/IP
AAL类型	AAL1，AAL2	AAL2，AAL1/5	AAL2，AAL3/4，AAL5	AAL3/4

4 种业务的划分依据如下：

（1）恒定比特率或变比特率。恒定比特率业务即以恒定速率持续不断地传送数据的业务；变比特率业务也是以恒定速率传送数据的业务，但传送过程是断断续续的，因此从宏观角度看，其传送速率被认为是变化的。

（2）联结型或非联结型。面向连接的业务是联结型业务，否则是非联结型业务。例如，电话是联结型业务，而电报是非联结型业务。

（3）通信双方时钟同步或不同步。有些业务需要通信双方的时钟保持同步，有些则不需要。例如，数字话音业务和数字电视业务显然需要双方时钟同步，而计算机数据通信则不需要。语音通信和普通图像通信（电视）属于业务类型 A，经压缩的分组化图像通信属于业务类型 B，分组交换网中的虚电路和数据报业务可以分别看作是业务类型 C 和 D 的例子。

根据上面的认识，人们试图在同样的 ATM 层通信能力基础上，通过不同的 AAL 层规程来提供不同的通信能力，满足不同的业务需要。目前已经定义了 4 种不同的 AAL 层规程，分别提供不同的通信能力。4 种不同的 AAL 层规程分别记作 AAL1、AAL2、AAL3/4 和 AAL5。

AAL1 提供业务类型 A 使用的通信能力，可以选择具备或不具备前向数据纠错的能力，可以在数据丢失或出现不能纠正的错误时给予指示，不使用反馈重发方法纠错。

AAL2 与 AAL1 的区别仅在于它是供传送变速率数据使用，因此是提供业务类型 B 使用的通信能力。

最初定义的两种不同的 AAL 规程——AAL3 和 AAL4，目前已经成为完全相同的规程，并统称为 AAL3/4。它提供业务类型 C 使用的通信能力。

AAL5 是另一种提供业务类型 C 使用的通信能力的 AAL 规程。它的出现比 AAL3/4 晚，但因为它比 AAL3/4 更简单并更适合用于传送大的数据分组，所以目前使用更为广泛。除了用于计算机数据通信外，也用于压缩电视信号的传送。

3.1.5.4 AAL 协议说明

A AAL1

AAL 规程用于支持 A 类业务，图 3-23 所示为 AAL1 的编码主要功能，其中后两项功能是为某些 A 类业务而特定设计的。

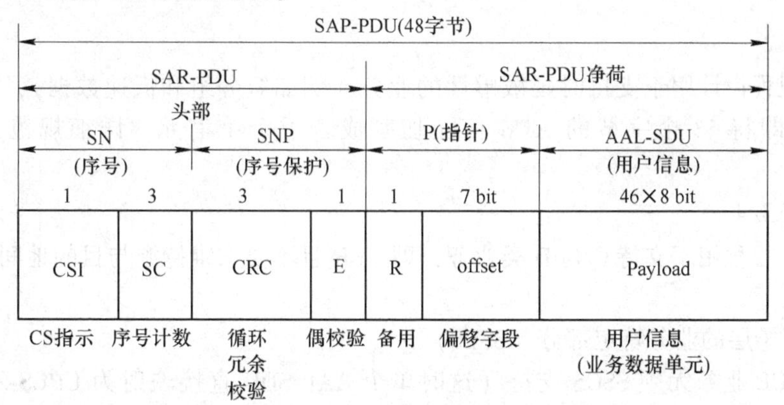

图 3-23 AAL1 的 PDU 编码主要功能

a 维持信息序列的完整性

来自高层的信息流作为AAL-SDU以46（当下述P字段不用时为47）个字节为单位装入SAR-PDU的净荷中。为了在目的地能按顺序重组为连续的用户信息数字流，在SAR-PDU结构下设置序号（SN）字段，用3 bit序号计数（SC）进行模8计数，为了抗误码影响，设置了3bitCRC对（CSI+SC）进行校验，还同时使用Ebit对（CSI+SC+CRC）进行偶校验。用此方法接收器能校正SAR-PDU头部的单比特误码或检出多比特误码，达到序号保护的目的，并据此可发现丢失错插的信元。

b 源钟频率恢复

A类业务需要维持源端与目的地的用户信息数字流的定时关系，这可通过同步图案法、SRTS法和自适应时钟法3种方法来实现。

（1）同步图案法在AAL的SDU内含同步图案，因而此法无须AAL1规程支持。

（2）SRTS法又称为同步剩余时间标签法，这是在法国提出的自动频率同步法和美国提出的时间标签Ts法的基础上折中而成的。发送器提供对本地业务钟与网络参考钟的频率差的度量，将这一差值编码为4 bit的剩余时间标签（Residual Time Stamp，RTS），利用具有奇数序号的SAR-PDU头部的比特来传送RTS，接收侧利用RTS和网络参考钟来重建本地业务时钟。

（3）在自适应时钟法中，接收器将收到的信息字段写进缓冲器并用本地时钟读出，利用缓冲器的填充水平控制锁相环以产生本地时钟。

c 结构数据转送

基于综合业务数字网的64 kbit/s电路模式运载业务需要维持8 kHz结构数据的完整性。在SAR-PDU净荷中设置一个字节作为指针（P）字段，用其中7 bit表示结构块起始位置与P字段之间以字节数计算的偏移值，从而保证在接收侧恢复结构数据。对于不要求结构数据转送的业务，P字段也可用于传送AAL用户信息。

d 对AAL-SDU的误码保护

为防止误码和信元丢失对高质量视频业务传送的影响，可采用前向纠错方法。使用Reed-Solomon（128，124）码，即每124个字节的AAL-SDU之后加入4个字节的校正码作为一行，以47行组成一矩阵，然后将矩阵倒置（即原来逐行写入，现在逐列读出），重新以47个字节为一组分装到128个SAR-PDU净荷中，以CSI比特指示字节间插矩阵的第一个字节。

B AAL2

AAL2规程设计用于支持时延敏感性的业务（例如短分组和低速数据），需实现微信元的机理，即将53个字节的ATM信元切割成若干个小信元。详细规范见ITU-T协议I. 363. 2.

C AAL3/4

AAL3/4规程用于支持C与D类业务，即VBR且不要求维持源与目的地间定时关系的业务。

a 会聚子层的业务特定部分（SSCS）

D类的CL业务无须SSCS支持（这时单个AAL-SDU直接映射为CPCS-SDU）。C类（例如帧中继）业务需要SSCS支持。根据一个AAL-SDU是以一个或多个AAL-IDU（接口数据单元）的型式跨过 AAL 接口而分为消息（message）模式和脉串（streaming）模式。对消息模式，SSCS 内部可提供组块/解决功能（在一个 SSCS-PDU 中传送一个或多个固定长度的 AAL-SDU）和分段/重组功能（单个可变长度的 AAL-SDU 可在一个或多个 SSCS-PDU 中传送）；对脉串模式，SSCS 内部可提供分段/重组功能，此外还可提供管道（pipeline）功能，即不必等收完一个 AAL-SDU 就可以传送。

除上述功能以外，SSCS 还可提供流控和重传丢失或错误的 SSCS-PDU 的功能。

b　会聚子层的公共部分（CPCS）

CPCS 的编码如图 3-24 所示。来自高层（例如 CLNAP-PDU）或 SSCS-PDU 的消息作为 CPCS-SDU 写入 CPCS-PDU 的净荷中，其长度可变，当其实际长度不是 4 字节的倍数时采用 PAD 字段（0~3 字节）补足，然后在其前与后备加入 4 个字节分别作为 CPCS-PDU 的头部与尾部。

CPCS-PDU							
CPCS-PDU 头部			CPCS-PDU 净荷		CPCS-PDU 尾部		
1字节	1字节	2字节		0～3字节	1字节	1字节	2字节
CPI	Btag	BAsize	CPCS-SDU	PAD	AL	Etag	Length
公共部分指示	开始标记	缓冲器分配容量指示	会聚子层公共部分的业务数	填充字段	定位	结束标记	长度指示

图 3-24　CPCS 的编码说明

c　分段拆装（SAR）子层

SAR 子层的主要功能是将可变长度的 CPCS-PDU（作为 SAR-SDU）分段装到具体规定长度（44 个字节）的多个 SAR-PDU 净荷中（其逆过程为重组）。此外 SAR 子层应允许装有不同的 SAR-SDU 的 SAR-PDU 间插，即在同一 ATM 连接上支持多个 CPCS 连接。这些功能是由 SAR-PDU 的头部与尾部实现的。

D　AAL5

AAL5 提供和 AAL3/4 基本相同的功能。同时，与 AAL3/4 一样，AAL5 也分为 SAR 子层和 CS 子层。并且，CS 子层进一步划分为 CPCS 和 SSCS。其中，在 CPCS 子层上面可以有不同的 SSCS 子层，用于满足不同的业务需要。

但是，AAL5 在功能的实现和各个子层的功能划分等方面又与 AAL3/4 有很大不同。总体上说，AAL5 比 AAL3/4 要简单并且效率较高。特别是在传送大的数据分组时，其信道利用率显著高于 AAL3/4。但是，它不如 AAL3/4 的功能完备。

3.1.5.5　ATM 交换

从交换技术出发，ATM 信元的交换与数据分组交换具有相似性，但前者是为了满足实时性业务的要求。ATM 交换是电路交换和分组交换的一种结合。

在 ATM 交换机上连接到用户线和中继线，所传送的数据单元都是 ATM 信元。因此对 ATM 交换机而言，在很多情况下不必区分用户线和中继线，而称向交换机送入 ATM 信元的线路为入线，接收交换机送出 ATM 信元的线路为出线。

A 交换机

ATM交换机的任务就是根据输入的ATM信元（其VPI和VCI），把该信元送到相应的出线。ATM交换机一般由3个部分构成，如图3-25所示。

（1）入线处理和出线处理。入线处理部件对各入线上的ATM信元进行处理，使它们成为适合交换机内交换单元的形式，并作同步和对齐等工作。出线处理部件对ATM交换单元送出的ATM信元进行处理，以适合在线路上传输的形式。

（2）交换单元。交换单元的任务就是把入线上的ATM信元依照其信头内标明的VPI/VCI，转送到相应的出线上去。此外，ATM交换单元还应具备ATM信元的复制功能，以支持多播业务。

在ATM交换单元中，要考虑的一个问题是出线冲突。所谓出线冲突，就是若有两条（或两条以上）入线的信元，同时要向某一条出线传送所导致的出线争用。解决出线冲突的方法有缓冲和丢弃两种。缓冲的方法是把因发生出线冲突而不能立即送到出线上去的信元，放在交换机内暂存，待出线空闲时再发送；丢弃的方法，是把不能按时送至出线的信元予以丢弃。

交换单元的结构可分为两大类，即空分结构和时分结构。

（3）控制单元。ATM控制单元的任务，是对交换单元的动作进行控制。由于控制交换机动作的信号和运行维护信息也都是以ATM信元的形式传送的，因此，ATM控制单元应有接收和发送ATM信元的能力。

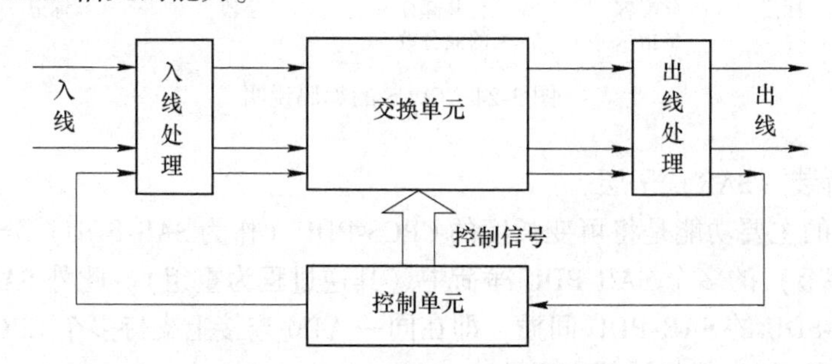

图3-25 ATM交换机的基本构成

B ATM交换过程

ATM交换机除了具有上述协议功能外，另外需要增加的功能就是VP/VC交换，或者VPI/VCI翻译变换（translation）。

根据分层方法，将VCI值保持不变的一段（可以由沿物理路径的两个或多个ATM网络节点串接而成）称为一条VC链路，相应地将VPI值保持不变的一段称为VP链路。在一条VCC/VPC中可能经过若干次VCI翻译变换，典型的VC链路可以由多条VP链路组成，如图3-26所示。

VPI/VCI值发生变化的ATM网络节点，一般为ATM交换机或交叉连接器。交叉连接器支持经控制而建立的永久或半永久虚连接（Permanent Virtual Connection，PVC），ATM交换机则支持交换式虚连接（Switched Virtual Connection，SVC）。两种交换/交叉方式均可以是VP交换（VPI值发生改变，而VCI值不变）或VC交换（VPI和VCI值均发生改变）。图3-27所示为VC交换和VP交换的示意图。

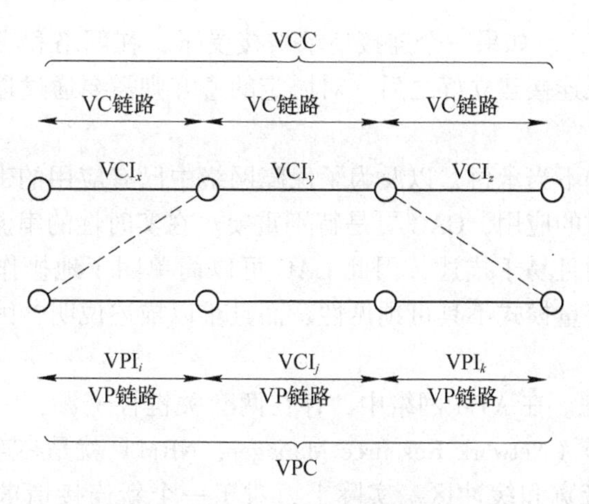

图 3-26 VCC 和 VPC 的关系

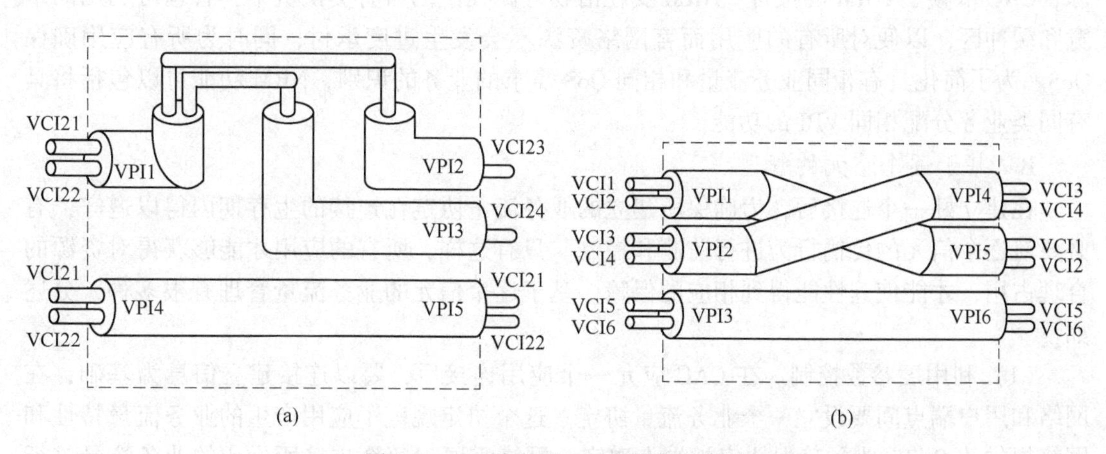

图 3-27 VC 交换和 VP 交换的示意图

(a) VC 交换；(b) VP 交换

3.1.5.6 ATM 业务流量管理

ATM 业务流量管理是 ATM 支持具有不同业务流量和不同服务质量（Quality of Service，QoS）需求应用的基础。它的目标不仅是为实时性的应用分配充足的资源，以满足不同的业务流量和 QoS 方面的需求，还要避免其他应用超出协定的业务量负荷。过重的负荷可能会使那些实时性的应用所需的带宽和 QoS 发生劣化。

为达到上述目标而设计的控制，称为业务流量管理。管理分为基于连接的管理和基于逐个信元的管理。它们分别在宏观上和微观上管理业务流量的动作和行为。基于连接的业务流量管理又包括连接许可控制和网络资源管理。为支持宽带应用，ATM 网络应具备所有这些管理功能。

A 基于连接的业务流量管理

基于连接的业务流量管理，是针对每个连接，在连接建立阶段所实施的操作。对于具有可预测业务流量行为的应用，这类管理特别有效。

(1) 连接许可控制。对于一个新连接请求，ATM 网络要执行一系列的操作，以决定是否有足够的资源来支持新的应用，这样一个过程称为连接许可控制（Connection

Admission Control，CAC）。如果一个连接请求被接受了，在网络和应用端点之间要建立一个业务流量协定。而在连接建立好之后，对协定的遵守则需要通过逐个信元的业务流管理过程来监测和处理。

为避免网络资源的不当承付，以及为了保障网络中已有应用的带宽和 QoS，CAC 是很关键的因素。对于实时的应用，CAC 更是特别重要。在实时性的串流应用中，由于具有可预计的业务流量模式而且易于描述，因此 CAC 可以简单明了地操作。而对于阻塞式的实时性应用，由于业务流量模式不具可预见性，而且难以描述说明，因此只能以统计方式应用 CAC。

（2）网络资源管理。在 ATM 网络中，存在两套关键性资源，一个为带宽，另一个为缓冲区。网络资源管理（Network Resource Manager，NRM）就是在连接建立阶段，按连接请求为一个应用分配带宽和缓冲区。实际上，对于一个新连接请求，是否有可利用的资源，CAC 依赖于 NRM 的报告。NRM 要在沿物理路径上的所有交换机中，管理可利用的带宽和缓冲区，以便对所有的应用而言网络资源不会发生过度承付，同时为所有应用确保 QoS。为了简化具有相同业务流量和相同 QoS 需求的业务的识别，NRM 功能可以包括将具有同类业务分配相同 VPI 的功能。

B　基于逐个信元的管理

在建立好一个连接后，为确保所建立的业务流量协定在连接的生存期内得以遵守，有必要对逐个信元的传输行为进行监测和控制。只有这样，所有的应用才能够获得对资源的合理占用，才能使其性能得到相应的保障。基于逐个信元的业务流量管理有很多种，分述如下。

（1）利用度参数控制。在 CAC 应允一个应用连接后，要以连接建立信息为基础，在网络和用户端点间要设立一个业务流量协定。这个协定规范了应用产生的业务流量特性和网络提供的 QoS。为了确保协定被端点遵守，网络需要对每个连接所生成的业务流量进行监督，否则端点的无意或恶意的不当行为可能会影响到为其他应用提供的 QoS。利用度参数控制（Usage Parameter Control，UPC）就是由网络在 UNI 实现的监督机制。

ATM 论坛为 UPC 设计的性能要求包括：检测不一致业务业量的能力；改变被检测参数的能力；快速响应用户对协定的违背；保持针对不一致用户的操作，而对一致用户透明。

（2）调度。调度（scheduling）以逐个信元为基础，为每个连接分配带宽，一般在 ATM 交换机的输出端口实现。调度的目标是为不同类别的服务提供特定的 QoS 支持。一个应用分配一个输出排队缓冲区，并以循环顺序逐个排队服务一次（发送一个信元），这样的调度算法称为循环赛算法。根据相对带宽为每个排队设定服务次数权重，就得到了加权循环赛算法。

（3）缓冲器管理。缓冲器管理，是一种在 ATM 交换机中分配缓冲器资源的管理。四调度是在每个输出端口设立单个排队，并采用先到先缓冲（First Coming First Buffered，FCFB）排队算法的一个方式。FCFB 简单，易于实现，但只为应用提供一种类别的服务，在 ATM 网络中有明显的缺点。对于像 IP 这样的高层协议，由于 IP 分组在向网络发送之前要拆分为多个 ATM 信元，因此，信元丢失会在分组层次上发生概率放大效应。

ATM 网络中，基于分组的缓冲器管理也称为选择式信元抛弃（Selection Cell Discarding，SCD）。其基本思想是，当排队出现溢出，某个分组的某个信元被丢失后，所有后续的从属于同一分组的其他信元将全部被丢弃。以 ALL5 来承载 IP 时为例，通过信元的 PTI 域来区分信元是否从属同一分组（最后一个信元 PTI 为 001 或 011）。这种方法也称作为部分分组抛弃（Partial Packet Discard，PPD）。

显然，一个分组出现部分信元丢弃后，已发送的分组信元也是无效的。更有效的方法是在缓冲器接近溢出时，从新到分组的每一个信元开始，将所有同属于一个分组的信元全部抛弃。这种丢弃全部分组的方法，称为提早分组抛弃（Early Packet Discard，EPD）。EPD 比 PPD 在减小分组丢失率方面更有效。

（4）CLP 控制。ATM 信元头中的 CLP 比特，提供了一种简单的指示信元优先级的途径。CLP=0 表示正常优先级，CLP=1 则表示低优先级。如果 CLP=1，则表示当网络发生拥塞时，这类信元可以丢弃。

UPC 在判别出业务流量超出了业务流量协定时，可以将信元的 CLP 设为 1，这个过程称为信元标记（tagging）。沿物理路径上的任何一个交换机，在感受到拥塞时可以丢弃那些被标记信元。

（5）反馈控制。以上提到的业务流量控制隐含了一个基本假设，即应用向 ATM 连接传送的信元速率是在连接建立时确定的，并随后作为业务流量协定的一部分得到遵守。由于不存在可以由网络和接收方来调整，并得到新的业务流量条件的反馈机制，因此上述方法被称为开环控制（Open Loop Control）模式。

对于实时串流这样的应用，由于业务流量可预测性较好，开环控制是有效的。但对于实时阻塞式应用和非实时应用，在呼叫设立时建立的业务流量协定，其有效性只可能是过滤性的。特别是非实时应用，由于可利用带宽不断变化，业务负荷的产生应该在运行中控制。这种只有通过网络或者接收方的反馈信息，来实时地调整业务流端提交给网络的业务流量的闭环控制范式，是 ABR 业务的核心。

C　业务流量协定

业务流量协定是 ATM 业务流量管理模式中最基本和最重要的成分，它规范了用户和网络信息源特性和 QoS 需求。针对连接的 ATM 业务流量协定，是通过连接的业务流量描述，以及一组 QoS 参数来定义的。

ATM 业务流量参数和信息源业务流量描述，以 UNI4.0 信令在网络与用户间通信，其业务流量参数主要有峰值信元速率、持续信元速率、最大突发尺度和最小信元速率。这组业务流量参数构成了信息源业务流量的说明和描述。

（1）峰值信元速率。峰值信元速率（Peak Cell Rate，PCR）定义了源端可能发送的峰值带宽，它以每秒信元为单位。ATM 论坛定义了一个连续状态漏桶算法（也称为通用信元速率算法：GCRA）来测量 PCR。

考虑一个假想的漏桶（Leaky Bucket），并设这个漏桶以速率 R 漏过信元，桶能装入信元的数目（即大小）为 K。如果业务源端符合 PCR=R，则这个桶不应出现上溢。

（2）可持续信元速率。可持续信元速率（Sustainable Cell Rate，SCR），在概念上定义了业务源发送的平均数据速率，它以信元/s 作为单位。同样，也可以通过 SCR 参数的 GCRA 算法来测量 SCR。

（3）最大突发尺度。最大突发尺度（Maximum Burst Size，MBS）粗略地定义了能以PCR速率发送信元的最大信元数目。MBS正比于漏桶大小，后者与SCR的定义相关。

（4）最小信元速率。最小信元速率（Minimum Cell Rate，MCR）的引入与ABR业务有关，它是为ABR连接所保证的最小带宽。MCR可以设为零。

D 连接的业务流量描述

连接的业务流量描述还包括信元延时变化限度和用于UPC的一致性定义。

（1）信元延时变化限度。信元延时变化限度（Cell Delay Variation Tolerance，CDVT）在概念上定义了ATM网络所能承受的流入业务流量超出PCR限度。在用户ATM网络中，即使业务源遵从RCR，也可能存在的信元堆叠会在公共UNI上发生一致性的变化，因此需要非零的CDVT。另外，同一连接信元的复用，以及汇聚子层的开销也可能导致信元到达时间出现随机性。CDVT表示在公共UNI检查一致性时所允许的堆叠量。CDVT正比于用来定义PCR一致性的漏桶的大小。

（2）信元一致性和连接合格性。对于每条连接，网络必须基于逐个信元，判别业务流量是否与业务流量协定一致。另外，网络还要应用两个GCRA来判决信元与PCR和SCR是否一致。在UNI实现的UPC功能，并不仅限于GCRA算法，但无论如何，UPC必须保证符合一致性要求的信元的QoS目标。

一个合格的连接并不意味所有的信元都符合一致性要求。对于一个合格连接中所有符合一致性要求的信元，网络需要遵守业务流量协定所规定的QoS目标。

3.1.6 多协议标记交换技术

多协议标记交换（Multiprotocol Label Switch，MPLS）技术作为一种新兴的路由交换技术，越来越受到业界的关注。MPLS技术是结合二层交换和三层路由的L2/L3集成数据传输技术，不仅支持网络层的多种协议，还可以兼容第二层上的多种链路层技术。采用MPLS技术的IP路由器以及ATM、FR交换机统称为标记交换路由器（LSR），使用LSR的网络相对简化了网络层复杂度，兼容现有的主流网络技术，降低了网络升级的成本。此外，业界还普遍看好用MPLS提供VPN服务，实现负载均衡的网络流量工程。

3.1.6.1 MPLS的基本原理

MPLS将面向非连接的IP业务移植到面向连接的标记交换业务之上，在实现上将路由选择层面与数据转发层面分离。MPLS网络中，在入口LSR处分组按照不同转发要求划分成不同转发等价类（Forwarding Equivalence Class，FEC），并将每个特定FEC映射到下一跳，即进入网络的每一特定分组都被指定到某个特定的FEC中。每一特定FEC都被编码为一个短而定长的值，称为标记，标记加在分组前成为标记分组，再转发到下一跳。在后续的每一跳上，不再需要分析分组头，而是用标记作为指针，指向下一跳的输出端口和一个新的标记，标记分组用新标记替代旧标记后经指定的输出端口转发。在出口LSR上，去除标记使用IP路由机制将分组向目的地转发。

A 基本原理

选择下一跳的工作可分为两部分：将分组分成FEC和将FEC映射到下一跳。在面向非连接的网络中，每个路由器通过分析分组头来独立地选择下一跳，而分组头中间包含有比用来判断下一跳丰富得多的信息。传统 IP 转发中，每个路由器对相同 FEC 的每个分组都要进行分类和选择下一跳；而在 MPLS 中，分组只在进入网络时进行 FEC 分类，并分配一个相应的标记，网络中后续 LSR 则不再分析分组头，所有转发直接根据定长的标记转发。有些传统路由器在分析分组头的同时，不但决定分组的下一跳，而且要决定分组的业务类型（Class of Service，CoS），以给予不同的服务规则。MPLS 可以（但不是必须）利用标记来支持 CoS，此时标记用来代表 FEC 和 CoS 的结合。MPLS 的转发模式和传统网络层转发相比，除相对地简化转发、提高转发速度外，并且易于实现显式路由、流量工程、QoS 和 VPN 等功能。

B 标记栈操作与标记交换路径

标记是一个长度固定（20 bit/s）、具有本地意义的标识符，和另外 12 bit/s 控制位构成 MPLS 包头，也成为垫层（shim）。MPLS 包头位于二层和三层之间，通常的服务数据单元是 IP 包，也可以通过改进直接承载 ATM 信元和 FR 帧。

MPLS 分组上承载一系列按照“后进先出”方式组织起来的标记，该结构称作标记栈，从栈顶开始处理标记。若一个分组的标记栈深度为 m，则位于栈底的标记为 1 级标记，位于栈顶的标记为 m 级标记。未打标记的分组可看作标记栈为空（即标记栈深度为零）的分组。标记分组到达 LSR 通常先执行标记栈顶的出栈（pop）操作，然后将一个或多个特定的新标记压入（push）标记栈顶。如果分组的下一跳为某个 LSR 自身，则该 LSR 将栈顶标记弹出并将由此得到的分组“转发”给自己。此后，如果标记弹出后标记栈不空，则 LSR 根据标记栈保留信息做出后续转发决定；如果标记弹出后标记栈为空，则 LSR 根据 IP 分组头路由转发该分组。

LSR 是 MPLS 网络的基本单元，MPLS 交换示意图如图 3-28 所示。LSR 主要由控制单元与转发单元两部分构成，这种功能上的分离有利于控制算法的升级。其中，控制单元负责路由的选择，MPLS 控制协议的执行，标记的分配与发布以及标记信息库（LIB）的形成。而转发单元则只负责依据标记信息库建立标记转发表（LFIB），对标记分组进行简单的转发操作。其中，LFIB 是 MPLS 转发的关键，LFIB 使用标记来进行索引，相当于 IP 网络中的路由表。LFIB 表项的内容包括入标记、转发等价类、出标记、出接口、出封装方式等。

MPLS 功能的本质是将分组业务划分为 FEC，相同 FEC 的业务流在标记交换路径（LSP）上交换。一般来说，由下游节点向上游节点分发标记，连成一串的标记和路由器序列就构成了 LSP。LSP 的建立可以使用两种方式：独立方式（independent）和有序方式（ordered）。在独立方式中，任何 LSR 可以在任何时候为每个可识别的 FEC 流进行标记分发，并将该绑定分发给标记分发对等体；而在有序方式中，一个流的标记分发从这个 FEC 流所属的出口节点开始，由下游向上游逐级绑定，这样可以保证整个网络内标记与流的映射完整一致。

LSP 有序控制方式和独立控制方式应能够相互操作。一条 LSP 中，如果并非所有 LSR 均使用有序控制，则控制方式的整体效果为独立控制。LSR 应支持两种控制方式之一，控制方式由 LSR 本地选择。

C MPLS 路由选择

这里的路由选择是指为特定 FEC 选择 LSP 的选路方法，MPLS 使用逐跳路由和显式路

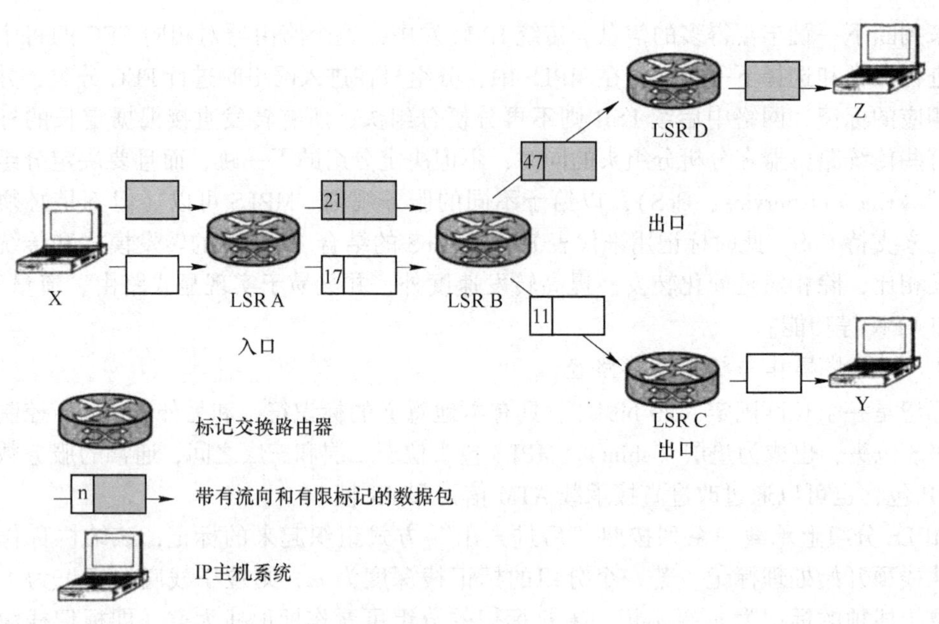

图 3-28 MPLS 交换示意图

由两种路由方法。逐跳路由使用传统的动态路由算法来决定 LSP 的下一跳，每个节点独立地为 FEC 选择下一跳，对于下一跳的改变由本地决定，发生故障时路径的修复也由本地完成。显式路由则使用流量工程技术或者手工制定路由，不受动态路由影响，路由计算中可以考虑各种约束条件（如策略、CoS 等级），每个 LSR 不能独立地选择下一跳，而由 LSP 的入口/出口 LSR 规定位于 LSP 上的 LSR。

逐跳路由实现上比较简单，可以利用传统路由协议（如 OSPF、IS-IS）以及现有设备中的路由功能，但对于故障路径的恢复有赖于路由协议的汇聚时间，并且不具备流量工程能力。显式路由可以根据各种约束参数来计算路径，可以赋予不同 LSP 以不同的服务等级，可以为故障的 LSP 进行快速重路由，适于实现流量工程与 QoS 业务，能够更好地满足 LSP 的特定要求。

3.1.6.2 标记分发协议

LSP 实质上是一个 MPLS 隧道，而隧道建立过程则是通过标记分发协议的工作实现的。标记分发协议是 LSR 将它所做的标记/FEC 绑定通知到另一个 LSR 的协议族，使用标记分发协议交换标记/FEC 绑定信息的两个 LSR 被称为对应于相应绑定信息的标记分发对等实体。标记分发协议还包括标记分发对等实体为了获知彼此的 MPLS 能力而进行的任何协商。

目前主要研究 3 种标记分发协议：基本的标记分发协议（LDP）、基于约束的 LDP（CR-LDP）和扩展 RSVP（RSVP-TE）。LDP 是基本的 MPLS 信令与控制协议，它规定了各种消息格式以及操作规程，LDP 与传统路由算法相结合，通过在 TCP 连接上传送各种消息，分配标记、发布<标记，FEC>映射，建立维护标记转发表和标记交换路径。但如果需要支持显式路由、流量工程和 QoS 等业务时，就必须使用后两种标记分发协议。CR-LDP 是 LDP 协议的扩展，它仍然采用标准的 LDP 消息，与 LDP 共享 TCP 连接，CR-LDP 的特征在于通过网管制定或是在路由计算中引入约束参数的方法建立显式路由，从而实现流量工程等功能。RSVP 本来就是为了解决 TCP/IP 网络服务质量问题而设计的协议，将该协议进行扩展得到的 RSVP-TE 也能够实现各种所需功能，在协议实现中将 RSVP 作用对象从流转变为 FEC，降低了颗粒度，也就提高了网络的扩展性。可以看到，CR-LDP 和 RSVP-TE 在功能上比较相似，但在协议实现上有着本质的区别，难以实现互通，故而必须做出选择。

3.1.6.3 MPLS 技术应用

A MPLSVPN

MPLS 的一个重要应用是 MPLSVPN。MPLSVPN 根据扩展方式的不同可以划分为 BGPMPLSVPN 和 LDP 扩展 VPN，根据骨干网边缘路由器设备是否参与 VPN 路由可以划分为二层 VPN 和三层 VPN。

BGPMPLSVPN 主要包含骨干网边缘路由器（Provider Edge，PE）、用户网边缘路由器（CE）和骨干网核心路由器（P）。PE 上存储有 VPN 的虚拟路由转发表（VRF），用来处理 VPN-IPv4 路由，是三层 MPLSVPN 的主要实现者；CE 上分布用户网络路由，通过一个单独的物理/逻辑端口连接到 PE；P 是骨干网设备，负责 MPLS 转发。多协议扩展 BGP（MP-BGP）承载携带标记的 IPv4/VPN 路由，有 MP-IBGP 和 MP-EBGP 之分。

BGPMPLSVPN 中扩展了 BGPNLRI 中的 IPv4 地址，在其前增加了一个 8 字节的 RD（Route Distinguisher）来标识 VPN 的成员（site）。每个 VRF 配置策略规定一个 VPN 可以接收来自哪些 site 的路由信息，可以向外发布哪些 site 的路由信息。每个 PE 根据 BGP 扩展发布的信息进行路由计算，生成相关 VPN 的路由表。

PE-CE 之间交换路由信息可以通过静态路由、RIP、OSPF、IS-IS 以及 BGP 等路由协议。通常采用静态路由，可以减少 CE 设备管理不善等原因造成对骨干网 BGP 路由产生震荡影响，保障了骨干网的稳定性。

目前运营商网络规划现状决定现有城域网或广域网可能自成一个自治域，这时就需要解决跨域互通问题。在三层 BGPMPLSVPN 中引入了自治系统边界路由器（ASBR），在实现跨自治域的 VPN 互通时，ASBR 同其他自治域交换 VPN 路由。现有的跨域解决方案有 VRF-to-VRF、MP-EBGP 和 Multi-HopMP-EBGP 3 种方式。

B GMPLS

随着智能光网络技术以及 MPLS 技术的发展，自然希望能将二者结合起来，使 IP 分组能够通过 MPLS 的方式直接在光网络上承载，于是出现了新的技术概念——多协议波长交换（MPλS）。随着对未来网络发展的研究，MPLS 的外延和内涵不断扩展产生了通用 MPLS（GMPLS）技术，其中也包含 MPλS 相关内容。

GMPLS 也是 MPLS 的扩展，更准确地说，是 MPLS-TE 的扩展。由于 GMPLS 主要是扩展了对于传输网络的管理，而传输网络的主要业务为点到点业务，这与 MPLS-TE 的业务模型非常相似，因此 GMPLS 主要借助 MPLS-TE 的协议栈，将其加以扩展而形成。

与 MPLS 完全相同，GMPLS 网络也由标记交换节点和标记交换两个主要元素组成。但 GMPLS 的 LSR 包括所有类型的节点，这些 LSR 上的接口可以细分为若干等级：分组交换能力（PSC）接口、时分复用能力（TDM）接口、波长交换能力（LSC）接口和光纤交换能力（FSC）接口。而 LSP 则既可以是一条传递 IP 包的虚通路，也可以是一条 TDM 电路，或是一条 DWDM 的波道，甚至是一根光纤。GMPLS 分别为电路交换和光交换设计了专用的标记格式，以满足不同业务的需求。在非分组交换的网络中，标记仅用于控制平面而不用于用户平面。一条 TDM 电路（TDM-LSP）的建立过程与一条分组交换的连接（PSC-LSP）的建立过程完全相同，源端发送标记请求消息后，目的端返回标记映射消息。所不同的是，标记映射消息中所分配的标记与时隙或光波一一对应。

传统网络模型中，传输层、链路层、网络层在控制层面上相互独立，各自使用本层协议在本层内的设备之间互通，也形成了各自的标准体系。而在 GMPLS 的体系结构中，没有语言的差异，只有分工的不同，GMPLS 成了各层设备的共同语言。

3.1.7　软交换技术

3.1.7.1　软交换的概念

软交换（Soft Switch，SS）是一种正在发展的概念，包含许多功能。其核心是一个采用标准化协议和应用程序接口（Application Program Interface，API）的开放体系结构。这就为第三方开发新应用和新业务敞开了大门。

我国对软交换的定义是："软交换是网络演进以及下一代分组网络的核心设备之一，它独立于传送网络，主要完成呼叫控制、资源分配、协议处理、路由、认证、计费等主要功能，同时可以向用户提供现有电路交换机所能提供的所有业务，并向第三方提供可编程能力。"

目前，我国明确规定了软交换在网络中的位置、功能要求、业务要求、操作维护和网管要求、协议和接口要求、计费要求和性能指标，并规定了与 IP 电话及智能网的互通要求等。值得一提的是，在移动软交换设备技术要求和设备规范中，针对软交换技术在移动网络中的移动性管理和鉴权等方面特征也进行了相应的扩展。不难看出，在分组交换日益普遍的情况下，软交换技术无论在固网还是移动网络的发展和融合当中，作为网络的核心技术，发挥着重要的结合作用。

软交换技术作为业务是控制与传送、接入分离思想的体现，成为下一代网络（Next Generation Network，NGN）体系结构中的关键技术，软交换是 NGN 的控制功能实体，为 NGN 提供具有实时性要求的业务呼叫控制和连接控制功能，是 NGN 呼叫与控制的核心。简单地看，软交换是实现传统程控交换机的"呼叫控制"功能的实体，但传统的"呼叫控制"功能是和业务结合在一起的，不同的业务所需要的呼叫控制功能不同，而软交换是与业务无关的，这要求软交换提供的呼叫控制功能是各种业务的基本呼叫控制。概括起来说软交换的特点如下：

（1）高效灵活：软交换体系结构的最大优势是将业务层和控制层与核心设备完全分离，有利于以最快的速度、最高效的方式引入各类新业务，缩短了新业务的开发周期。

（2）开放性：由于软交换体系架构中的所有网络部件之间均采用标准协议。因此各个部件之间既能够独立发展、互不干涉，又能有机结合成为一个整体，实现互联互通。

（3）多用户软交换：该设计思想迎合了电信网、计算机网和有线电视网三网合一的大趋势。强大的业务功能软交换可以利用标准的全开放应用平台为客户制定各种新业务和综合业务，最大限度地满足客户的需求。

软交换技术区别于其他技术的最显著特征，也是其核心思想的三个基本要素如下：

（1）开放的业务生成接口：软交换提供业务的主要方式是通过API与应用服务器配合以提供新的综合网络业务。与此同时，为了更好地兼顾现有通信网络，它还能够通过智能网络应用部分与智能网中已有的业务控制点配合以提供传统的智能业务。

（2）综合的设备接入能力：软交换可以支持众多的协议，以便对各种各样的接入设备进行控制，最大限度地保护用户投资并充分发挥现有通信网络的作用。

（3）基于策略的运行支持系统：软交换采用了一种与传统OAM系统完全不同的、基于策略（Policy-based）的实现方式来完成运行支持系统的功能，按照一定的策略对网络特性进行实时、智能、集中式的调整和干预，以保证整个系统的稳定性和可靠性。

3.1.7.2 软交换的体系结构

软交换的体系结构是目前面向网络融合的新一代多媒体业务整体解决方案，在继承的基础上实现了对目前在各个业务网络（如PSTN/ISDN、PLMN、IN和Internet等）之间进行互通的思想的突破。它通过优化网络结构，不但实现了网络的融合，更重要的是实现了业务的融合，使得包交换网络能够继承原有电路交换网中丰富的业务功能，同时可以在全网范围内快速提供原有网络难以提供的新型业务。

软交换的体系结构如图3-29所示，将设备划分4个主要层次：媒体接入层、核心传输层、控制层和业务/应用层。而一部程控电话交换机可以划分为业务接入、路由选择（交换）和业务控制3个功能模块，各功能模块通过交换机的内部交换网络连接成一个整体。软交换技术是将上述3个功能模块独立出来，分别由不同的物理实体实现，同时进行了一定的功能扩展，并通过统一的IP网络将各物理实体连接起来，构成了软交换网络，这样在功能上仍然是一个交换机，只要满足技术要求，空间距离的差别不影响设备正常工作。其中差别最大的部分是程控交换机交换网络的T单元（S单元）由传输网络代替。分开之后的结构满足业务与控制分离的思想，独立于传输网络，各种业务在网络中是传输还是交换没有区别。更重要的是各种业务的接入和控制更加灵活，传输网能够采用IP网络技术构建统一的传输平台，实现传统业务与数据业务的统一管理，更能够体现下一代网络的思想。

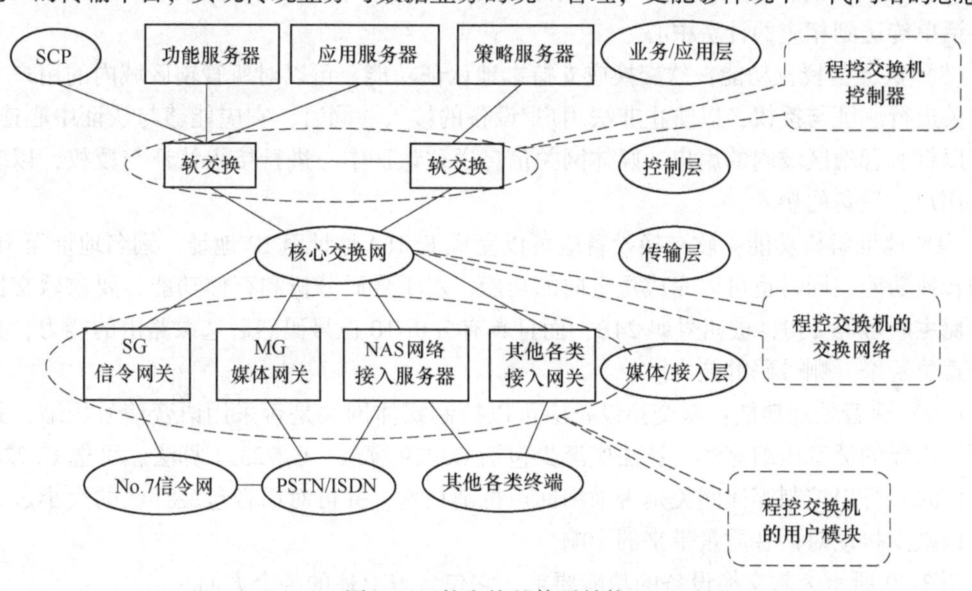

图3-29 软交换的体系结构

A　软交换设备的功能要求

(1) 媒体网关接入功能：媒体网关功能是接入 IP 网络的一个端点/网络中继或几个端点的集合，它是分组网络和外部网络之间的接口设备，提供媒体流映射或代码转换的功能。

(2) 呼叫控制和处理功能：呼叫控制和处理功能是软交换的重要功能之一，可以说是整个网络的灵魂。它可以为基本业务/多媒体业务呼叫的建立、保持和释放提供控制功能，包括呼叫处理、连接控制、智能呼叫触发检出和资源控制等。支持基本的双方呼叫控制功能和多方呼叫控制功能，多方呼叫控制功能包括多方呼叫的特殊逻辑关系、呼叫成员的加入/退出/隔离/旁听等。

(3) 业务提供功能：在网络从电路交换向分组交换的演进过程中，软交换必须能够实现 PSTN/ISDN 交换机所提供的全部业务，包括基本业务和补充业务，还应该与现有的智能网配合提供智能网业务，也可以与第三方合作，提供多种增值业务和智能业务。

(4) 互联互通功能：下一代网络并不是一个孤立的网络，尤其是在现有网络向下一代网络的发展演进中，不可避免地要实现与现有网络的协同工作、互联互通、平滑演进。例如，可以通过信令网关（SG）实现分组网与现有 7 号信令网的互通，可以通过信令网关与现有智能网互通，为用户提供多种智能业务。

(5) 协议功能：软交换是一个开放的、多协议的实体，因此必须采用各种标准协议与各种媒体网关、应用服务器、终端和网络进行通信，最大限度地保护用户投资并充分发挥现有通信网络的作用。

(6) 资源管理功能：软交换应提供资源管理功能，对系统中的各种资源进行集中管理，如资源的分配、释放、配置和控制，资源状态的检测，资源使用情况统计，设置资源的使用门限等。

(7) 计费功能：软交换应具有采集详细话单及复式计次功能，并能够按照运营商的需求将话单传送到相应的计费中心。

(8) 认证与授权功能：软交换应支持本地认证功能，可以对所管辖区域内的用户、媒体网关进行认证与授权，以防止非法用户/设备的接入。同时，它应能够与认证中心连接，并可以将所管辖区域内的用户、媒体网关信息送往认证中心进行接入认证与授权，以防止非法用户、设备的接入。

(9) 地址解析功能：软交换设备应可以完成 E. 164 地址至 IP 地址、别名地址至 IP 地址的转换功能，同时也可以完成重定向的功能。对于号码分析和存储功能，要求软交换支持存储主叫号码 20B，被叫号码 24B，而且具有分析 10 位号码然后选取路由的能力，具有在任意位置增、删号码的能力。

(10) 话音处理功能：软交换设备应可以控制媒体网关是否采用语音信号压缩，并提供可以选择的话音压缩算法，算法应至少包括 G. 729 算法、G. 723. 1 算法、可选 G. 726 算法。同时，可以控制媒体网关是否采用回声抵消技术，并可对话音包缓存区的大小进行设置，以减少抖动对话音质量带来的影响。

图 3-30 所示为软交换设备的功能要求，它包含着上述的各个方面。

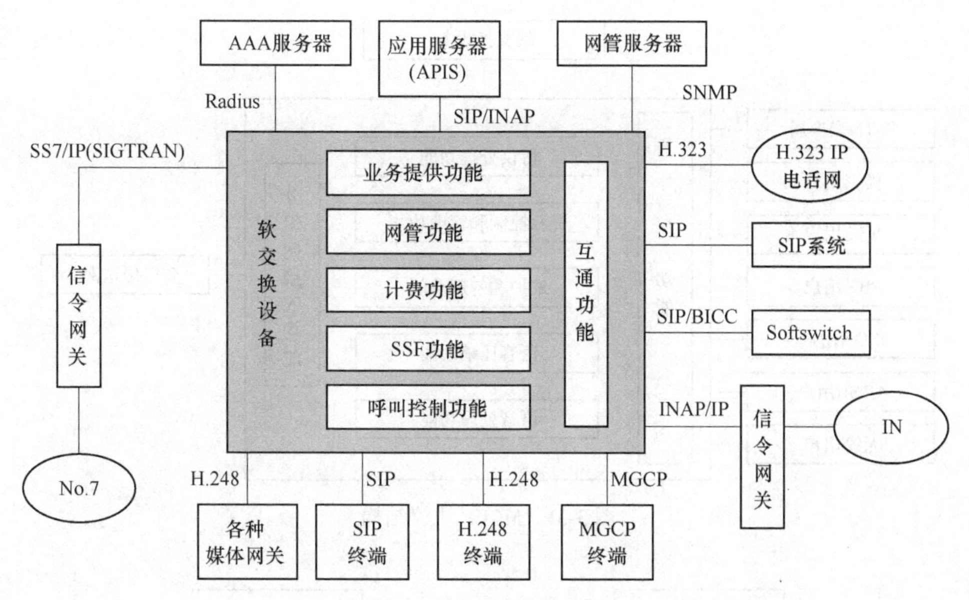

图 3-30　软交换设备的功能要求

B　软交换设备的操作平台

（1）C-PCI 平台：采用符合 CompactPCI 标准的电信级平台，采用通用或专用的实时操作系统。已有多数电信设备厂商推出。

（2）交换机平台：有一部分的软交换机是从传统 TDM 交换机升级而来。

（3）商用服务器平台：主要以 SUN 商用服务器平台为主，采用商用的操作系统。几乎所有的 NGN 设备制造商均推出了此类软交换机。

C　媒体网关

媒体网关（Media Gateway，MG）是用户业务接入设备，是在相应的媒体网关控制协议（Media Gateway Control Protocol，MGCP）下工作的。MGCP 是 1999 年由 IETF 制定的媒体网关控制协议。MGCP 定义的连接模型包括端点（endpoint）和连接（connection）两个主要概念：端点是数据源或数据宿，可以是物理端点，也可以是虚拟端点。端点类型包括数字通道、模拟线、录音服务器接入点及交互式话音响应接入点。端点标识由端点所在网关域名和网关中的地名两部分组成。连接可以是点到点连接或多点连接，点到点连接是两个互相发送数据的端点之间的一种关联，该关联在两个端点都建立起来后，就可开始传送数据。

（1）MGCP 协议结构。MGCP 是一种文本协议，协议消息分为命令和响应两类，每个命令需要接收方回送响应，采用三次握手方式证实。命令消息由命令行和若干参数行组成。响应消息带有 3 位数字的响应码，如“200”代表“成功处理”和若干参数行。MGCP 采用呼叫数据描述向网关描述连接参数。为了减少信令传送时延，MGCP 采用用户数据报协议传送。其结构如图 3-31 所示。

（2）MGCP 协议命令，如图 3-32 所示。

（3）基本呼叫信令流程-呼叫建立、拆除原理。如图 3-33 所示，顶部的虚线连接是软交换设备的基本结构，两个分别处于不同地理位置的媒体网关 MG1 和 MG2 由软交换控制，参与通信的全过程。为了深入理解软交换的工作原理，下面以电话 T1 和 T2 的通信工程为例，按照图 3-31 说明这个过程。

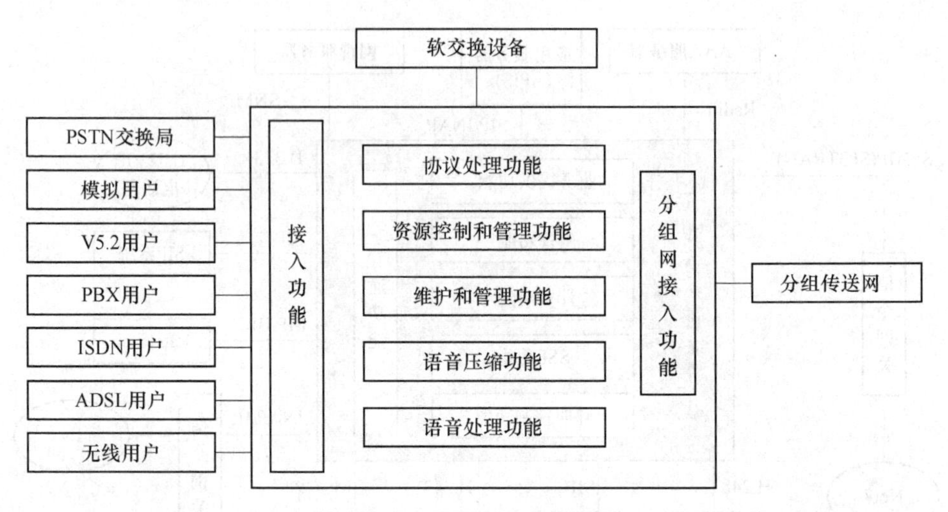

图 3-31 MGCP 协议结构

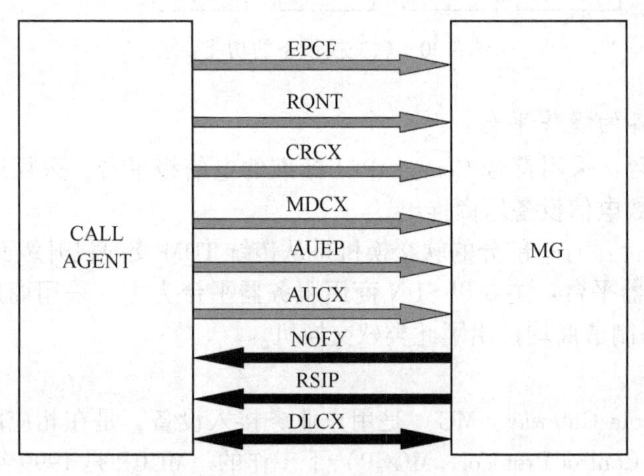

图 3-32 MGCP 协议命令

1）MG1 监测到 T1 “摘机”，并上报 MGC（软交换控制器）。

2）MGC 向 MG1 下发“被叫号码表（digitmap）”，要求 MG1 向主叫送“拨号音”，并同时监测“挂机”。

3）主叫用户拨被叫号码，MG1 在监测到第一位号码时停送拨号音，按照 digitmap 将收全的号码上报到 MGC。

4）MGC 经过被叫号码分析，找到被叫方后，命令 MG1 创建 contextID，选择分组终结点；MG1 在回应中写入“contextID=n”，分组终结点=TRTP1，以及主叫的媒体分组连接信息“SDP1”。

5）MGC 命令 MG2 创建 contextID，向被叫送“振铃”，监测“摘机”动作，选择分组终结点，告知主叫的媒体分组连接信息“SDP1”；MG2 在回应中返回“contextID=m”，分组终结点=TRTP2，被叫的媒体分组连接信息“SDP2”。

6）MGC 修改主叫的终结点参数，向主叫送“回铃音”，并告知被叫的媒体分组连接信息“SDP2”。

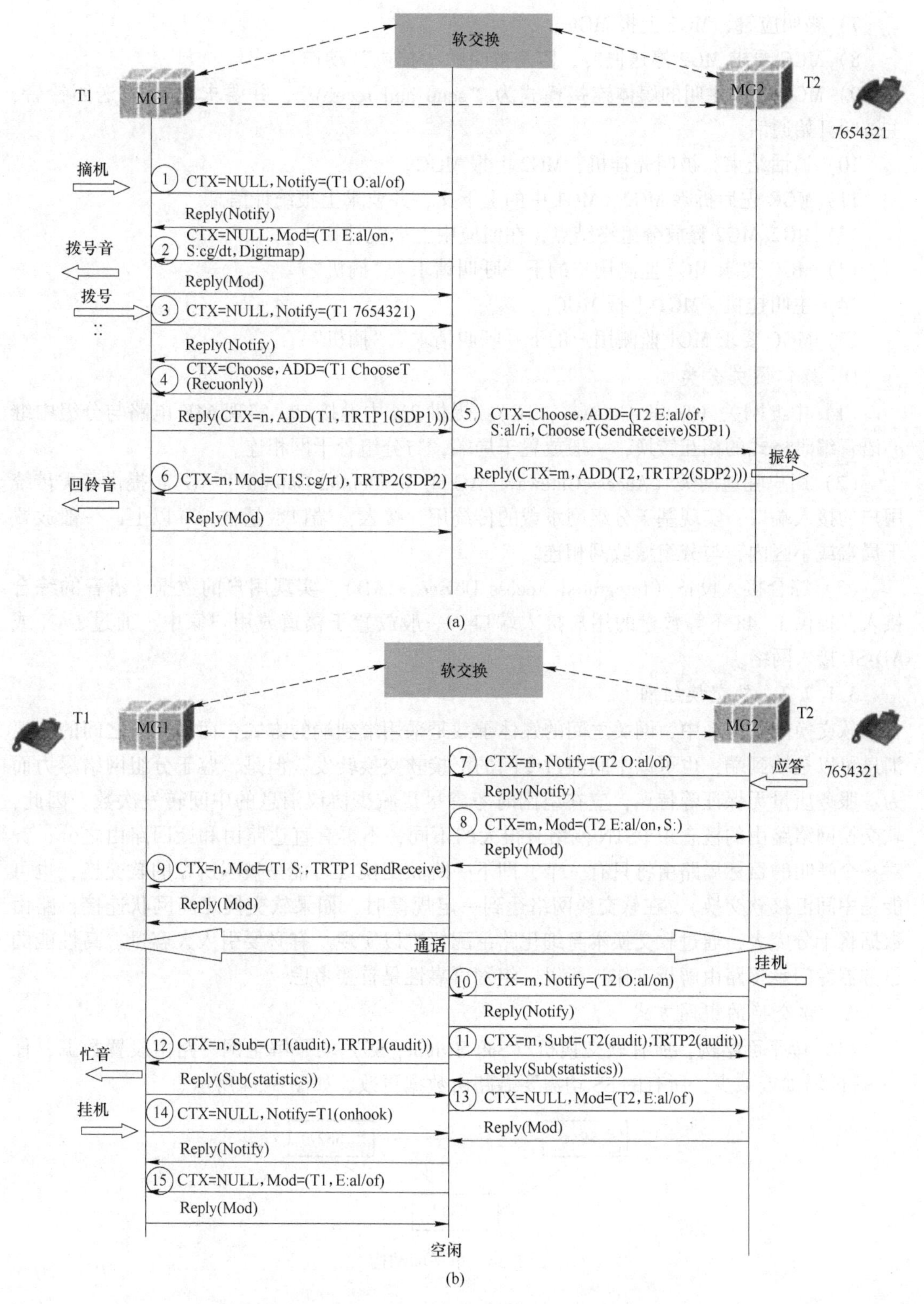

图 3-33 基本呼叫信令流程-呼叫建立、拆除过程

（a）呼叫过程；（b）通话与拆除过程

7）被叫应答，MG2 上报 MGC。

8）MGC 要求 MG2 停送振铃，监测被叫的“挂机”动作。

9）MGC 修改主叫的媒体连接模式为“send and receive”，并要求 MG1 停送回铃音，主被叫开始通话。

10）通话结束，被叫先挂机，MG2 上报 MGC。

11）MGC 先后拆除 MG2、MG1 中的上下文，并要求上报统计信息。

12）MG2/MG2 释放分组终结点，在回应中上报统计报告。

13）MGC 要求 MG2 监测用户的下一呼叫请求（“摘机”）。

14）主叫挂机，MG1 上报 MGC。

15）MGC 要求 MG1 监测用户的下一呼叫请求（“摘机”）。

D　媒体网关分类

（1）中继网关（Trunk Gateway，TG）：提供 2M 中继接口，实现 64K 电路与分组中继的语音编码格式的相互转换，一般放置于局端，与分组骨干网相连。

（2）用户驻地网关（Access Gateway，AG 或 Residential Gateway，AG）：提供各类传统用户的接入端口，实现基于分组网承载的传统用户接入，端口数量在 100 以上，一般放置于局端或小区内，与分组城域网相连。

（3）综合接入设备（Integrated Access Device，IAD）：实现用户的数据、语音的综合接入，提供 1~48 不等数量的用户接入端口，一般放置于楼道或用户家中，通过 LAN 或 AD-SL 接入网络。

3.1.7.3　软交换组网

软交换网络体系中，网关之间的媒体承载是采用端到端的方式，而软交换之间的协议消息可以是端到端，也可以中间经过专门的汇接软交换转发。但是，鉴于分组网络尽力而为、服务质量无保证等特点，应在组网时考虑尽量减少协议消息的中间转发次数。因此，软交换网络路由的概念跟 PSTN 网络有很大的不同，不再有直达路由和迂回路由之分，针对一个呼叫的目标局路由将只有一个，即下一跳软交换（可能是被叫所在的软交换，也可能是中间汇接软交换）。在软交换网络达到一定规模时，如果软交换之间网状连接，路由数据将十分庞大，通过软交换本身细化路由配置难以实现。有必要引入大容量、高性能的服务器专门承担路由解析工作，所以，组网可靠性是首要考虑。

A　软交换的组网方式

（1）单平面结构：所有软交换机（Soft Switch，SS）均了解全网的路由设置数据，任一 SS 的增加或减少，所有的 SS 均需要做路由数据更改，如图 3-34 所示。

图 3-34　单平面结构

（2）多域平面结构（路由服务器方式）：引入路由数据分层的概念，即 SS 仅了解一定区域的路由设置数据，在 SS 之上增加一层路由服务器用于对其他区域被叫用户的寻址路由服务器接受主叫端SS的寻址请求，通过数据查询或向其他路由向服务器发出寻址请求得到并向主叫端SS返回被叫的SS地址路由服务器不做呼叫控制信号的传递，呼叫控制信号的传递最多需要一跳路由服务器可以多级设置，如图3-35所示。

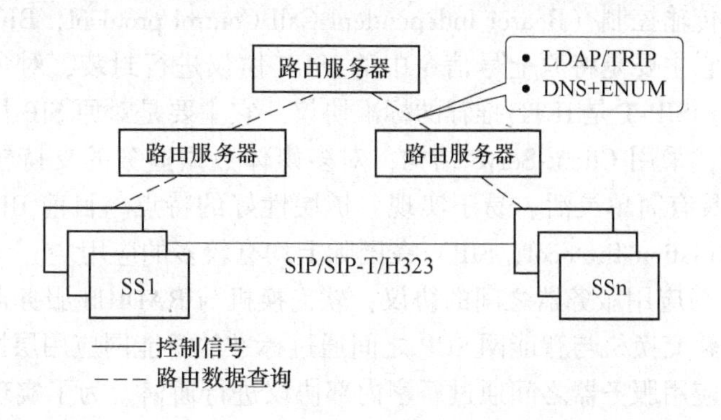

图3-35 多域平面结构

（3）分级结构：在软交换控制设备之上增加一层代理服务器或高级软交换机。代理服务器或高级软交换机接受下级软交换送来的呼叫控制信号，完成被叫用户的寻址和呼叫的接续处理功能。在这种情况下，呼叫信号的传递路径大于一跳，如图3-36所示。

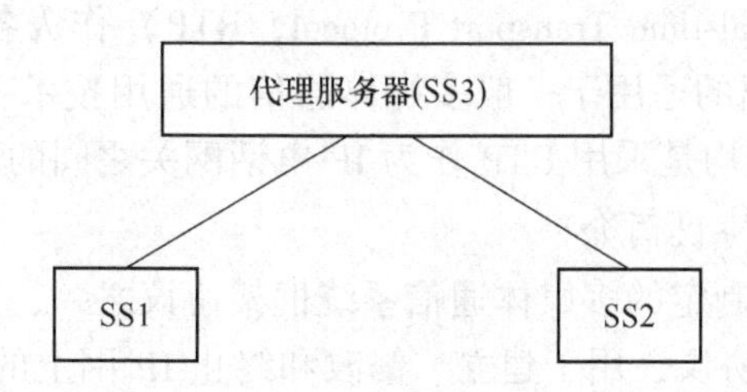

图3-36 分级结构

B 软交换网中的协议及标准

软交换网络中同层网元之间、不同层的网元之间均是通过软交换技术定义的标准协议进行通信的。国际上从事软交换相关标准制定的组织主要是IETF和ITU-T。它们分别从计算机界和电信界的立场出发，对软交换网协议做出了贡献。

（1）媒体网关与软交换机之间的协议：除信令网关（Signaling Gateway，SG）外的各媒体网关与软交换机之间的协议有MGCP协议和MEGACO/H.248协议两种。

MEGACO/H.248实际上是同一个协议的名字，由IETF和ITU联合开发，IETF称为MEGACO，ITU-T称为H.248。MEGACO/H.248称为媒体网关控制协议，它具有协议简单、功能强大、扩展性很好的特点。

信令网关与软交换机之间采用SIGTRAN协议，SIGTRAN的低层采用SCTP协议，为七号信令在TCP/IP网上传送提供可靠的连接；高层分为M2PA、M2UA、M3UA。由于M3UA具有较大的灵活性，因此目前应用较为广泛。SIGTRAN/SCTP协议的根本功能在于将PSTN中基于TDM的七号信令通过SG以IP网作为承载透传至软交换机，由软交换机完成对七号信令的处理。

（2）软交换机之间的协议：当需要由不同的软交换机控制的媒体网关进行通信时，相关的软交换机之间需要通信，软交换机与软交换机之间的协议有 BICC 协议和 SIP-T 协议两种。

与承载无关的传输控制（Bearer Independent Call Control protocol，BICC）协议是 ITU-T 推荐的标准协议，它主要是将原七号信令中的 ISUP 协议进行封装，对多媒体数据业务的支持存在一定不足。SIP-T 是 IETF 推荐的标准协议，它主要是对原 SIP 协议进行扩展，属于一种应用层协议，采用 Client-Serve 结构，对多媒体数据业务的支持较好、便于增加新业务，同时 SIP-T 具有简单灵活、易于实现、扩展性好的特点。目前 BICC 协议和会话初始协议（Session Initiation Protocol，SIP）在国际上均有较多的应用。

（3）软交换机与应用服务器之间的协议：软交换机与 RADIUS 服务器之间通过标准的 Radius 协议通信。软交换机与智能网 SCP 之间通过标准的智能网应用层协议通信。一般情况下，软交换机与应用服务器之间通过厂家内部协议进行通信。为了实现软交换网业务与软交换设备厂商的分离，即软交换网业务的开放不依赖于软交换设备供应商，允许第三方基于应用服务器独立开发软交换网业务应用软件，因此，定义了软交换机与应用服务器之间的开放的 Parlay 接口。

（4）媒体网关之间的协议：除 SG 外，各媒体网关之间通过数据传送协议传送用户之间的语音、数据、视频等各种信息流。

软交换技术采用（Real-time Transport Protocol，RTP）作为各媒体网关之间的通信协议。RTP 协议是 IETF 提出的适用于一般多媒体通信的通用技术，目前，基于 H. 323 和基于 SIP 的两大 IP 电话系统均是采用 RTP 作为 IP 电话网关之间的通信协议。

C 软交换中的一些协议简介

（1）SIP 协议：IETF 制定的多媒体通信系统框架协议之一，它是一个基于文本的应用层控制协议，独立于底层协议，用于建立、修改和终止 IP 网上的双方或多方多媒体通信，即多媒体业务域间采用 SIP 协议。SIP 是在简单邮件传送协议（SMTP）和超文本传输协议（HTTP）基础之上建立起来的。SIP 用来生成、修改和终结一个或多个参与者之间的会话。这些会话包括因特网多媒体会议，因特网（或任何 IP 网络）电话呼叫和多媒体发布。为了提供电话业务，SIP 还需要不同标准和协议的配合，例如，实时传输协议、能够确保语音质量的资源预留协议、能够提供目录服务的 LDAP、能够鉴权用户的 RADIUS，并实现与当前电话网络的信令互联等。

SIP 协议借鉴了 HTTP、SMTP 等协议，还与 RTCP、SDP、RTSP、DNS 等协议配合，支持代理、重定向、登记定位用户等功能，支持用户移动。

（2）BICC 协议解决了呼叫控制和承载控制分离的问题，使呼叫控制信令在各种网络上承载，包括 MTPSS7 网络、ATM 网络、IP 网络。BICC 协议由 ISUP 演变而来，是传统电信网络向综合多业务网络演进的重要支撑工具，即电话业务域和多媒体业务域间采用 BICC 协议。BICC 协议由 CS1（能力集 1）逐步向 CS2、CS3 发展。CS1 支持呼叫控制信令在 MTPSS7、ATM 上的承载，CS2 增加了在 IP 网上的承载，CS3 则关注 MPLS、IPQoS 等承载应用质量以及与 SIP 的互通问题。

（3）H. 248/Megaco（Media Getaway Control Protocol，MGCP）IETF、ITU-T 制定的媒体网关控制协议，用于媒体网关控制器和媒体网关之间的通信。H. 248 协议又称为

MeGaCo/H.248，是网关分离概念的产物。网关分离的核心是业务和控制分离，控制和承载分离。这样使业务、控制和承载可独立发展，运营商在充分利用新技术的同时，还可提供丰富多彩的业务，通过不断创新的业务提升网络价值。

H.248/Megaco 是在 MGCP 协议的基础上，结合其他媒体网关控制协议特点发展而成的一种协议，它提供控制媒体的建立、修改和释放机制，同时也可携带某些随路呼叫信令，支持传统网络终端的呼叫。该协议在构建开放和多网融合的 NGN 中发挥着重要作用。

3.2 电力通信网概述

3.2.1 电力通信网的分类

由于技术的快速发展，通信网变得非常复杂，通信网上传输的业务也越来越多，甚至难以给出合理的分类。一般的原则是按层次、功能、业务类别和传输媒介分类，可以得到大多数人的认同。

ITU-T 将全球信息基础设施（Global Information Infrastructure，GII）划分为核心网、接入网和用户住地网 3 部分，图 3-37 所示为 ITU-T 的 G.110 协议给出的各类通信网配置原始实例，也就是 GII 的组成，该图能够全面地说明各种通信网互联时，应遵循标准的参考点位置。这种划分方法，有助于定义各参考节点，对于制定标准是非常必要的。若按功能划分，通信网内部还可以分为传输网、时钟网、信令网和管理网。但是，在人们的认识中，对于具体的信源业务更加熟悉，因此，通信网按信源业务类型划分可以叫作电视网、电话网、计算机网等；按传输媒介可以划分成有线（包括光纤）网、短波网、微波网、卫星网等；在电力系统中，还经常使用行政电话网、调度电话网、调度数据通信网、会议电视网等一些具体业务网络名称；在计算机技术领域还经常根据地理范围划分成局域网、城域网、农村网和广域网；按大的用途也可分公用网和专用网；在某种公共网络平台之上，还可以开展 VPN 业务。因此，按照上述方法可以粗略地划分出各种通信网络，反映出通信网概念非常宽泛，而且各种类型的网络之间内涵和外延的界定也不十分明确，例如，计算机网络与通信网络之间的界限已经非常不明确，在采用的技术方面不断相互取长补短、相互融合，在业务上相互渗透，如果一定要找到两者之间的区别也是可以的，这种差别主要是观测者的出发点不同，得到的观测结果也不同。

3.2.2 电力通信网的基本结构

通信网的连接千变万化，从而给用户的通信需要带来了方便，一般来说，千变万化的通信网络连接，不外乎以下 5 种网络结构。

3.2.2.1 网型

具有 N 个节点的完全互联网需要多条传输链路，才能构成如图 3-38（a）所示的网络。当 N 很大时传输链路数量将非常大，而传输链路的利用率不是很高。这种网络结构只是实现互联时接通方便，互联时经过的环节少，因此可靠性高，而经济性未必很高，尤其在网络节点非常大时，经济性就很差。因此，在公网中很少采用这种结构。

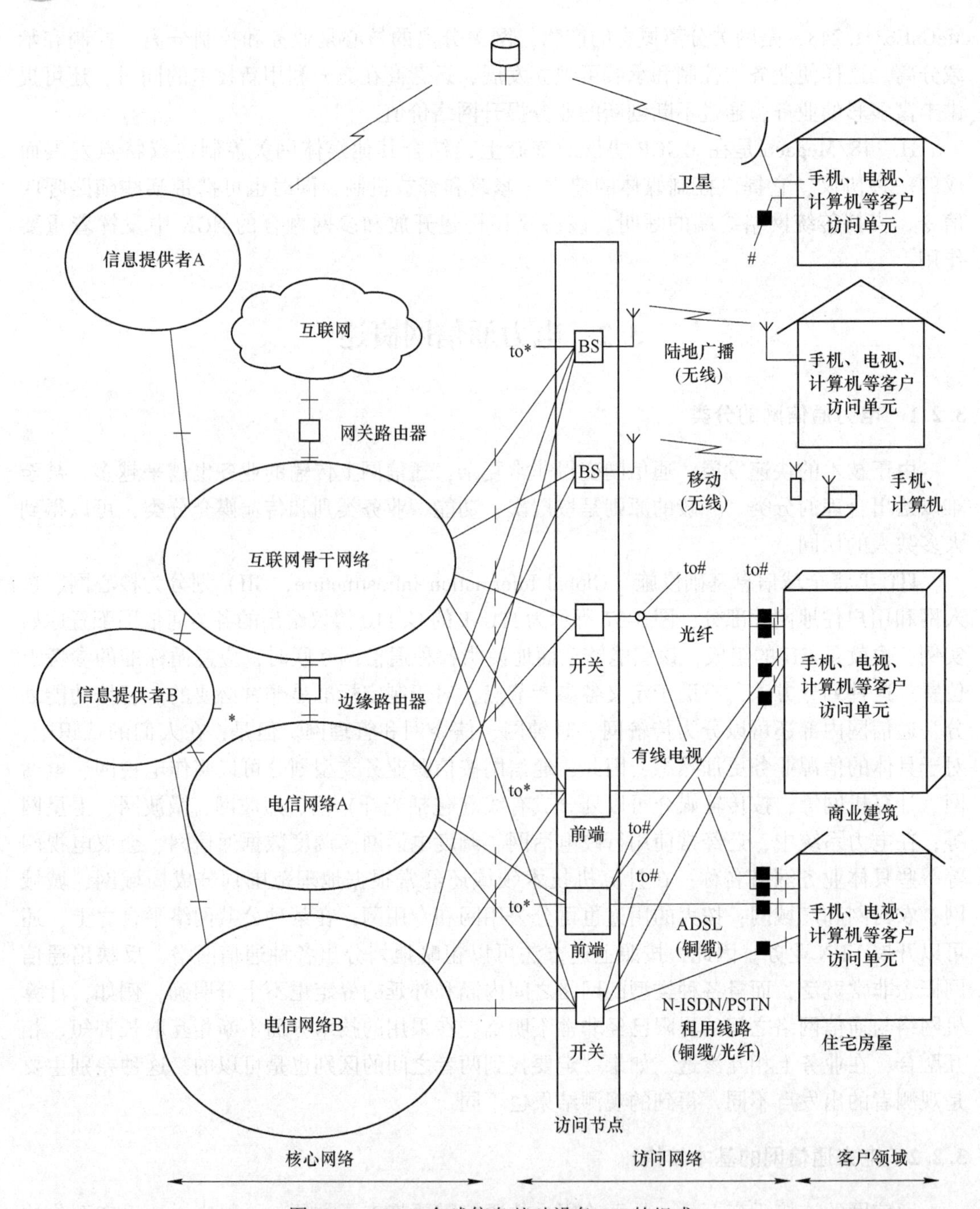

图 3-37　ITU-T 全球信息基础设备 GII 的组成

在电力系统中，由于特殊业务需求，如继电保护跳闸信号传输，其可靠性要求非常高，理论上要求尽量高，甚至百分之百的可靠，这时经济性成为次要性因素，采用这种网络结构，以保证特殊可靠性要求。

3.2.2.2　线型

线型网络结构如图 3-38（b）所示，其是指网络中的各个节点用一条传输线路串联起

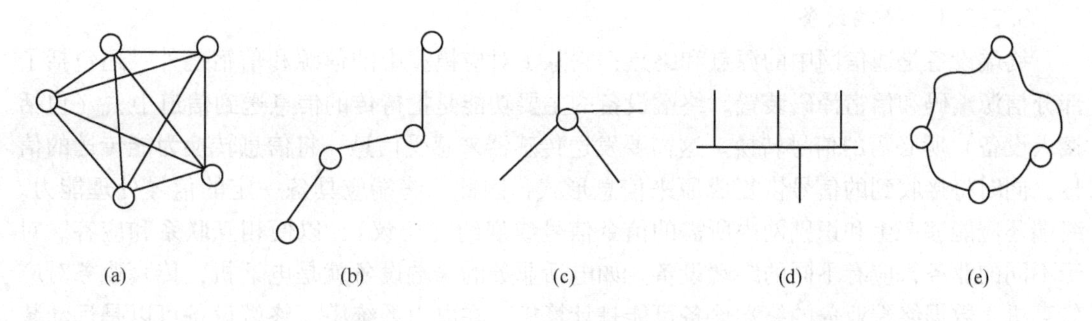

图 3-38 通信网基本结构

（a）网型；（b）线型；（c）星型；（d）总线型；（e）环型

来，实现互联互通的网络结构称为线型。尤其在通信建设的早期，线型网络结构非常多，主要目的是为主要节点的通信业务建立传输通道。公网的主干线路具有这种网络形态，但节点不一定是具体的用户，而可能是汇接局。

电力系统中的高电压等级的变电站之间，借助于电力特种光缆，沿着电力线的自然走向架设光缆通信线路，连接起各个变电站之间的通信路由，经常见到线型网络结构。

3.2.2.3 星型

星型网络结构是指放射状的结构，如图 3-38（c）所示。具有 N 个节点的星型网需要（N-1）条传输链路。当 N 很大时，线路建设费用低。但是，处于中心处的节点必须提供大容量的交换设备，才能满足互联业务的需求。中心节点的设备一旦出现故障，会明显影响整个网络的通信，甚至全部中断。当中心节点的交换设备接续能力不足时，会显著影响接续质量。

电力系统中的行政和调度电话交换网络具有类似的结构，节点中心往往是电网公司、省电力公司，或者地区供电公司，而放射出去的节点可能是变电站、下级电力公司等部门。

3.2.2.4 总线型

总线型网络结构在计算机网络中比较常见，如图 3-38（d）所示。以太网就是典型的总线型结构。

3.2.2.5 环型

环型网络结构如图 3-38（e）所示，可以看成是线型网络结构，从一端回到另一端形成环型网络结构。

电力系统目前建立了大量的环型网络，其目的是环内的用户具备收到两个方向来自同一节点业务的能力，当一个方向的传输线路出现故障时，另一个方向提供备用通道，以保证业务畅通，两个方向互为备用，从而提高了网络的可靠性。

3.2.3 电力通信网构成要素

支持通信网的主要技术设备是终端设备、接入设备、传输链路和转接交换设备，以及支持这些设备工作的协议。也就是说，不论什么网络形态，必然具备上述几个方面，才能组成网络。

3.2.3.1 终端设备

终端设备是通信网中的源点和终点，它除了对应模型中的信源和信宿之外，还包括了部分信源编码和信宿译码装置。终端设备的主要功能是把待传的信息送到信道中去（包括接入设备）所必需的信号转换。这需要发送传感器来感受信息，将信息转换为能传送的信号，同时将接收到的信号恢复成原来信息形式，因此，终端应具备一定的信号处理能力。终端还应能够产生和识别网内所需的信令信号或规约（协议），以便相互联系和应答。对于不同的业务，应有不同的终端设备。如电话业务的终端设备就是电话机，传真业务对应传真机，数据终端业务的终端设备可能是计算机。在电力系统中，终端设备可以是远动装置或控制装置。

3.2.3.2 接入设备

接入设备是国家信息基础设施（National Information Infrastructure，NII）的重要组成部分。接入设备不仅成为电信技术界的研究和开发热点，亦已引起电信包管公司的高度重视。随着光纤制造技术的日趋成熟，“FTT*x*”（光纤到路边、光纤到大楼、光纤到任何地方的统称）似乎已成为不容置疑的发展方向。基于铜线传输的“XDSL”（如 IDSL、SDSL、HDSL、ADSL、VDSL 等）技术、无源光网络（PON、WDM）及密集光波分复用（DWDM）和无线接入技术的迅速发展，也为更好地建设和发展接入网提供了不可或缺的基础技术。

ITU-T 提出的接入网，目的是综合考虑本地交换局、用户环路和终端设备，通过有限的标准接口，将各类用户接入业务点。接入所使用的传输媒体可以是多种多样的，可灵活支持混合的、不同的接入类型和业务。G.963 协议规定，接入网作为本地交换机与用户端设备之间的实施系统，可以部分或全部代替传统的用户本地线路网，可含复用、交叉连接和传输功能。

电信网由长途网和本地网组成，而本地网则由本地中继网与用户接入环路（网）构成。接入网位于本地交换机与用户端设备之间。电话网中，用户接入网指一个交换区范围内的用户线路的集合，包括馈线线路、配线线路、用户引入线路和支撑这些线路的设备和建筑。

接入网处于电信网的末端，面大、量广，是电信网向用户提供业务的窗口，是信息高速公路的“最后一公里”。用户接入网的投资较大，占整个通信系统总投资的 30%~40%。数字业务的发展，要求接入网实现透明的数字连接，要求交换机能提供数字用户接入的能力。同时，为适应接入网中多种传输媒介、多种接入状态和业务，需要提供有限种类的接入接口。

3.2.3.3 传输链路

传输链路是网络节点的连接媒介，是信息和信号的传输通路。它除主要对应于通信系统模型中的信道部分之外，也还包括一部分变换和反变换装置。传输链路的实现方式很多。最简单的传输链路就是简单的线路，如明线、电缆等。它们一般用于市内电话网用户端链路和局间中继链路；其次，如载波传输系统、PCM 传输系统、数字微波传输系统、光纤传输系统及卫星传输系统等，都可作为通信网传输链路的实现方式。

3.2.3.4 转接交换设备

转接交换设备是现代通信网的核心。它的基本功能是完成接入交换节点链路的汇集、转接接续和分配。对不同通信业务网络的转接交换设备的性能要求也是不同的，例如，对电话业务网的转接交换节点的要求，不允许对通话电流的传输产生时延。因此，目前主要是采用直接接续通话电路的电路交换方式，用于话音交换的分组交换方式。对于主要用于计算机通信的数据通信网，由于计算机终端和数据终端可能有各种不同的速率，同时为了提高传输链路利用率，可将流入信息流进行存储，然后再转发到所需要的链路上去。这种方式叫作存储转发方式。例如，分组数据交换机就是利用存储转发方式进行交换的，这种交换方式可以做到较高效率地利用链路网络。

以上是通信网络包含的主要设备，但对于具体的通信网络，经常被赋予其特定的名称，如电话网、电视网、SDH 网和数据网等。对于管理者，可以根据业务特点，采取不同的技术措施。

3.3　数据通信网

数据通信网是完成数据传输与数据交换的基础，随着科学技术的发展和人们对数据应用需求的增加，数据网不论是从类型上、范围上还是从网络协议及业务上都获得了很大发展。从严格意义上来讲，数据网与通信网是相互融合的，这不仅体现在网络体系结构与具体协议的技术实现上，而且从传输信道和业务范围来讲也是不可能截然分开的。网络的发展趋势是越来越朝着窄带与宽带一体化、传输与交换一体化、有线与无线一体化、业务的高度综合与智能化的方向发展，这就使得网络分类的概念越来越模糊。但是，为了使读者有一个较清晰的概念体系，仍沿用传统分类方法，对各类数据网加以简单介绍。

3.3.1　公用数据网和专用数据网

数据网有公用数据网和专用数据网之分。公用数据网一般是指由国家电信部门建立和管理，为社会广大用户提供数据通信业务服务的网络。而专用数据网则是由某个部门或团体组建，专门针对解决各部门或团体内的需求而设计的，这种网络的所有权属于该部门或团体。电力系统数据通信网就是畅通全国电力系统的专用数据网。电力系统通信技术方面的内容，将在本章后面专门介绍。

3.3.1.1　公用数据网的特点

（1）共享网络资源，如通信线路和交换机等，从而降低建网成本及维护费用。

（2）限制不兼容的数据网类型的发展，便于管理和标准化的实现。

（3）减轻了电报网与电话网的负担，扩展了公众业务。

（4）采取适当的技术手段及措施，如虚拟局域网技术（VLAN）和闭合用户群等，保证了网络业务的灵活性及安全性等。

所以，在财力有限或通信资源不足的情况下，建立若干形式的公用数据网是一个良好的想法。

3.3.1.2　专用数据网的特点

专用网有针对性强、传输质量高、保密性好的特点。电力调度专用数据网就具有很高的可靠性和安全性。虽然在利用率方面不高，但它适用于电力安全生产的需要。

电力系统的数据业务可以分成三大类、十几种，分别通过专线网、调度电话交换网、行政电话交换网、电视会议网、电话会议网、城域网和广域数据网等多个业务网来实现。三大类业务的具体内容主要包括：

（1）生产控制类业务，包括调度自动化（远动）信息、电能量计量信息、水调自动化信息、雷电定位信息、通信监测信息、发电厂报价信息、日发电计划与实时电价信息等。

（2）行政管理类业务，包括管理信息系统（包括调度生产管理系统）间的交换信息、政务信息、电子邮件信息等；查询服务，即基于 Web 技术的多媒体信息检索服务；视频业务，如会议电视、视频监控等。

（3）市场运营类业务，包括电力系统负荷预测信息，网络设备运行、检修状况信息，电力市场规则，电力市场交易、结算以及合同信息等的发布和查询，电力行业内不同公司之间的 B2B、电力公司与电监会等政府部门之间的 B2G 以及电网公司与用电客户之间的 B2C 等。

如此多的电力系统数据业务，在信息传送和信息处理方面，既要采用公共网络技术标准构造自己的数据网络，又要考虑电力系统的特殊性。目前，支持电力数据业务的通信网分别称为“国家电力调度数据网”和“国家电力数据通信网”。国家电力调度数据网支撑电力生产调度的相关业务传送，为了网络的安全可靠运行与公网没有互联。而国家电力通信数据网主要支持除调度以外的其他数据业务。这些业务主要是前面提到的行政管理类和市场运行类。

数据网的发展非常迅速，电力数据网的主要技术具有相同的技术特征，如网络结构、网络互联和网络管理，都遵循公共数据网络的技术标准，以便在设备采购和技术升级等方面不会遇到太多的困难。为了保证电力生产安全可靠，数据网的安全还是要放在首位。

3.3.2 基于 X.25 协议的国家电力数据通信网

国家电力数据通信网早期建设的是一个基于 X.25 协议的窄带数据网，国家电力数据通信网一级网络目前已覆盖了全国各网（分）公司和直属省公司共 17 个节点（已于 1994 年投入运行），网络为 X.25 分组交换网，包括 3 类设备：14 套 DDN（数字数据网）设备分别安装在 13 个地点，24 套数据交换设备分别安装在 14 个地点，34 套路由设备分别安装在 18 个地点，如图 3-39 所示。

该数据通信网目前主要用于传输电力调度实时数据、应用软件用的准实时数据、调度生产管理用的批次数据，在该网络的基础上，实现了全国各级调度中心 DMIS 的互联。同时，该网络为信息应用系统提供了平台，实现了公司机关与在京单位、华中、华东、华北、东北、南方、西北六个网（分）公司以及云南、贵州、四川、广西、福建、山东、重庆七个直属省（市）公司、华能电力集团、广东省公司的系统互联，向用户提供基本服务功能，如文件传输、虚拟终端、远程登录、电子邮件等，实现了与国家经济信息系统的网间互联。

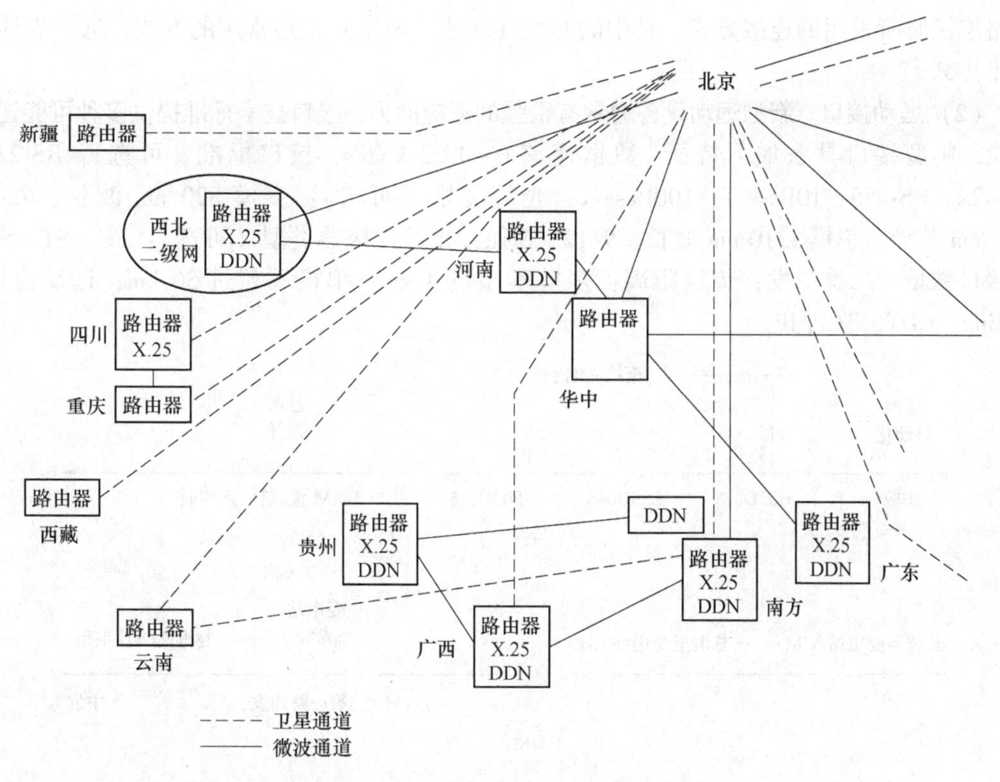

图 3-39 基于 X.25 国家电力数据通信网

3.3.3 网（分）、省（市）电力公司数据通信网概况

电力系统内部分网（分）、省（市）电力公司的数据通信网已建成并投入使用。据不完全统计，已建成并投入使用数据通信网的网（分）、省电力公司有华北、西北、河南、河北、湖北、江苏、浙江、广东、山东、黑龙江、天津、湖南、吉林、甘肃、陕西、新疆、四川、辽宁网（分）、省电力公司等。这些数据通信网络主要覆盖范围是网（分）、省（市）公司直属电业局、网（分）电力公司所管辖的电厂、变电所。

3.3.4 电力通信网的特殊数据业务

电力系统的特殊业务是指对实时性要求强的业务，如远动数据传送、继电保护的跳闸数据传送，以及今后传送故障录波数据等，这些业务都对延时、可靠性方面有严格的规定，尤其是跳闸信息的传输，对每一处理过程的延时有严格的限制。因此，这些业务的通信链路不采用带交换功能的网络结构，而是点对点的专线连接。

3.3.4.1 远动数据传送

（1）远动电路方式。远动数据从变电站上传到控制中心，大部分采用 FSK 调制方式，较多使用数据速率为也有使用 64 kbit/s 的数据通道。由于早期的自动化设备都按模拟通道设计，因此，数据传送方式仍然以 FSK 调制方式为主。远动通道的电路连接是点对点的方式，其典型连接方式如图 3-40（a）所示。图 3-40（b）是一个实际远动接线方式图，即总调收-变电站循环传送（Cycle Distance Transmission，CDT）主用方式，图中给出了各段电路连接时所采用的连接方式，其中的四线（两收、两发）是最常用的方式，远动规约为CDT方式。

（2）远动接口。新型远动设备通常有很强的适应能力，接口技术标准提供多种可能连接功能，典型接口具备如下特征：数据速率0～19.2 kbit/s；接口标准（可选）：RS-232、RS-422、RS-485、10Base-T、100Base-T；光纤规格（可选）：多模820 nm波长、62.5/125 mm芯径，单模1310 nm波长、9/125芯径；光纤连接器类型（可选）：FC、ST、SC；光接口数量：二收二发；传输距离：多模不超过4 km；单模不超过30 km；远动协议：Polling、CDT、TCP/IP。

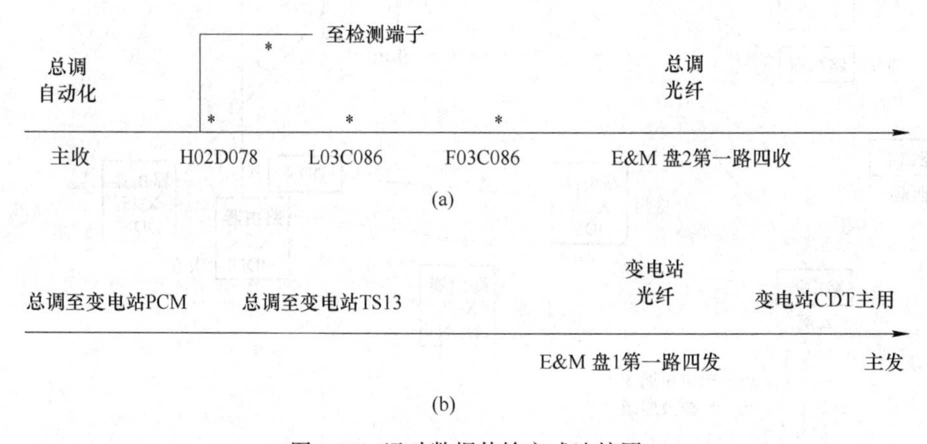

图3-40 远动数据传输方式连接图

（a）远动通道电路连接；（b）实际远动连接

3.3.4.2 继电保护信号传输

在电力系统中，要实现安全生产和电力系统稳定运行，继电保护起着至关重要的作用。继电保护方式很多，其中线路保护需要在变电站之间传送跳闸信号，这是电力通信网重要的数据业务，对跳闸信号传输的实时性有着非常严格的要求，线路传输时延一般在十几毫秒的数量级。

继电保护装置的保护信号的物理传输通道有多种选择，包括电力线载波、微波、光纤等。其中光纤通道由于具有抗电磁干扰、可靠性高、传输容量大等特点，是继电保护信号传输的首选方式。另外，虽然电力线路故障和通信通道故障同时发生的概率微乎其微，但由于保护信号的重要性，一般在传输通道上会选择两条独立的物理通道，一条为主用通道，另一条为备用通道，分别走不同的物理路由即双传输通道。保护通信设备实时监测传输通道的质量，当主用传输通道发生故障或通信质量降低（误码、不可用等）的时候，可以通过备用通道继续保持通信，在主用通道恢复正常时再从备用通道切换回主用通道。这种双传输通道保护方式在更大程度上保证保护信号的不间断传输。虽然用两个传输通道的成本更大，但对于超高压电力线路而言，安全性是压倒一切的要求。

在上面讨论的双传输通道保护方案中，不同厂家的继电保护装置对传输通道提供的通信接口也有不同的形式，大致可以分为64 kbit/s、E1和光纤接口3种。由于继电保护的信号一般是继电保护装置的继电器触点开关状态等数据，数据内容比较少，64 kbit/s的速率已经完全能够满足其通信要求，因此很多情况下继电保护装置对传输通道提供的通信接口是一个符合 ITU-TG. 703 标准的 64 kbit/s 接口。但由于光纤传输通道一般提供的通信接口是 E1 接口，需要一个 64 kbit/s 到 E1 转换的复用设备（一般是 PCM 设备），通过复用设备将 64 kbit/s 复用为 E1 后上传输系统进行传输。

这时，对传输系统而言就要提供保护切换功能：能够将一路数据在两个传输通道中传输，并能够根据传输通道的质量情况自动完成切换等。

对于 PDH 光纤传输系统而言，不提供保护切换的功能，这个功能将由 PCM 设备来完成。具体的网络图如图 3-41 所示。

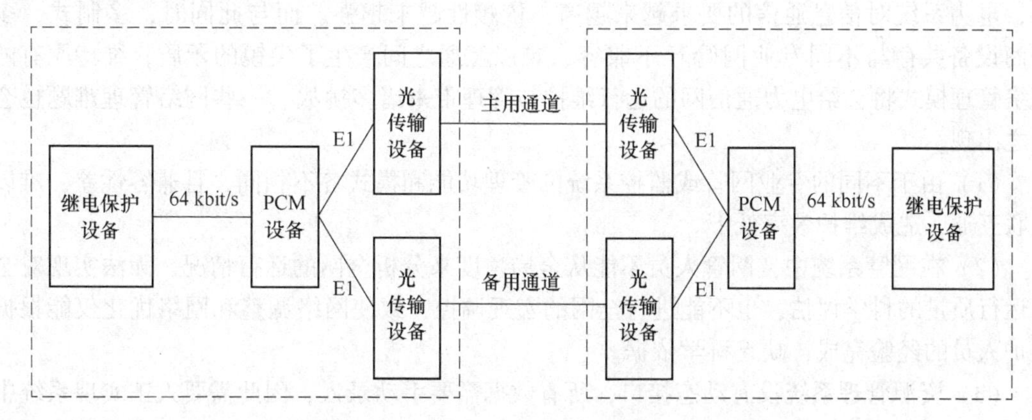

图 3-41　继电保护信号的双通道保护光传输

继电保护信号传输是采用点对点的连接方式，以保证传输时延的要求。图 3-42 所示为继电保护通道的电路连接方式。

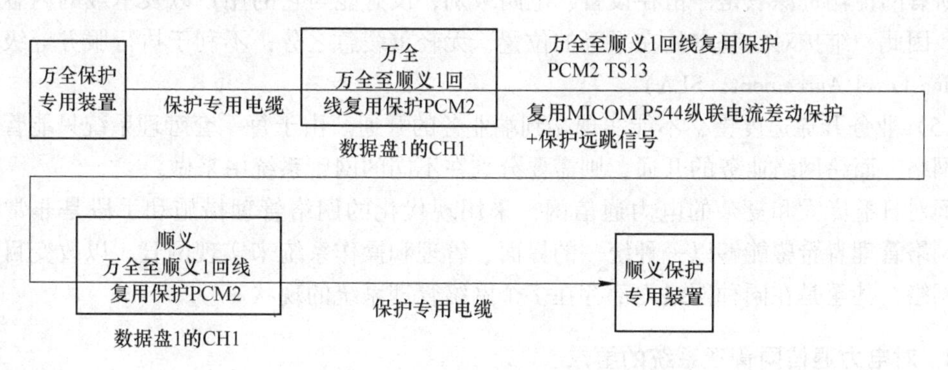

图 3-42　继电保护通道的电路连接方式示例

3.3.4.3　继电保护接口

（1）64 k 接口部分：传输速率 64 kbit/s；接口特性：同向型接口；特性阻抗 120 Ω，平衡；接口码型：符合 G703.1 同向接口码型的要求。

（2）2M 接口部分：传输速率 2.048 Mbit/s；线路码型：HDB3 码；特性阻抗 75 Ω，非平衡；接口码型：符合 G703.6 接口码型的要求。

（3）光纤接口部分：传输速率 64 kbit/s；线路码型：1B2B 码；光纤接收灵敏度 −35 dBm；发送电平−15~0 dBm（选用不同的光收发模块）；标准发送电平（−11±2）dBm；允许最大通道衰耗 15 dB（标准）、30 dB（最大）；光纤连接器 FC 型。

3.4 电力系统通信网网管系统功能和组成

3.4.1 电力系统通信网网管现状

在电力通信网建设初期，各个厂家都针对自己生产的通信设备提供各自的网管系统。但随着电网规模的不断扩大、电力市场的逐步建立以及用户对供电质量要求的提高，电力系统对信息通信的要求越来越高，依赖性越来越强。而与此同时，多制式、多厂商设备共存与不同专业网管互不兼容、难以互通之间产生了尖锐的矛盾，维持原有的网络管理模式将会给电力通信网的运行维护与管理带来诸多挑战。一些网络管理难题也会随之出现。

（1）由于不同的专业网管或监控系统的管理功能和模式各不相同，且兼容性差，难以互联互通，造成维护效率低下。

（2）在网管系统中，网管人员不能从全局角度来分析全网的运行情况，无法实现对全网运行质量的科学评估，也不能进行全网的宏观调控，致使网络调整和网络优化仅能根据维护人员的经验完成，缺乏科学依据。

（3）资源管理系统没有动态接口，所有数据需要手动录入，因此需要人工实现系统中的数据与实际网络中的数据同步问题。而且，网管系统也得不到网络上诸如光纤等无源设备的资料，大大影响了系统作用的发挥。

（4）缺乏用户等级信息。在目前的网元管理系统（Element Management System，EMS）中，所有的传输资源只是停留在设备、电路级别，没有能与它的用户以及承载的内容发生关联。因此，维护对象基本处在平等的位置，无轻重缓急之分，不利于执行服务等级协议（Service Level Agreement，SLA）。

（5）业务开通速度慢，不能实现端到端业务的开通。由于每一套管理系统只能管理一部分网络，而跨网络业务的开通，则需要分别在不同的网管系统中来做。

面对日益庞大和复杂的电力通信网，采用现代化的网络管理措施和手段是非常必要的。网络管理者希望能够以一种统一的界面、管理和操作系统来实现网管，以改变目前在多种网络，甚至是在同种网络内部存在多个网络管理系统的现状。

3.4.2 对电力通信网管理系统的要求

（1）网络中通信技术复杂多样，要求网管系统功能全面。电力通信网发展到现在，是一个将各种技术综合在一起的网络，并且随着以后技术的发展及技术更新，复杂性会日趋严重。

（2）电力通信网是一个变化的网络。要保证通信网络的可持续性建设，对网管系统的适应性要求很高。一方面，新技术和接入方式还在不断涌现；另一方面，网络中容量系列范围、传输带宽范围、地理覆盖范围、接入业务种类、环境要求都是动态变化的。

（3）用户敏感性强。由于电力通信网络承载了我国电力调度及自动化等重要业务的通信，因而对电力通信网络业务质量的敏感性很强。网络管理为达到保证业务质量的要求，就应对网管系统的实时性和有效性要求比较高。

（4）电力通信网络管理兼容性强，必须是多厂商、多系统/设备环境下的综合管理。

（5）成本投入也是网络管理系统的核心问题。综合网络管理系统更是如此，为获得更高的经济效益，通信网网管系统的建立应是技术先进、层次高，但要成本低。

3.4.3　电力系统通信网管理系统的功能

对于电力专用通信网来说，其网管系统应具备以下基本功能。

（1）性能管理功能。负责对通信设备的性能和网络单元的有效性能进行评价，并提供评价报告。性能管理功能包括以下几方面：

1）性能监测功能。

2）负荷管理和网络管理功能。

3）服务质量观察功能，包括如下参数：连接建立（呼叫建立时延、成功和失败的呼叫建立）；连接保持；连接质量；系统状态工作日记的保持和检查；与故障管理合作来恢复可能的资源失败，与配置管理合作来改变链路的路由选择和负荷控制参数和限值等；启动测试呼叫监测服务质量参数。

（2）故障管理功能。此功能是对电信网络管理（Telecommunication management network，TMN）运行情况异常和安装通信设备的环境异常进行检测、隔离和校正的一组功能，它包括：

1）告警管理功能。

2）故障定位功能。

3）测试功能。

（3）配置管理功能。此功能包括：

1）保障功能。当设备投入使用后，在TMN中应有它的信息。保障功能可控制设备的状态，如开、停业务，处于备用状态或恢复。

2）状况和控制功能。可使发生故障的设备停运、重排别的投运或再选取其他路由。

3）安装功能。此功能在通信网中起支持作用，如增、减各种通信系统，TMN内的数据库要及时把设备信息装入或更新。

（4）安全管理功能。保证现有运行中的网络安全的一系列功能。负责对网络的使用进行审查，避免无权用户对网络的使用，保护用户信息在网络传输过程中的安全性。

3.4.4　电力系统通信网网管系统组成

一般来说，电力通信综合网管系统应由以下7大部分组成。

（1）网络监控子系统。网络监控子系统完成对全网设备运行情况的监控，便于维护人员对设备故障进行及时处理，保证传输网络的正常运行。

（2）资源管理子系统。资源管理子系统完成对全网内各类资源数据的整合，并建立起相互之间的有机联系。通过从全网整体角度对设备资源、业务资源进行集中管理、集中调度，为网络的统一规划提供依据。电力通信综合网管系统网络资源管理的范围涵盖了通信网络的各个层面，包含物理的光缆、电缆、管道和杆路网络以及物理网之上的传送网络资源，在此基础之上的多种业务网络资源和业务支撑网络资源（包括交换、数据、同步网和信令网等）。

（3）网络资源调度子系统。网络资源调度子系统在资源数据完整准确的情况下，提供管道调度、电路调度、光路调度、备品备件调度、应急资源调度等业务管理。用户可依靠自动、手动方式进行业务调度操作以及制定一套管理制度规范，并可以进行跨系统的业务调度，或全程监视整个业务调度的进程，并提供对工单的统计查询。

（4）客户管理子系统。客户管理子系统完成对租用传输网络资源的客户管理。综合网管系统可按照重要性的不同对客户进行分级管理，采取不同的管理措施，以保证重点客户、重点业务的畅通。

（5）网络分析子系统。网络分析子系统完成对传输网的各种分析功能。网管人员通过对各种运行数据的分析，可了解网络的运行情况以及使用情况，从而对网络的运营情况有一个详细的认识。

（6）系统支撑子系统。系统支撑子系统完成综合网管运行时的各种支撑功能，是网管系统正常运行不可缺少的部分。

（7）对外接口子系统。对外接口子系统负责与企业内部的其他管理系统之间的接口联系，从而实现资源的共享、消息的流转，使网管系统充分融入企业的信息化系统。

3.5 电力系统通信网管设计

3.5.1 网管系统设计思想

（1）全面采用TMN体系结构。TMN的优点在于它的成熟和完整性，TMN是目前国际上被广泛接受的体系中最为完整的通信网管标准体系，但TMN的不足在于它的复杂性和单一化的接口，对于这些问题网管系统建设中应该加以考虑。

（2）兼容其他网管系统标准。在接受TMN的同时兼容其他流行的网管系统标准以解决TMN接口单一的问题对电力通信网网管建设十分有好处，尤其在强调技术经济效益的今天，这一点显得更为重要。电力通信网网管系统应该接受简单网络管理协议作为网络管理的标准之一，尤其在通信网与计算机网的界限越来越模糊的今天，这样决定的效益是显而易见的。

（3）采用高水平的商用TMN网管开发平台作为网管系统的开发基础。利用商用TMN网管工具开发网管系统，屏蔽了TMN网管系统的复杂性，可简化开发难度，缩短开发时间，提高开发成功率。对电力通信网网管系统建设来说，不失为一种经济有效的方法。

（4）网管系统网络化。网管系统互联组成网管网络这一点是不言而喻的，网管系统的数据共享和可互操作性机制是网管系统互联的基础，完善的安全机制是网管系统互联成功的保障。网管系统还应支持与网管系统以外的信息管理系统互联，实现数据共享。

（5）综合接入性。网管必须满足各种通信网络、通信设备的接入要求。兼容各种制式、各个厂商的产品，无论其体系结构、智能水平如何。对于设备种类繁多的电力通信网，这个环节尤为重要。

（6）完善的应用功能及客户应用接口的开放性。在今天这样的市场竞争环境下，网管系统的应用功能是系统的生命。功能是否完善、是否丰富、能否满足用户的要求、能否适应网络的变化，即网管系统的应用功能是否能得到用户的认可是网管系统成败的关键。应用功能的设置应该能由用户来选择，用户的应用界面应该满足用户的要求，重要一点是网管系统的应用功能接口应具有开放性，网管系统应能支持满足应用功能接口的第三方应用程序。

（7）网管系统人机界面。对象化的思想应该贯穿在网管界面设计中。对象化观念贯穿在网管系统程序设计、数据管理各个方面，近来又被引入图形界面设计上。将图形上的元素及元素组合定义形成图形对象，将图形对象与它所表示的数据对象、实际通信设备串联起来，实现实物、数据、表示界面的统一。这种对象化的设计方法保证了网管系统数据和界面的统一，保证了网管系统对被管理系统变化的适应能力。

网管系统的界面应不断采用新技术加以更新、改造。界面是表示一个系统的窗口，界面的优劣直接影响人们对系统的第一印象，影响人们对系统的使用。引入新技术提高系统界面的功能、界面的可观赏性、系统的易使用程度是网管系统成败的又一关键因素。

3.5.2 电力通信综合网管系统体系结构

电力通信综合网管系统通常采用模块化分层体系结构，按 TMN 逻辑分层规则，分为网元管理层、网络管理层、业务管理层和商务管理层 4 层。各模块之间通过数据库实现资源共享，共同完成整个系统的功能。TMN 各功能层与网管管理功能模块的关系如图 3-43 所示。

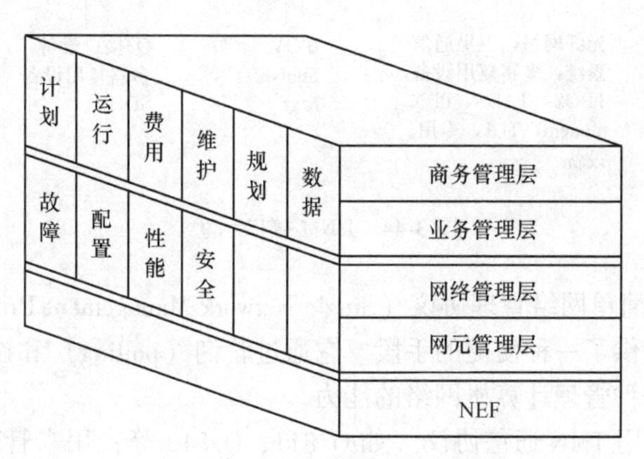

图 3-43 TMN 各功能层与网管管理功能模块的关系

网元管理层和网络管理层在实体上一般是分开的，而网络管理层并不一定仅有一层，尤其在目前多子网环境下，高层网络管理系统一般是通过底层网络管理系统（例如以地理区域划分的子网或以 SDH 设备厂家划分的子网）的代理同网元管理层联系，完成管理和控制。

3.5.3 采用 TMN 体系结构的电力通信网管理平台

Harris 公司 HNM 综合网管系统，可以在一个平台上实现对电话网、数字传输网、数据网和计算机互联网的管理和监控，集软、硬件于一体，是为客户管理多协议、多种设备的复杂网络而设计的网络管理工具，能以图形化方式简单明了地表示网络层次结构。基于

RISC 的 UNIX 工作站，与在线关系数据库管理系统集成，使客户可以将网络信息映射成计算机图像，通过对图像的操作来管理复杂的网络系统，并能对全网运行状态进行监视、查询、统计、分析，对网络故障预置相应的解决方案。

3.5.3.1 HNM 系统结构

HNM 综合网管系统包含的应用分为三大类：核心系统软件、管理器模块和综合服务。核心系统软件包括开发工具、系统管理和业务应用。系统开发应用提供创建用户定义的网络资源和拓扑结构的图形化表示所需的所有工具。系统管理应用提供安全和用户管理工具。业务应用提供监视和控制网络资源的用户接口，包括故障管理系统、记录回顾和文本告警。

HNM 管理器模块包含多个为管理不同网络设备设计的接口应用，其中间包括 SNMP、ENM、SCAN、TMN、HPOpenView 和 SunNet 等接口。HNM 接口示意如图 3-44 所示。

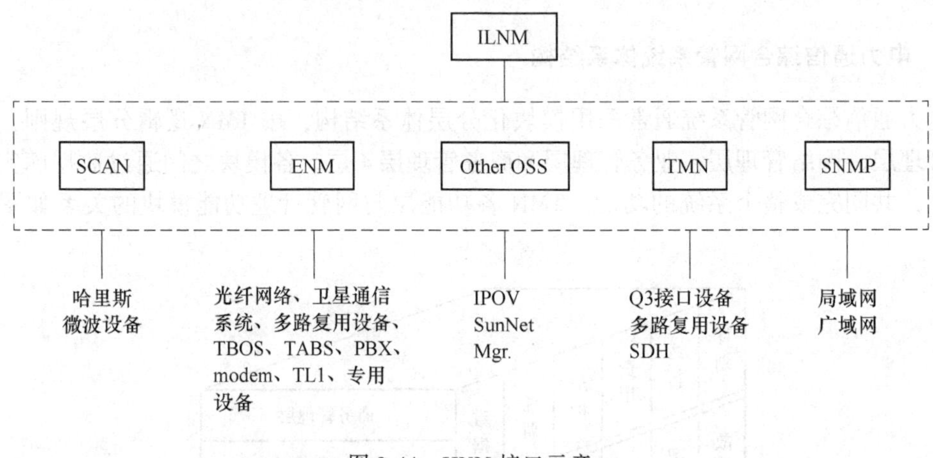

图 3-44 HNM 接口示意

SNMP 接口使用简单网络管理协议（Single Network Management Protocol）为 HNM 有效地管理计算机网络提供了一种便捷的手段。它通过轮询（polling）和设置陷阱（traps）的方式给客户提供了一种管理计算机网络的能力。

TMN/Q3 接口使用 TMN 通信协议（如 Q.811、Q.812 等）用来管理和控制服从 Q3 接口协议的各种资源，以取得各种类型的操作系统之间、操作系统与 Q3 接口设备之间的互联。

HNM/HPOpenView 接口和 HNM/SunNet 接口都是后台处理程序，它允许客户在 HNM 和 HPOpenView 或 SunNetManager 间进行双向的通信。从 HPOpenView 或 SunNetManager 到 HNM 的通信是通过一个过滤器应用程序来完成的，即用户通过过滤器设置程序，控制将 HPOpenView 或 SunNet 中有用信息送往 HNM 处理。

ENM 接口允许 HNM 系统接入非标准网管协议的第三方设备（如 PBX、modem、光纤网络、卫星通信系统、多路复用设备、TBOS、TABS、TL1 和专用设备），并为一些遗留的老设备接入本系统创造了可行条件。

3.5.3.2 监控管理中心站物理结构

HNM 监控管理中心站物理结构如图 3-45 所示。

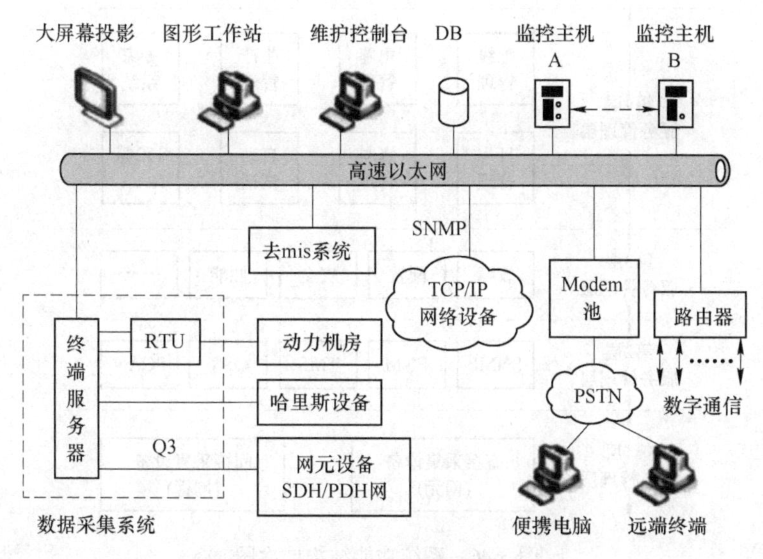

图 3-45　监控管理中心站网络结构

监控管理中心采用成熟、开放的 TCP/IP 协议，组成分布式、可扩充性强的网络结构。在数据传输方式上采用多路由方式，数据传输路由将根据系统数据传输链路和数据传输拥塞情况自动选择。

监控管理中心和分控中心之间通过路由器组成一个广域网，使用 Modem 池支持备用路由以保证系统数据传输的安全，Modem 池同时支持远程拨入服务。

3.5.3.3　HNM 系统软件结构

（1）软件平台。网管系统主服务器采用 Sun Solaris 8 操作系统，数据库采用 Oracle 8，图形工作站和调度工作站采用 UNIX 操作系统，其他服务器及工作站可以采用 Windows NT 操作系统。

（2）中间件技术的应用。HNM 系统中底层采用中间件完成对监控数据的传输。中间件采用面向分布式应用的消息传送方式，主要功能是在应用程序之间传送消息，这些消息可以在不同的网络协议、不同的计算机系统和不同的应用软件之间传递。中间件完成如下的主要功能：

1）提供端到端的通信服务；
2）提供事件代理机制；
3）提供会话通信服务，保证实时高效、可靠、安全的数据传输；
4）提供多种通信机制，支持同步、异步等传输方式；
5）实时的网络监控及管理；
6）多种管理方式、网络环境和应用模式支持；
7）开发接口简单易用、管理方便。

3.5.3.4　HNM 系统功能结构

HNM 系统结构采用国际流行的 4 层模式，以保证网管系统与国际流行的通信网管系统之间能顺利接轨，为网管系统广泛的兼容性提供了条件。系统的功能结构如图 3-46 所示。

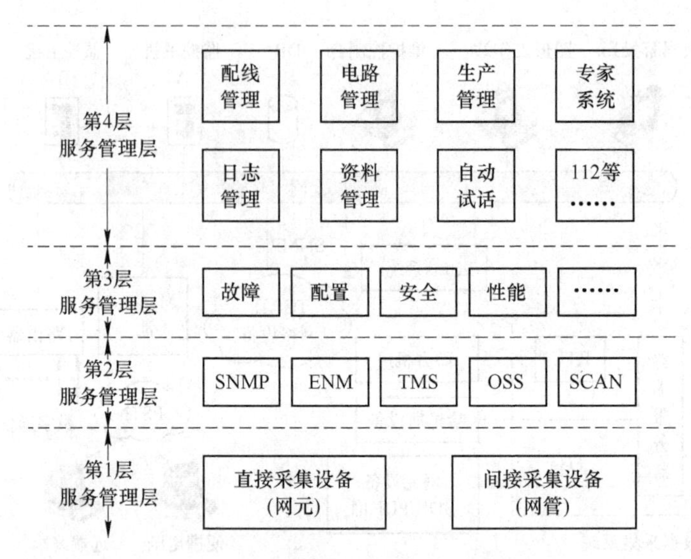

图 3-46 系统功能结构层次图

3.5.4 电力通信网综合网管系统建设案例

3.5.4.1 山西电力数据通信网的应用实践

随着电网的智能化发展，尤其是高清视频类业务的推广，数据通信网末端节点如各类等级的变电站均出现了网络链路拥塞现象，严重时会导致站内运行维护人员无法完成日常运行信息的上报工作。在带宽短时间内无法提升的情况下，在现网环境中带宽明显不足的运城和福瑞两个 500 kV 变电站成功部署了 QoS 策略，并记录了部署 QoS 策略前后各类业务的运行参数。实践证明，部署 QoS 策略后，带宽拥塞站点的重要业务丢包率、时延等参数均得到了一定程度的改善。

山西电力数据通信网采用全网 BGP MPLS VPN（Border Gateway Protocol Multi-protocol Label Switch Virtual Private Network）的网络架构，覆盖了省公司、地市公司、县支公司、35 kV 及以上变电站、营业厅、供电所等节点，承载了信息、语音、视频等类型的管理信息大区业务，是支撑公司安全稳定运行的有力保障。随着公司视频类业务的扩展，监视设备高清化的推广、各类等级的变电站均出现了网络链路拥塞现象，严重时会导致变电站运行维护人员无法完成日常运行信息的上报工作。要解决该问题，一种思路是对各类站点进行扩容升级改造，将现有的带宽提高，但目前的传输资源无法满足要求，且扩容又需要大量的资金投入；另一种思路是在现网部署 QoS 策略，基本上不需要投资，但会造成部分业务实时性降低。本节取带宽明显不足的运城和福瑞 2 个 500 kV 变电站，通过在现网环境中部署 QoS 策略来改善站内网络质量。

A QoS 技术

QoS 用于评估服务方满足客户需求的能力，可对网络流量进行调控，避免并管理网络拥塞。通常 QoS 提供以下 3 种服务模型：(1) 尽力而为服务模型（Best Effort Service），适用于对网络性能要求不高的业务质量保证，通过先进先出（First In First Out，FIFO）队列实现；(2) 综合服务模型（Integrated Service），在发送报文前，申请特定的网络资源，确认网络预留了资源后才开始发送报文； (3) 差分服务模型（Differentiated Service，

Diffserv)，应用程序在发送报文前无需提前申请资源，而是通过设备报文头部的 QoS 参数信息，告知网络节点应用程序的需求，报文传播路径中的各个路由器可通过分析报文头部参数来获取服务需求类别。山西电力数据通信网全网采用 BGP MPLS VPN 网络架构，各类流量支持在网际互联协议 IP（Inter-net Protocol）域设置不同的 IP 优先级（IP preference）值、在 MPLS 域设置不同的 EXP 优先级值，本节采 DiffServ 模型作为解决方案。

B 山西电力数据通信网现状及需求

国网山西省电力公司在省本部部署两台核心提供商 P（Provider）设备（思科 12016）用于汇聚地市自治系统边界路由器（Autonomous System Boundary Router，ASBR），通过千兆链路与地市 ASBR 以口字型结构互联；省本部部署两台提供商边界 PE（Provider Edge）设备（思科 7609）与核心 P 设备通过外部边界网关协议（External Border Gateway Protocol，EBGP）方式连通，用于省公司侧业务接入。另外省公司侧还有 1 台路由反射器 RR（Router Reflector）设备（华为 NE40E-X8）用于省级路由反射。第二汇聚点部署 1 台 P 设备（思科 12416）分别与省公司两台 P 设备、地市 ASBR-2 以基于 SDH 的包交换（Packet Over SDH，POS）链路互联，部署 1 台 RR（华为 NE40E-X8）设备与省公司 RR 形成集群。地市公司在 64600 域、地市自治域分别部署两台 ASBR（思科 7609），4 台设备通过千兆链路以口字型结构互联。县局（思科 7604）、变电站（思科）分别汇聚至地市 ASBR。山西电力数据通信网拓扑如图 3-47 所示。

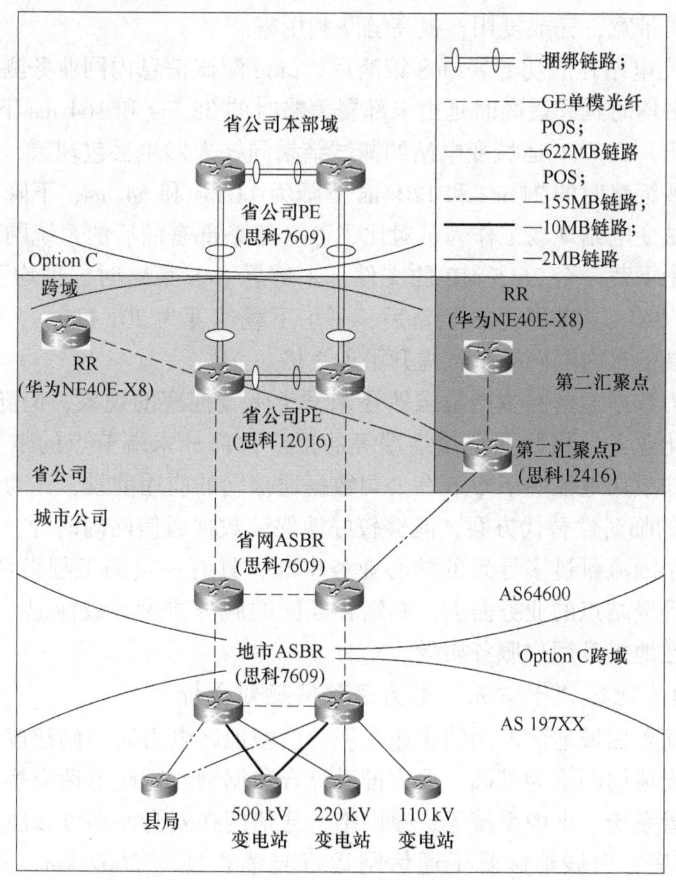

图 3-47 网络结构示意图

国网山西省电力公司骨干网目前还未出现带宽不足的情况，但部分站点完成视频监控设备改造工作后，出现了信息内网网站上传数据不成功的现象，较为典型的为晋中 500 kV 福瑞变电站和运城 500 kV 运城变电站。经排查，发现 2 座站点的上行带宽基本饱和。为确定故障原因，对以上 2 个站点的信息内网和视频监控业务进行跟踪，每 0.5 h 采样一次近 5 min 的平均上行带宽，得到了网络带宽占用情况。对福瑞变电站和运城变电站的信息内网业务进行 ping 测试发现，存在数据包丢失现象，延时也较高。经核实，该现象是由于新改造的高清视频监控摄像头占用带宽过大导致。目前市场上正在逐步淘汰分辨率较低的设备，但站点带宽仍保持不变，造成了视频监控业务带宽占用率过高，影响了站内信息内网业务的正常运行。

为改善目前变电站端带宽拥塞的问题，国网山西省电力公司选取了晋中和运城两个地区作为试点，部署了 QoS 策略，以 500kV 福瑞变电站和 500kV 运城变电站为例介绍配置方法。

以 DiffServ 为基本模型，在数据网部署 QoS 策略，配置实施以如下目标为原则：（1）带宽保证，在网络拥塞时，优先保证信息内网业务带宽；（2）带宽抢占，信息内网业务的空闲带宽可以被其他业务使用。根据 500 kV 福瑞变电站、运城变电站的跟踪采样数据，信息内网业务的峰值流量不超过 2 Mbit/s，即不超过链路带宽的 20%。因此，将信息内网的服务质量等级标记为 4，并使用低延迟队列（Low Latency Queueing，LLQ）调度技术为信息内网业务预留 10%带宽，保证在网络拥塞时信息内网业务的高可用性，在网络不拥塞的情况下释放预留带宽，完成复用，提高链路利用率。

500 kV 福瑞变电站在成功部署 QoS 策略后，ping 测试信息内网业务测试显示，无丢包现象发生，并且平均时延和最高时延由未部署策略时的 38 ms 和 164 ms 下降为 8 ms 和 52 ms，下降了近 4 倍。500 kV 运城变电站的测试结果同样未发生丢包现象，平均时延和最高时延也都由未部署策略时的 21 ms 和 120 ms 下降为 11 ms 和 64 ms，下降了近 2 倍。在业务应用方面，运城变电站现场工作人员对比了 QoS 策略部署前后的系统网页附件的下载速度。在公司网页中下载一个 26.5 MB 的文件，未部署 QoS 策略时，平均下载速度为 74.1 kbit/s，下载时长 367 s；部署 QoS 策略后，平均下载速度为 201 kbit/s，下载时长 135 s。策略部署前后站端信息内网网络带宽提升了近 3 倍。

目前山西电力数据通信网主网络虽然还未发生带宽拥塞的现象，但随着业务的扩展，尤其是高清可视化业务、物联网海量终端等的推广，部分末端节点的带宽瓶颈已逐步出现。此次测试工作成功地证明了 QoS 在公司数据通信网的应用前景，作为传输带宽扩容升级（较长周期）的临时性替代方案，能够较好地保证数据通信网内语音、会议、信息内网业务的带宽，防止因流量过多导致的核心业务中断，具有一定的工程参考价值。下一步，将根据不同电压等级站点的业务需求，制定相匹配的服务质量等级标记、调度算法等 QoS 策略，进而针对性地提升用户服务质量。

3.5.4.2　白城地区“十四五”电力通信网规划分析

近些年来，随着白城地区电网的快速发展，白城地区电力通信网建成以光纤通信为主的传输网络。以光通信网络为基础，大力推进综合数据网、行政电话交换网等业务网的建设，同步建设网管系统、电源系统等支撑网络，通信网在安全性和可靠性方面明显提升。

截至 2019 年底，白城地区骨干通信网运行光缆长度为 2667 km，其中 OPGW 光缆 260.2 km，占 9.7%，ADSS 光缆 2401.6 km，占 90%，普通光缆 5.2 km，占 0.3%。光缆

覆盖了白城地区 66 kV 及以上站点，220 kV 及以上变电站全部实现了电力专网双光缆入户，66 kV 变电站全部实现电力专网光缆入户，电力专网双光缆覆盖率达到 48%。骨干传输网以 SDH 传输为主，主要由中兴 SDH 设备和华为 SDH 设备分别组成两套传输网络，主环网成“日”字形结构，中兴传输网主环网容量为 10 G，其他站点以 2.5 G/622 M/155 M 接入，华为传输网主环网容量为 2.5 G，其他站点以 622 M/155 M 接入。

白城调度电话交换网主要由 IXP-LCC 型哈里斯调度机组成，用户线最大容量达为 10000 线，作为地区汇接局，与省调采用 2M 中继互联方式组网，与变电站组网采用 PCM 承载方式。白城行政电话交换网采用 IMS 行政交换系统运行的方式，该系统核心层采用 1+1 方式集中部署，在吉林省公司和国网四平供电公司各建设一套 IMS 核心设备，构成异地容灾备份系统，主要负责 IMS 行政电话业务的呼叫信令处理、呼叫性能控制、语音业务和中继业务处理、呼叫建立、业务提供等。目前 IMS 行政交换网覆盖率为 67%，其他采取原有 PCM 承载方式。白城公司数据通信网采用辐射状网络结构，采用三层网络结构，在白城地调和白城变分别配置 2 台路由器和 1 台三层交换机，四台路由器成口字型连接，采用双上联的方式与省局互通，业务承载在 SDH 上，局域网核心交换机与广域网路由器之间采用 IS-IS 路由协议。数据通信网覆盖 500 kV、220 kV 站点、66 kV 站点、县公司、供电所，覆盖率为 100%。

电力通信网主要为电力一次系统和二次系统服务，为其提供传输数据的通道。根据电力行业经营、管理和电网运行生产的特点，电力通信网主要承载着电网生产和管理信息两大类业务。结合对各专业需求带宽的统计，充分考虑电网安全生产、经营管理、调度数据网等业务来进行带宽预测，选取白城市地调为断面，采用直观预测及弹性系数相结合的方法进行预测。根据预测结果可知：地市公司断面出口总带宽为 19 G，现有通信网带宽已无法满足远期业务带宽接入需求，按照白城地区一套中兴 SDH 传输网和一套华为 SDH 传输网规划，现有中兴传输网主环网能满足带宽需求，其他站点应考虑 2.5 G 或 622 M 接入主环网，华为 SDH 传输网应考虑从现在的 2.5 G 升级为 10 G 传输网，才能满足未来业务发展的带宽需求。

依据目前白城地区通信网现状为基础，以电网的构架支撑，采用国内外先进的通信技术和设备，不断优化和完善白城地区骨干通信网络，全面提升通信网的业务接入能力、业务传输能力、安全保障能力，建设成一个能够与现代电网相适应的具有传输容量大、传输速率高的现代化综合通信网络，满足各专业业务需求，为公司建设坚强智能电网提供可靠的传输平台。

通过规划设计，白城地区通信网形成环网状结构，可靠性大幅度提高，解决了光缆资源瓶颈和光缆安全问题，解决了传输网带宽不足的问题，增加了通信网的覆盖范围，改善了通信设备运行环境，全面提升了通信网发展质量和发展水平，为公司智能电网发展和经营管理提供了可靠地平台。

《白城地区“十四五”电力通信网规划》分析了通信网的现状和“十四五”末期带宽需求，确定了规划原则和发展目标，为白城地区通信网的发展指明了方向。规划实施后，通信网将向着带宽大、业务接入灵活、自愈能力强、时延低的方向发展，能够满足各个专业的需求，支撑坚强智能电网的建设。

3.5.4.3 中山地区电力通信网 SDH 向 ASON 网络过渡策略与方法

为满足未来电力通信业务需求，更好服务电网发展，中山地区电力通信网需要对超出运行年限的 SDH 网络替换成 ASON（智能光网络，Automatically Switched Optical Network）

网络。在这替换升级过程中，需要保证电力通信业务的连续性和稳定性，以及解决升级过渡过程中 SDH 设备网管问题。本节介绍了中山地区电力 SDH 网升级为 ASON 网存在的问题及解决方案。

随着智能电网的到来，电力通信网中各种信息的业务需求逐渐增多，原 SDH 网络的弊端已逐渐显现，如网络可靠性不高，无法抗击多点故障；资源利用率低，超过 50%为备用资源；业务端到端管理能力差；无法实施业务数据的分级管理等。由于 ASON 技术针对传统 SDH 技术引入了动态交换的概念，增加了业务的多种保护和恢复机制，可以有效抵抗网络多点故障，提供差异化的业务服务等级，提高网络资源的利用率，增强电路的快速调度和配置能力，能实现更灵活、更安全的组网。中山地区电力通信网现有 SDH 传输 A 网采用二层结构建设，分为骨干层和接入层。骨干层由地调（主站 1）、备调（主站 2）以及 220 kV 及其以上电压等级变电站等共 22 个节点使用 24 套 NECU-NODEBBM 和 NECU-NODEWBM 设备组成 2. 5 Gbit/s 骨干环。接入层由 220 kV 或 110 kV 电厂、110 kV 变电站以及其他用户厂站、二级单位节点构成，采用环网结构组成接入环。接入环带宽主要为 622 Mbit/s，设备主要由 NECV-NODE、NECC-NODE 设备组成，主要采用相交环接入骨干环。组网结构示意图如图 3-48 所示。

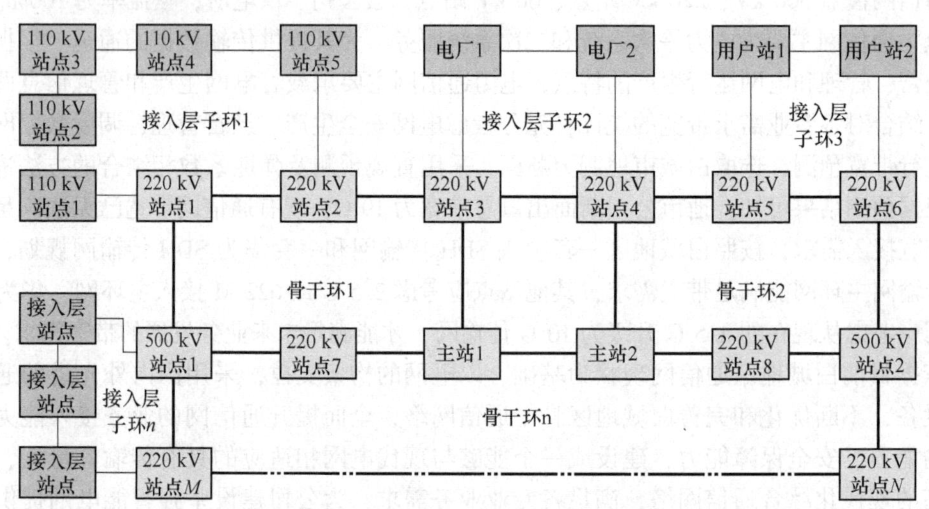

图 3-48　SDH 传输网组网结构示意图

目前中山地区电力通信网传输 A 网已投运超过 10 年，相关厂家已停止技术支持和维护，且不支持 2 M 光接口，不满足南网相关技术规范，亟须技术升级和改造。同时，SDH 技术本身也存在一些不足，主要表现在：

（1）传统 SDH 网络无法抵抗环间故障与环内多点故障，使承载于 SDH 网络上的电力通信业务无法达到真正的可靠。

（2）资源利用率低，部分需要提供保护路径的业务需预留备用路径，导致该部分资源无法利用。

（3）现有环网业务提供能力弱，SDH 所固有的业务提供方式无法很好适应 IP 业务的突发性、路由灵活性及数据流业务不对称的特点。

（4）现有环网业务端到端调度管理能力不足，对跨环长途线路，人工操作过程复杂，对网络故障难以实现快速故障定位。

由于中山地区电力通信传输A网骨干层和接入层共有100多套设备，网络结构庞大而复杂，一次性完成网络升级改造涉及的设备和业务众多，工作难度大。为了保证业务平滑过渡，网络割接顺利，需要分阶段建设完成。第一阶段主要完成骨干层站点的SDH设备更换成ASON设备，组成ASON骨干层网络。这时，原有SDH接入层设备将全部接入ASON骨干层形成SDH与ASON混合组网。在混合组网期间，由于部分站点之间的光缆纤芯资源不足，以及部分骨干层站点空间位置不足以设立新的屏位，需要同步拆除现运行的骨干层SDH设备。但拆除骨干层站点SDH设备后，原来接入层SDH设备的网管DCC通道是通过与骨干层SDH设备互联光路传送到主站端的，由于ASON设备与SDH设备网管协议存在不兼容性，通过ASON网络无法直接网管原有的SDH设备，从而导致原有接入该骨干层站点的接入层设备网管通道中断。因此，第一阶段的建设除了需要考虑业务割接问题外，还需要考虑接入层设备的网管问题。第二阶段分批完成各个接入层站点的SDH设备更换，但由于电厂、用户站、牵引站的SDH设备因资产归属问题，可能无法与中山电网同步完成改造，因而仍需考虑较长时期ASON网和SDH网混合组网时这些站点设备网管问题。

针对网络改造存在的问题，中山地区电力通信网对网络改造采取如下方案：

（1）新增的ASON网络称为新A网，原有的SDH传输A网称为旧A网。

（2）满足机房空间、光缆纤芯资源条件的站点，旧A网在新A网初建期间保持现状，结合目前光缆网现状利用空闲光缆纤芯资源组建新传输A网骨干层。

（3）对于因机房空间位置不足的骨干层站点，需要考虑临时搬迁旧A网设备到临时位置，以腾出当前机柜位置安装ASON设备。对于新增设备后，通信电源容量不满足规范要求的机房还需同期考虑对通信电源整流模块进行扩容，如果不满足整流模块扩容条件的需要考虑更换整套通信电源。

（4）完成骨干层站点组网后，割接相应站点业务至新A网网络上运行，并将旧A网接入层光路接入新A网，形成新旧A网混合组网。这里，需要解决旧A网接入层站点网管问题。同时，由于接入层SDH设备承载的电网业务有半数往主站流向的特点，为了使业务割接变得简单容易，要先保留旧A网骨干层主站点SDH设备，如图3-49所示，以保证在第一阶段实施时不需要考虑接入层站点到主站的业务割接，这些业务留待第二阶段改造接入层设备时再同步考虑。

（5）更换接入层站点设备，以进行第二阶段的网络改造。在更换接入层站点设备前，机房空间、光缆纤芯资源及通信电源容量，参照骨干层站点的要求执行。更换过程中，按照接入环组网方式，逐个环进行设备更换，并完成相应站点业务割接。

（6）电厂、用户站、牵引站传输A网运行设备因资产归属问题，不纳入本次规划改造范围，因此暂时保留原设备运行，但要解决其设备网管问题。

在SDH传输A网改造的第一阶段，由于机房空间、电源容量及设备管理多方面因素，所有旧A网骨干层站点（除主站）SDH设备均会被ASON设备替换而退出运行。而旧A网网管是网元级网管，使用的是RIP协议进行网元设备网管，因此，旧A网接入层站点设备会因原骨干层站点SDH设备的退出而中断其网管通道，导致这些接入层站点无法网管，不利于这些站点的网络维护及故障抢修。为了保证混合组网期间不影响原SDH网络的网管，我们需要使用其他网络组建新的网管通道。考虑到传输网承载业务的特性，通过数据网络组建网管通道并不符合我们对网络安全的要求。因此，我们考虑利用传输B网MSTP

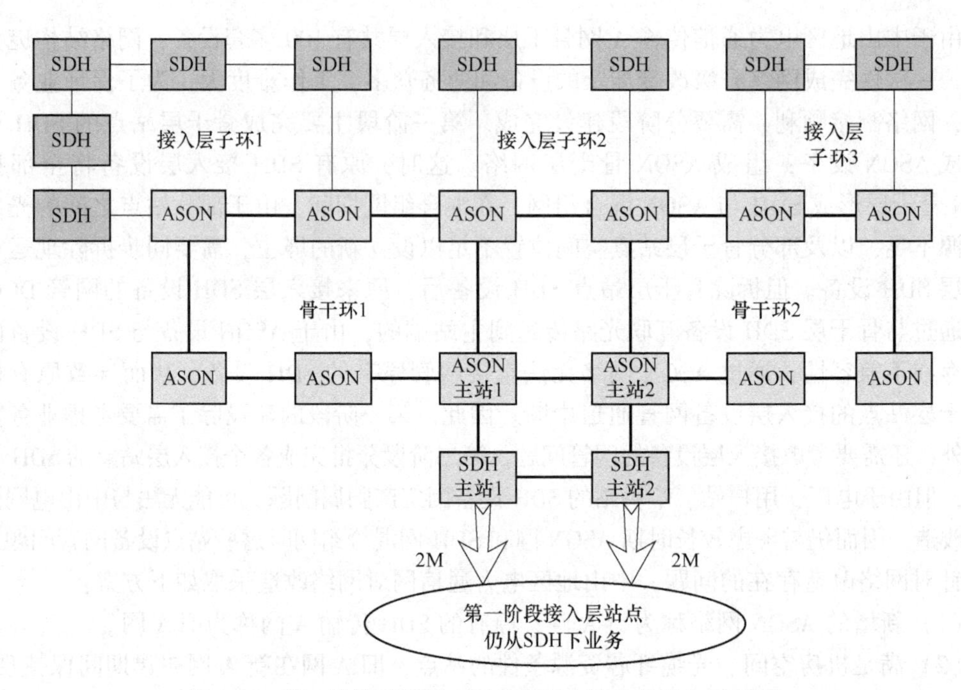

图 3-49 第一阶段改造接入层站点至主站业务流向示意图

通道在每个接入环选取一个站点，开通该站点至主站端的 2M 以太网网管通道。通过传输 B 网网络开通至主站网管交换机的网管通道，既避免了 SDH 网络与 ASON 网络因网管协议不一致造成的网管难题，同时又将业务光路与网管通道分离，这样即使因业务光路调整或网络故障导致 SDH 设备与 ASON 设备光路中断，也能保证接入环站点设备能够通过新建网管通道进行网管。改造过程中旧 A 网接入层站点网管通道组建策略如图 3-50 所示。

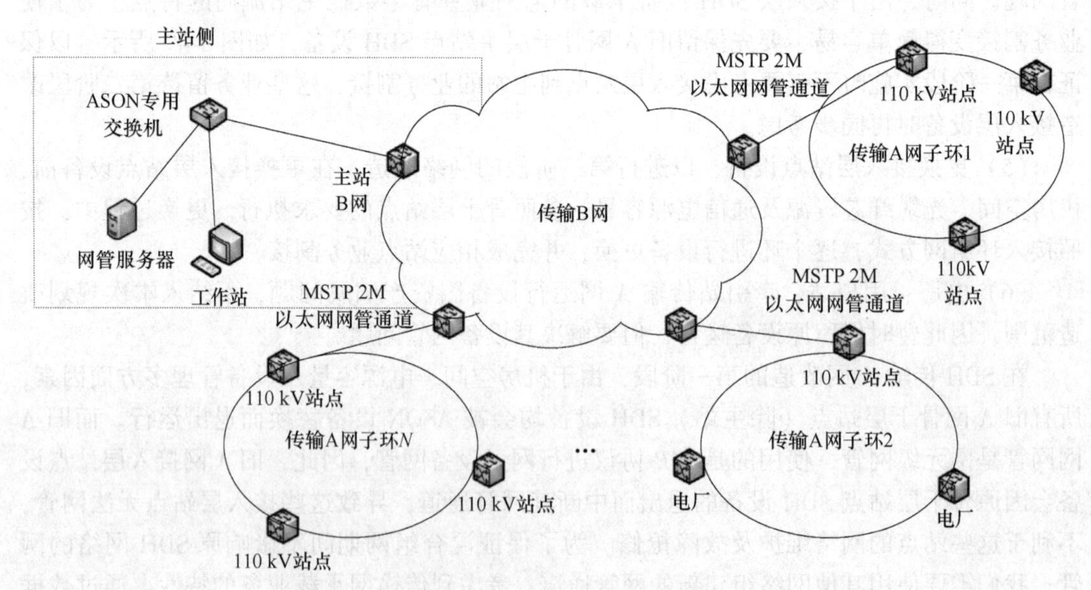

图 3-50 SDH 设备与 ASON 混合组网网管通道方案示意图

（1）传输 B 网配置：主站端传输 B 网设备新增一块以太网光接口板及其对应处理板，开通至 ASON 专用交换机互联光路。接入层传输 B 网设备利用原有以太网板卡网口，连接至接入层旧 A 网设备主控板上专用的网管接口 F 口。传输 B 网 MSTP 以太网通道配置，在接入层站端选用点对点透传模式，在主站端选用一点对多点划分 VLAN 的方式，以满足多个接入层站点汇接入主站端，减少主站端的物理连接。

（2）旧 A 网配置：无需增加硬件设备，利用原有设备主控板上专用的网管接口 F 口，建立至本接入层站点传输 B 网以太网通道。记录旧 A 网接入层子环设备用于网管的 IP 地址，以便根据每个子环不同的 IP 地址段划分 VLAN。

（3）ASON 专用交换机配置：使用 ASON 组网配置的交换机，开通至主站端传输 B 网设备的光纤互联通道。根据旧 A 网接入层子环不同的 IP 地址段划分为多个 VLAN，以达到管理旧 A 网不同接入层设备的目的。

通过该方案的实施，在网络混合组网及业务割接期间，能够有效保证业务的连续和稳定，以及对原有 SDH 网络设备的网络管理，使业务平滑过渡到新的 ASON 网络。

4 电力线载波通信

电力线载波通信是电力系统通信特有的一种通信线方式，以电力线为信道，变电站、发电厂为终端，尤其适合于电力调度通信的要求。电力线载波通信具有投资少、施工期短、设备简单、通信安全、实时性好、无中继距离长等一系列优点。国内庞大的电力线载波通信网担负着电网内调度电话、继电保护和运动信息等重要传输任务，对电力网安全稳定经济运行发挥着重要而显著的作用。

4.1 概　述

电力线载波通信（Power Line Carrier，PLC）是利用输电线作为传输通路的载波通信方式，用于电力系统的调度通信、远动、保护、生产指挥、行政业务通信及各种信息传输。电力线是为输送 50 Hz 强电设计的，线路衰减小，机械强度高，传输可靠，电力线载波通信复用电力线进行通信不需要通信线路建设的基建投资和日常维护费用，在电力系统中占有重要地位。

4.1.1 电力线载波通信的特点

4.1.1.1　独特的耦合设备

电力线上有工频大电流通过，载波通信设备必须通过高效、安全的耦合设备才能与电力线相连。这些耦合设备既要使载波信号有效传送，又要不影响工频电流的传输，还要能方便地分离载波信号与工频电流。此外，耦合设备还必须防止工频电压、大电流对载波通信设备的损坏，确保安全。

4.1.1.2　线路频谱安排的特殊性

电力线载波通信能使用的频谱由 3 个因素决定：

（1）电力线本身的高频特性。

（2）避免 50 Hz 工频的干扰。

（3）考虑载波信号的辐射对无线电广播及无线通信的影响。

我国统一规定电力线载波通信使用的频率范围为 40~500 kHz。

电力线在发电厂和变电所内均按相同电压等级连接在同一母线上。同一电厂、变电所中不同电压等级的电力线均处于同一高压区，并由电力变压器将其互相耦合。这样，在一条电力线上开设电力线载波通信时，其信号虽被耦合设备阻塞，仍会程度不等地串扰到同一母线的其他相电力线上去。由于同一母线的不同相电力线间跨越衰耗不大，致使每条电力线上开设载波的频谱不能重复，而只能在 40~500 kHz 频带内合理安排。此外，在同一电力系统中，电力线是相互连接的，若想重复使用频谱，至少需相隔两段电力线路。由于这些原因，同母线上各条电力线所能共同利用的频谱，实际上比 40~500 kHz 还要窄。

4.1.1.3　线路存在强大的电磁干扰

由于电力线上存在强大的电晕等干扰噪声，因此要求电力线载波设备具有较高的发信功率，以获得必需的输出信噪比。

另外，由于50 Hz谐波的强烈干扰，使得0.3~3.4 kHz的话音信号不能直接在电力线上传输，只能将信号频谱搬移到40 kHz以上，进行载波通信。

4.1.2　电力线载波通信方式分类

早期电力线载波通信主要用于110 kV及以上输电线路，使用的通信频率范围受限。目前由于需求的变化和技术的发展，电力线载波出现多种通信方式。

4.1.2.1　按照电力线电压等级划分

按照电力线电压等级划分，电力线载波通信可分为高压、中压、低压电力线载波通信。

（1）高压电力线载波指应用于35 kV及以上电压等级的载波通信设备。载波线路状况良好，主要传输调度电话、远动、高频保护及其他监控系统的信息，用于特高压线路的电力线载波通信设备亦属于此类。

（2）中压电力线载波指应用于10 kV电压等级的电力线载波通信设备。载波线路状况较差，主要传输配电网自动化、小水电和大用户抄表信息。

（3）低压电力线载波指应用于380 V及以下电压等级的电力线载波通信设备。载波线路状况极差，主要传输电力线上网、用户抄表及家庭自动化的信息和数据。

4.1.2.2　从使用的带宽角度划分

从使用的带宽角度来说，电力线载波通信分为宽带电力线载波通信（Broadband Power Line Communication，BPLC）和窄带电力线载波通信。所谓电力线宽带通信技术就是指带宽限定在2 M~30 MHz、通信速率通常在1 Mbit/s以上的电力线载波通信技术，它多采用先进的正交频分复用技术，实现高速数据传输。所谓窄带电力线载波通信技术就是指带宽限定在3~500 kHz、通信速率小于1 Mbit/s的电力线载波通信技术。

4.1.3　我国电力线载波通信的现状

高压电力线载波是电力行业载波技术应用的主流，随着电力线载波通信技术的不断发展和进步，当今的高压电力线载波通信技术及其在电力通信中的应用已经发生了极大变化，主要表现为：

（1）电力线载波技术得到更新换代的发展，由模拟通信发展为数字通信，由单通道发展为多通道。

（2）电力线载波的应用由原来的基本通信方式改变为备用通信方式。

（3）电力线载波传输的信息由话音和远动信号发展为更多的计算机、网络及监控系统的信息。

（4）电力通信对电力线载波通信设备的通信容量、接口功能、信息采集、网管性能和质量水平提出了更高的要求。

电力线载波曾经是我国电力通信的基本方式，近几年来随着技术的发展和现场应用需求的变化，电力线载波通信技术及应用方式已经发生了巨大的变革。但是，电力线载波的可靠、路由合理、经济性的特点没有变，需要正确对待电力线载波在电力通信中的作用，发挥每一种通信方式的长处，合理选用电力线载波作为备用通道；积极发展特高压和中压载波；努力研究电力线载波在高速宽带上的技术突破，为电网自动化服务。

电力线通信技术使用电力系统独有的电力线资源进行数据传输，可以应用于居民用户宽带接入、电话、居民远程抄表、智能家居等方面，为城市电网提供新传输手段。

4.2 电力线载波通信系统

4.2.1 电力线载波通信系统构成

电力线载波通信系统主要由电力线载波机、电力线和耦合设备构成，如图 4-1 所示。其中耦合装置包括线路阻波器 GZ、耦合电容器 C、结合滤波器 JL（又称结合设备）和耦合装置 HFC，与电力线一起组成电力线高频通道。

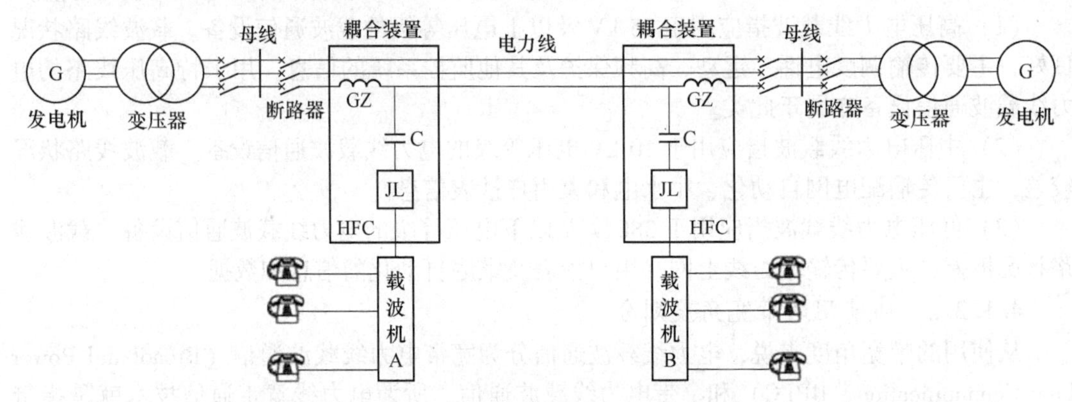

图 4-1 电力线载波通信系统构成方框图

各构成部分的作用如下：

电力载波机是电力线载波通信系统的主要组成部分，主要实现调制和解调，即在发端将音频搬移到高频段电力线载波通信频率，完成频率搬移，载波机性能好坏直接影响电力线载波通信系统的质量。

耦合电容器 C 和结合滤波器 JL 组成一个带通滤波器，其作用是通过高频载波信号，并阻止电力线上的工频高压和工频电流进入载波设备，确保人身、设备安全。

线路阻波器 GZ 串接在电力线和母线之间，是对电力系统一次设备的“加工”，故又称“加工设备”。加工设备的作用是通过电力电流，阻止高频载波信号漏到变压器和电力线分支线路等电力设备，以减小变电站和分支线路对高频信号的介入损耗及同一母线不同电力线上的衰耗。

结合设备连接载波机与输电线，包括高频电缆 GL，作用是提供高频信号通路。输电线既传输电能又传输高频信号。

4.2.2 电力线载波机

4.2.2.1 电力线载波机的特点

电力线载波机是将音频信号调制到高频载波上，并通过电力线传送信息的载波通信设备。其特点是：

(1) 电力线上噪声电平很高，为保证接收端信噪比符合要求，载波机发送功率较大(约为1~100W)。

(2) 为集中利用发送功率，一台载波机的路数较少。

(3) 电力线上载波信号的传输衰减受电力系统运行方式及自然状况的影响，接收机应具有较好的自动电平调节系统，在接收信号电平变化较大的情况下，仍使音频输出电平变动很小。

(4) 主要用来传送电力调度及安全运行所需的电话、远动、远方保护信号。可以复合传送这些信号的称为复用机，而专门传送其中一种信号的称为专用机。

为了满足不同电压等级的线路上开设电力线载波通信的需求，目前国产电力线载波机已形成系列机，通过对系列机的选择和组合，可以实现调度所、发电厂和变电所之间的各种通信。

4.2.2.2 调制方式

电力线载波机采用的调制方式主要有双边带幅度调制、单边带幅度调制和频率调制三种，其中单边带幅度调制方式应用最为普遍，本节主要介绍这种调制方式。

单边带幅度调制也称单边带调幅，一般采用两次调制及滤波的方法，将双边带调幅产生的两个边带除去一个，载频也被抑制。它有以下优点：

(1) 接收频带减为一半，噪声及干扰影响减小。

(2) 提高了电力线载波频谱的利用率。

(3) 发送功率集中在一个边带中，利用率高。

4.2.3 典型电力线载波机的组成框图

单边带电力线载波机的原理框图见图4-2，它由音频汇接电路、发信支路、收信支路、自动电平调节系统、呼叫系统等部分组成。

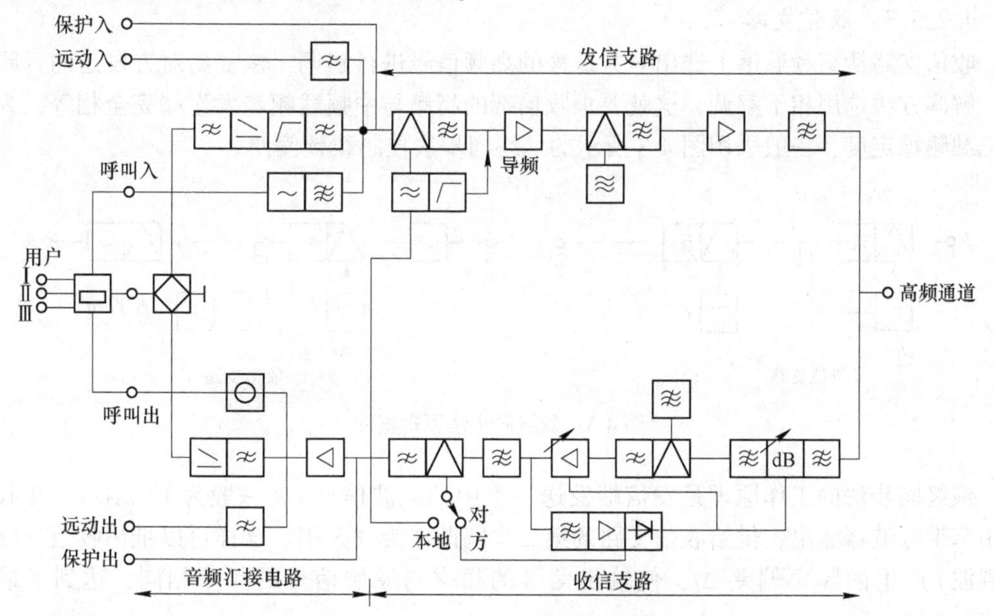

图4-2 单边带电力线载波机原理框图

4.2.3.1 音频汇接电路

电力线载波机为实现电话通信，不仅要传输话音信号，同时还应传输呼叫信号，尤其是为电力系统专用通信网服务的电力线载波机，除电话通信外，还同时要传输远动信号和远方保护信号。这些信号均在0~4 kHz的音频段中传输，通常话音信号采用0.3~2.0 kHz的窄带传输，2.4~3.4 kHz的音频段用于传输远动信号。呼叫信号插在其中，如2.220 kHz±30 Hz，或插在二者之上3.660 kHz±30 Hz。远方保护信号一般采用与话音、远动信号在时间上交替传输的办法。所有这些信号均在音频部分汇集后再送入发信支路，相应地在收信支路要将其分离后分别输出。电力线载波机的音频汇接电路就是实现汇集/分离的接口电路。

远动信号是脉冲序列。为使它能和话音信号同时传输，需经过调制解调器将脉冲信号调制在远动信号频段内的音频上，然后才能送入载波机的远动入口。所以，对电力线载波机而言，远动信号是指已调的音频信号，通常采用频移键控（FSK）方式传输，2.220 kHz ±30 Hz，或3.660 kHz±30 Hz等呼叫信号也是采用FSK方式传输。

远方保护信号也是音频信号。远方保护装置在发生电力事故时，需要可靠地将信号传送到远方。一般这种信号的传输时间极短，因此经常在传输远方保护信号时，先停送话音、远动、呼叫信号，等远方保护信号传完后，再继续传送其他信号。这是一种时间交替传输的复用方法，由于时间极短，并不影响其他信号的传输，同时可以全功率传输远方保护信号，确保保护信号的可靠性。

4.2.3.2 发信支路

发信支路将要传输的音频信号用载波进行调制，实现变频后放大，送到高频通道。一般采用二次调制，第一次调制将音频信号搬移到中频，故第一次变频称为中频调制，中频载波的频率一般取12 kHz，调制后取上边带。第二次调制进一步将中频信号频谱搬移到线路频带40~500 kHz，称之为高频调制，高频调制后取下边带。

4.2.3.3 收信支路

收信支路从高频通道上选出对方送来的高频信号进行解调，恢复出对方发送的音频信号。解调方法选用相干解调，这就要求收信端的高频与中频载频与发送端完全相等，为了保证载频稳定度，一般采用图4-3所示的最终同步法控制载频偏差。

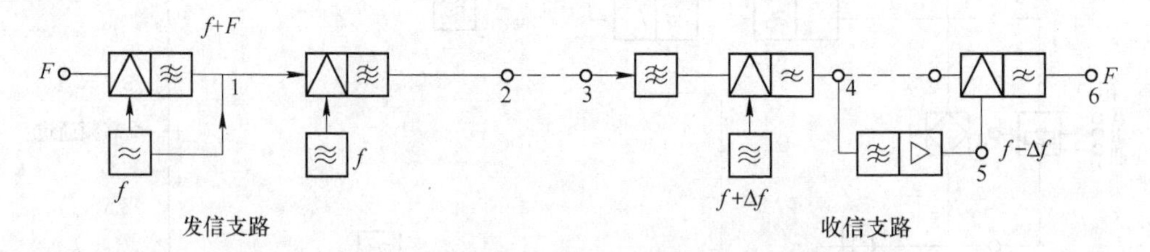

图4-3 最终同步法原理框图

最终同步法的工作原理是发信端发送一个中频载波信号f（一般为12 kHz），在收信端由窄带滤波器滤出，供给收信支路的第二次解调作为载频用。这样可以抵消收信支路高频载波f产生的频率偏差Δf，使输出信号的频率与原始信号的频率相同，达到了最终同步。

4.2.3.4 自动电平调节系统

电力线载波所用的高频通道的传输特性非常不稳定，它的线路衰减随气候条件、电力设备的操作和线路故障有很大变化。为保证通信质量，在收信端设有自动电平调节系统，用于补偿高频通道在运行过程中的衰减变化，保证收信端传输电平的稳定。

自动电平调节的过程是，在发送端发送一个导频信号（为了简单，采用中频载波作为导频信号）。在对方收信支路，用窄带滤波器滤出导频信号，经放大、整流后作为控制信号，控制收信支路中可调放大器的增益或可调衰减器的衰减，实现自动调节。

4.2.3.5 呼叫系统、自动交换系统

电力线载波机在传输语音信号之前，首先应呼出对方用户，因此在发信支路中要发送一个称为呼叫信号的音频。在对方收信支路中接入呼叫接收电路（即收铃器）这样才能沟通双方用户。电力线载波机采用自动呼叫方式，通常机内附设有自动交换系统（国产载波机一般设四门用户交换系统，实现通过自动拨号选叫所需用户，但几个用户分时占用同一条载波通路。进口载波机一般不设交换系统，而是连接小交换机），以提高通路的利用率和实现组网功能。如图4-2所示，主叫用户摘机、拨号，呼叫对方用户，则本侧自动交换系统控制呼叫系统，发出相应的音频脉冲。对方收信支路的收铃器选出呼叫信号，取出音频脉冲，去控制其自动交换系统工作，选中用户并对其振铃，沟通双方用户，实现通话。

4.2.4 设备类型

为满足电力系统载波通信方式的不同需要，电力线载波机可以分成不同机架，一般有载波架、音频架、高频架、人工呼叫台和增音机。其中音频架、人工呼叫台和增音机3种机架不分电压等级，对各种机型都一样。

载波架是按单架设计的电力线载波机，适合于调度所与变电所较近的场合。载波架安装在变电所的载波室，然后用音频电缆连接调度所的电话用户和远动通路。如果调度所与变电所距离较远，为了保证通信质量，一般在调度所侧安装音频架，而在变电所侧安装高频架，两架之间用音频电缆连接。

人工呼叫台主要安装在变电所载波室，用于集中控制所有载波机的维护电话。当变电所载波室的高频架要进行维护通话时，就可以用人工呼叫台来实现。

增音机完成长距离通信的增音放大作用。

4.2.5 电力线载波机的主要技术指标

载波通路传输质量的好坏直接影响用户对通信的满意程度，为了评价载波通路传输质量的好坏，提出传输信号电平、通路净衰耗频率特性、通路振幅特性、通路稳定度、通路杂音、通路串音、载波同步、回音与群时延和振铃边际等作为电力线载波机的主要技术指标，这些电气指标是载波通信系统设计、安装和维护运行的依据。

4.2.6 耦合装置与耦合方式

4.2.6.1 耦合装置

耦合装置包括结合设备、加工设备及耦合电容器。结合设备JL连接在耦合电容器C的低压端和载波机的高频电缆GL之间；耦合电容C连接在结合设备JL和高压电力线路之间，其作用是传输高频信号，阻隔工频电流，并在电气上与结合设备中的调谐元件配合，形成高通滤波器或带通滤波器，耦合电容器的容量一般为3000~10000 pF；线路阻波器GZ与电力线路串联，接于耦合电容器在电力线路上的连接点和变电所之间。线路阻波器GZ主要由强流线圈、保护元件及电感、电容与电阻等调谐元件组成，线路阻波器的电感量一般为0.1~2 mH。在结合设备JL的输出端子和载波机ZJ之间一般用高频电缆GL连接，由于载波机的型号不同，高频电缆可以是不平衡电缆或平衡电缆。

4.2.6.2　耦合方式

目前电力线载波的耦合方式有：相—地耦合、相—相耦合和相—地、相—相混合耦合3种方式。

(1) 相—地耦合方式如图4-4所示。这种方式将载波设备连接在一根相导线和大地之间，其特点是只需一个耦合电容器和一个阻波器，在设备的使用上比较经济，因而得到了广泛应用。但这种方式引起的衰减比相—相耦合方式大，而且在相导线发生接地故障时高频衰减增加很多。

(2) 相—相耦合方式如图4-5所示。这种耦合方式需要两个耦合电容器和两个阻波器，耦合设备费用约为相—地耦合方式的两倍；但相—相耦合方式的优点是高频衰减小，而且当电力线路故障时，由于80%的故障属于单相故障，所以具有较高的安全性。目前国内外在一些可靠性要求较高的电力线高频通道中已采用了相—相耦合方式。

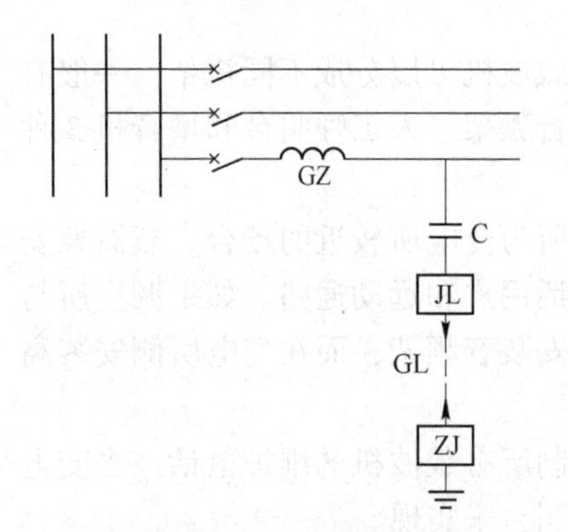

图4-4　相—地耦合方式

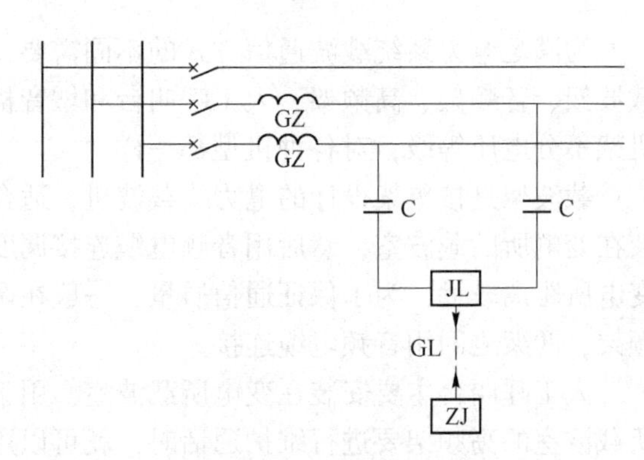

图4-5　相—相耦合方式

除此之外，国内也有少数线路开始采用相—相、相—地混合耦合方式。

4.2.7　电力线载波通路上的杂音干扰

4.2.7.1　杂音的类型

电力线载波通信利用电力线传输高频信号，但同时会不可避免地引入干扰。电力线载波通路上的干扰有杂音和串音，杂音对语音的较弱部分掩盖，使人耳对有用信号的听觉灵敏度降低，从而降低了语音的清晰度。串音有可懂串音和不可懂串音，不可懂串音对于通路的影响与杂音相同，因此将不可懂串音也视为杂音。

通路上的杂音大体上包括线路杂音、设备内的固有杂音、制际串音形成的杂音和路际串音形成的杂音。

（1）线路杂音主要是在高压电力线上，由导线发生电晕和绝缘子表面局部放电所造成的杂音。这种分布性的干扰杂音的电平很高，是电力线载波通路中的主要杂音来源。

（2）设备内固有的杂音包括导体电阻的热噪声、晶体管的热噪声和电源滤波不良产生的纹波电压所引起的杂音等。

（3）制际串音形成的杂音是指其他通信设备传输信号时串入设备的不可懂杂音。科学合理地安排载波设备线路频谱以及提高载波设备收信支路的选择性能有效地减小制际串音。

（4）路际串音形成的杂音是指在同一设备中，各通路间的不可懂串音。它主要是由线路放大器等部件的非线性所造成的。提高部件的非线性衰耗，增加滤波器的防卫度，选择合适的工作状态都可以减小这种杂音。

4.2.7.2　*对电力线载波通路杂音的要求*

杂音对通信质量影响很大，如果话音信号一定，杂音信号电平越大，通信质量就越差；若杂音电平一定，话音信号越大，则通信质量越好。因此衡量杂音对通信质量的影响，不仅要考虑杂音电平的大小，还要考虑信号电平的大小以及信号电平与杂音电平的差值。

信号与杂音电平的差值称为信杂比，又称为杂音防卫度。不同信杂比时的话音质量如表4-1所示。

由表4-1可知，当信杂比为30 dB时，话音质量有少量杂音，对通话无影响；当信杂比为20 dB时，话音质量有较大杂音，尚可维持通话。

表4-1　不同信杂比时的话音质量

信杂比/dB	话音质量（主观感受）	信杂比/dB	话音质量（主观感受）
40	杂音很小，通话清晰	10	杂音相当大，通话困难
30	有少量杂音，通话无妨	0	杂音特别大，通话不明确
20	有较大杂音，尚可通话		

4.2.8　电力线载波通道的频率分配

4.2.8.1　*必要性*

在电力线载波系统规划设计中，需要对电力线载波通道使用频率进行安排。这种安排主要是为了防止通道间相互干扰，以保证通信系统正常运行。

电力线载波通道产生的干扰如图4-6所示，其中电力线载波机ZJA（通道A）的频率为f_A，电力线载波机ZJB（通道B）的频率为f_B，由于电力线相互连接，各相线之间有电磁耦合，f信号可由C相耦合至A相经线路传输至载波机ZJB，对f信号产生干扰。同样，f信号也可经相似路径干扰f_A。

影响载波通道间的干扰有以下因素：

（1）电力线载波机的发送功率越大，则对其他载波通道的干扰信号越强。

（2）干扰信号在传输过程中总会有衰减，包括线路传输衰减，相间跨越衰耗和阻波器

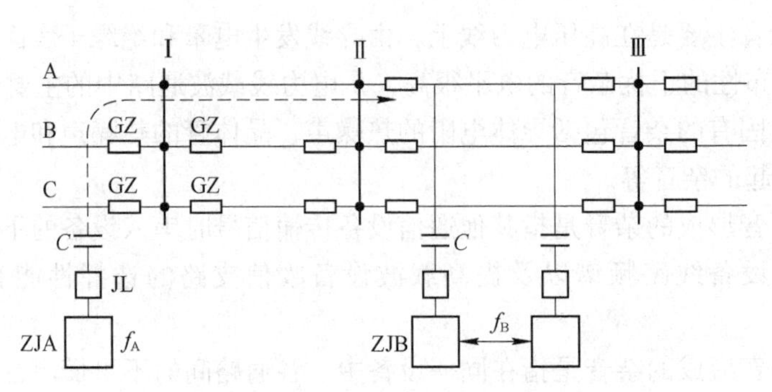

图 4-6 电力线载波通道干扰图

f_A，f_B—载波机工作频率

或载波频率分隔设施的跨越衰减等。这些衰减的总和使干扰减小，衰减越大，产生的干扰越小。

(3) 被干扰的信号越强，则受干扰的影响越小。

(4) 干扰载波机的收信选择性越高，对干扰信号和被干扰信号的分辨能力越强，则被干扰载波机所受的干扰越小。

为了提高通道间的跨越衰减，减小通道干扰，可以采取在电厂的电力线出线 A、B、C 三相用阻波器阻塞；在电厂的电力线出线 A、B、C 三相加装电力线载波频率分隔设施。

4.2.8.2 频率分配方法

电力线载波系统使用的频率范围为 40~500 kHz，一条电力线载波电路占用频带宽度为 2×4 kHz，共有 57 组载波电路频带可供安排，通过频率分配应做到使通道间相互干扰满足指标要求，并且在指定的范围内尽可能安排较多的电路，提高频谱的利用率。

频率分配方法有频率插空法、频率实测法及频率分组重复法等。

(1) 频率插空法。在已占用的电力线载波通道频率的基础上，寻找适当的频率空位，选择插入新的载波频率。经过计算，表明新老载波频率间无干扰，即可确定新加通道的频率。这种方法较简单，但频率浪费较大。

(2) 频率实测法。与频率插空法类似。用测试方法证明新的载波频率不致造成与其他通道互相干扰，即可以使用。这种方法对频率的浪费也较大。

(3) 频率分组重复法。这是一种较为完善的分配方法。其特点是可以重复使用频率，因此可以安排较多的通道。具体方法是根据载波机的收发频率间隔和频率选择性等参数，把载波频谱 40~500 kHz 分成若干标准频率组，如 A、B、C、D 等，每组包括几个载波通道频点。频率组的划分原则为：

1) 相同的频率组用于一条电力线上，同组内各频点间无相互干扰，载波机可并联使用。

2) 不同的频率组用于不同的相邻电力线上，频点间无相互干扰。

3) 在经过 2~3 个电力线路段之后，可以重复使用频率组，只要经验算频点相互无干扰即可。频率分组完成后，可以进行频率分配：先选择系统中某一中间部位，一条线路选用一个频率组，如 A 组，其相邻各方向的线路段各选用相邻的频率组，如 B、C、D 等，然后依次更远的线路段选用频率组 E、F、G、H 等。以此类推，一条线路开通电路多时也可分配2个频率组，在经过2~3个线路段后，频率组可以重复使用。对于较长的线路，应安排用较低频率的频率组。这种方法的优点是：①频率分配有计划地进行，频率可重复使用，提高频谱的利用率；②一条线路分一组频率，做到频率预留，对发展留有裕度。在我国已普遍推广使用该方法。

电力线载波的频率分配属于线性规划范畴，可用线性规划数学工具来解决，用计算机和线性规划方法进行频率分配的优化设计。

4.2.9 电力线载波通信方式

电力线载波通信方式主要由电网结构、调度关系和话务量多少等因素决定，一般有定频通信方式、中央通信方式、变频通信方式3种。目前我国主要采用定频通信方式和中央通信方式两种。

4.2.9.1 定频通信方式

定频通信方式如图4-7所示，电力线载波机的发送和接收频率固定不变。图4-7中A站载波机A发送频率为f_1，接收频率为f_2，B站载波机B1的发送频率f_2，接收频率为f_1，A机与B1机构成一对一的定频通信方式；同样，B站载波机B2与C站载波机C也构成一对一定频通信方式。当A站需要与C站通话时，需B站两台载波机转接，这种方式应用最普遍。一对一的定频通信方式又是定点通信，传输稳定，电路工作比较可靠。

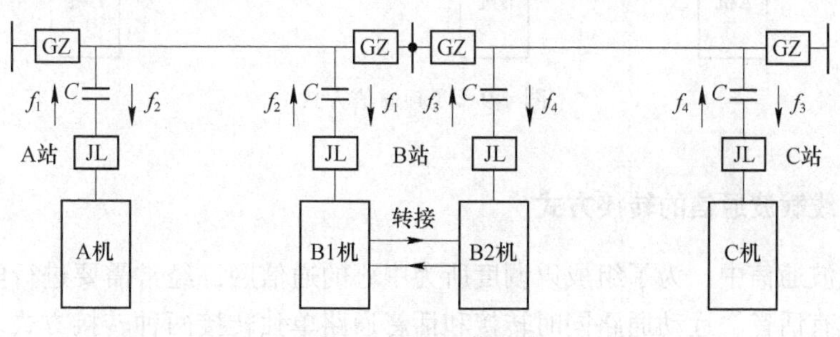

图4-7 定频通信方式

4.2.9.2 中央通信方式

为实现图4-7中A站与B、C两站通话需要，也可采用中央通信方式（见图4-8）。图中A机在中央站，A发送频率为f_1，接收频率为f_2，而B、C两机为外围站，发送频率都是f_2，接收频率都是f_1，B、C两机平时不发信号，只在本站拿起话机呼叫或A站先拿话机呼叫到本机时，才发信号与A机连接通话，另一台机则不能同时连接，即使呼叫也不发信号。采用这种方式，在A、B、C三站或更多站间通信可只使用一对频率，节约了载波频谱也节约了设备数量。但这种方式只限A站与B、C两站或更多外围站分别通话。各外围站之间不能通话。因此，这种方式只宜在通话量少的简单通信网中使用，如集中控制站对无人值守变电所的通信。

4.2.9.3 变频通信方式

为克服中央通信方式的不足，使各站间都能通话，仍只使用一对频率，可以采用变频通信方式，如图4-9所示。平时A、B、C主机不发信号，发送频率都为f_2，接收频率为f_1。任一站拿起话机要通话时，该机就发信号并将发送频率改为f_2，接收频率改为f_1，其

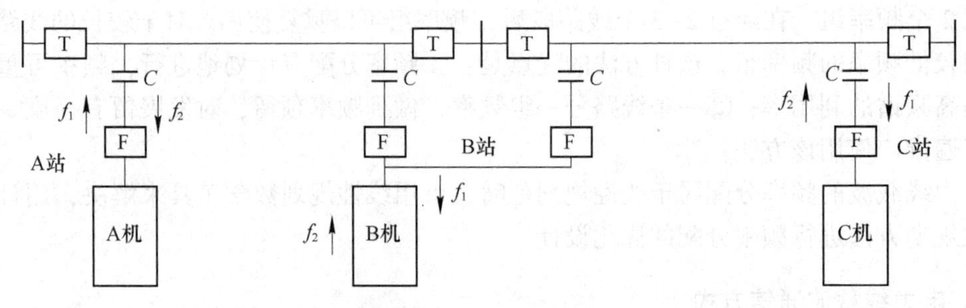

图 4-8 中央通信方式

他站频率仍不改变，在被叫站被选择呼通后，拿起话机与主叫站通话。这种方式发送接收频率需改变，载波机结构复杂，各站间传输衰减变化较大，且调整困难，使得使用范围受到局限。

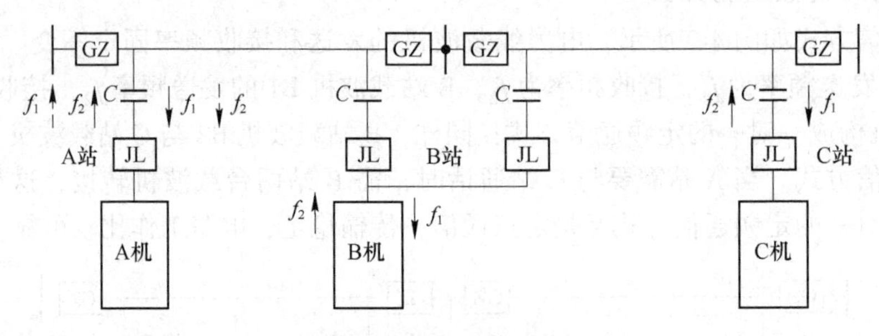

图 4-9 变频通信方式

4.2.10 电力线载波通信的转接方式

电力线载波通信中，为了组成以调度所为中心的通信网，经常需要进行电路转接。常用的转接方式有话音、远动通路同时转接和话音通路单独转接两种转接方式。当话音、远动通路同时转接时，可采用中频转接或低频转接；当话音通路单独转接时，应采用音频转接。各种转接的原理及特点介绍如下。

4.2.10.1 中频转接

中频转接指转接的信号为中频信号，即不通过中频调制与解调来实现转接。如图 4-10 所示，中转站 B1 机收信支路接收到 A 站的 f_1 信号，经过高频解调变为中频信号，由 B1 机“中转收”端送到 B2 机的“中转发”端，再经 B2 机高频调制，将中频信号变为 f_3 信号，放大后送往 C 站，完成一个方向的转接。同样，B 站 B2 机收信支路接收到 C 站送来的 f_4 信号，经高频解调变为中频信号，由 B2 机的“中转收”端转接到 B1 机的“中转发”端，经 B1 机高频调制变为信号，放大后发往 A 站，最终实现了两个方向的中频转接。

在中频转接过程中，由于中频信号中含有话音和远动信号，因此实现了话音和远动通路同时转接；信号只经过一次调制和一次解调，转接过程中所引起的信号失真小，对保证通信质量非常有利。同时，中转站 B1 和 B2 两台单路载波机只起到增音机的作用，它们的音频部分平时无用，但通常都保留着，当通信线路检修时，中转站可以利用它们的音频部

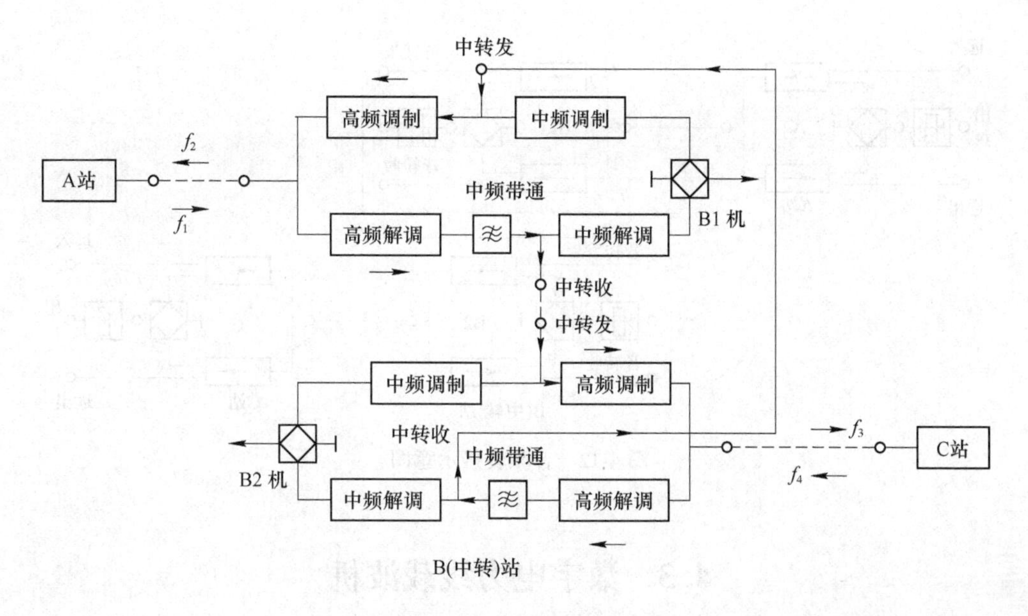

图 4-10 中频转接原理

分分别与 A、C 站实现通话，具有实用价值。但是，中频调制接收端收到的是中转站的导频信号，而不是发送端的原始导频，两个终端站的载波机无法实现最终同步，这是中频转接存在的不足。

4.2.10.2 低频转接

低频转接也属于话音和远动通路同时转接的方式。如图 4-11 所示，两台中转载波机在中频调制前的“低转发”与中频解调后的“低转收”端彼此相互连接，即可实现低频转接。这种方式可实现最终同步，传输电平稳定。

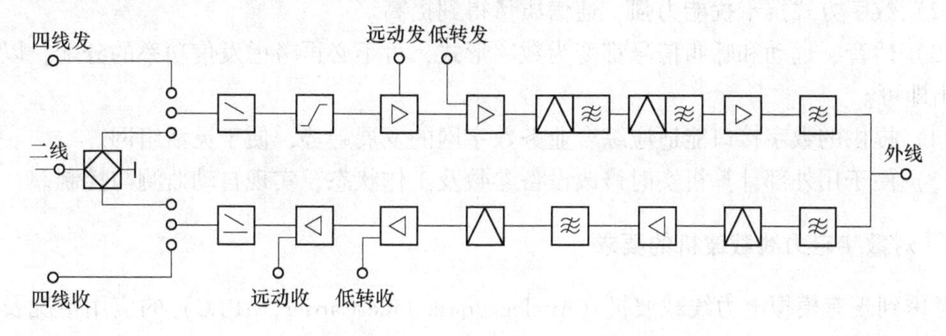

图 4-11 低频转接示意图

4.2.10.3 音频转接

图 4-12 给出了音频转接示意图。图中 A 机和 B1 机之间及 B2 机和 C 机之间均可实现最终同步。

音频转接是对同时传输远动信号的载波机为了单独转接话音信号而设置的，具有低频转接的全部优点，且仅转接音频信号，可构成灵活的电话通信网。所以，目前电力线载波机大量采用音频转接。

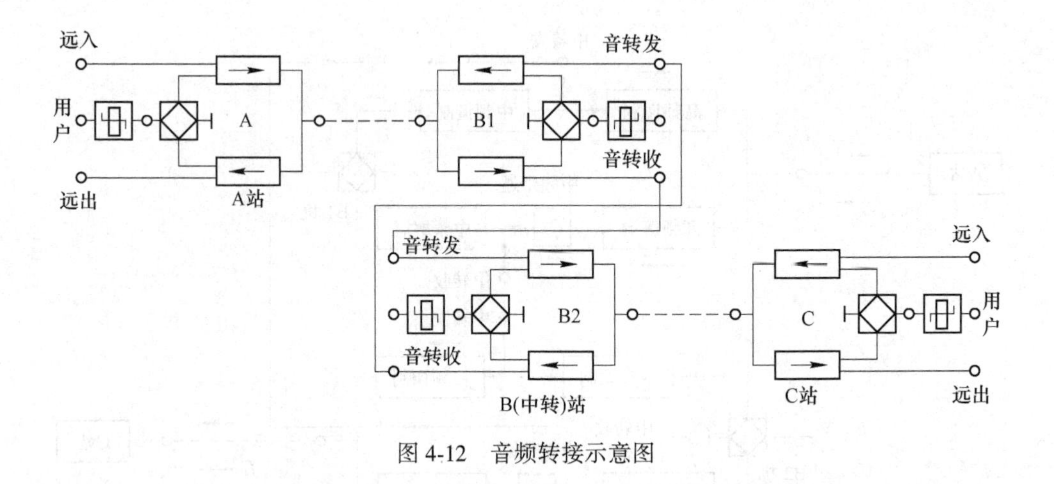

图 4-12 音频转接示意图

4.3 数字电力线载波机

4.3.1 数字电力线载波通信的优点

随着各种通信系统向数字化演进，电力线载波也不例外地开始了数字化进程。融合计算机技术和数字信号处理技术、采用数字电力线载波（Digital Power Liner Carrier，DPLC）通信系统对电力线载波通信网进行扩展和改进，无论在经济上还是技术上都是最佳选择方案。与模拟电力线载波通信相比较，数字电力线载波通信具有许多优点。

（1）在相同信道带宽（2×4 kHz）条件下，能传输的电话路数增多，数据容量大，频带利用率提高。

（2）数字方式抗干扰能力强，通信质量得到提高。

（3）话音、远动和呼叫信号都变为数字形式，可不必再考虑发信功率的分配，以全功率发出即可。

（4）提供的数字接口能适应综合业务数字网的发展趋势，便于灵活组网。

（5）便于用外部计算机实时修改设备参数及工作状态，实现自动监测与控制。

4.3.2 对数字电力线载波机的要求

考虑到现有模拟电力线载波机（Analog Power Line Carrier，APLC）的应用情况及将来数字通信网的发展，数字电力线载波机应满足以下要求：

（1）提供现有 APLC 的各种业务（调度电话、远动、远方保护）及新增数据通信业务。

（2）通道容量应比 APLC 至少大 3 倍。

（3）占用与 APLC 相同的带宽，且不改变原有的频谱分配。

（4）在线路侧与 APLC 兼容，原有的耦合装置不变，可与 APLC 共同组网。

（5）具有良好的可扩充性能。

（6）投资少、功能强、性能价格比高。

4.3.3 数字电力线载波机的关键技术

目前的DPLC大致有两种类型：一种是模拟体制的DPLC。这种设备类似于模拟电视接收机的电路数字化，在局部采用了一些先进的数字技术，如数字信号处理技术（DSP），在音频部分和其他一些功能实现了数字化，但体制还是模拟的，仍采用传统的单边带方式，收发频带仍各为4 kHz。但由于数字技术的采用，设备性能得以提高，接口灵活，便于计算机直接监测和控制，如德国西门子公司的ESB-2000型、瑞士ABB公司的ETL型。另一种则是全数字化的载波机。它将音频信号变为数字编码，传输上采用多电平数字调制技术，如多电平正交调幅、网格编码调制等，采用回波抵消技术实现双向通信，信息速率可达到32 kbit/s，实现了体制的彻底转变，容量得到很大提高。局部采用数字技术的DPLC涉及以下工作：

（1）载供系统采用锁相频率合成技术实现数字化。

（2）音频通道复用滤波器DSP进行数字化。

（3）调制、解调部分采用DSP进行数字化等。

全数字化的载波机是真正意义上的数字载波机，采用语音压缩编码、数字时分复用、纠错编码、数字调制、自适应均衡、回波抵消等多种数字通信技术，将数字信号（数据、数字化语音、传真等）调制到电力线载波频段（40~500 kHz），通过高压电力线传送，其传输速率及系统容量取决于采用的数字调制方式、占用频带宽度、线路信噪比、模拟信号数字化方法等因素，一般为10~100 kbit/s，可容纳几路至几十路低速数据或压缩语音信号。

DPLC主要采用以下几部分数字技术。

4.3.3.1　DSP技术

DPLC采用DSP实现滤波、均衡、调制和编码等。

（1）滤波功能的实现。在电力线载波通信中，各种滤波器是决定设备指标的重要器件。传统APLC中滤波器由多级网络实现，其传输特性受阶数和元件精度的影响，存在较宽的过渡带，致使可用频带相对减少；DPLC中采用了数字滤波器，可以通过算法和字长的控制，使滤波器具有很小的过渡带而接近理想情况，远动信号可用频带加宽，音频段频带利用率高，话音与远动信号间的干扰也可以减少，并且数字滤波器的参数便于通过软件进行修改，调整非常方便。

（2）均衡的实现。由于通道特性的不理想，信号传输过程中会产生失真，如幅频特性变坏、误码增加。有效的措施是通过均衡修正频率特性和校正冲击响应。第一种均衡是通过串接滤波器对系统传输函数进行修正，以补偿系统频率特性，这种方式称为频域均衡，所串的滤波器可用上面提及的数字滤波器；第二种均衡为时域均衡，是在接收端插入一个横向滤波器，可以通过迭代算法不断调整各抽头的加权系数，使总特性能够消除码间干扰，保证信息的可靠传输。

另外，后面将要提到的调制及压缩编码功能也经常由专用DSP芯片实现。

4.3.3.2　高效的多进制数字调制技术

DPLC中传输的信息为数字形式，对应的调制方式为数字调制。目前DPLC中主要采用多进制正交调幅技术，多进制数字调制的符号数越多，则信息速率越高。但根据通信理论，当点数无限增多时，要保持误码率不变，必须提高信噪比，也即要增加发信功率，这就对设备提出了更高的要求。

当信道带宽和信噪比一定时，可以通过合理设计基带信号和调制方式使误码率尽可能降低。采用网格编码调制技术就是一种有效的措施。它采用了具有纠错能力的卷积码和多电平调制相结合，提高了编码增益（指未编码系统所需信噪比与编码后所需信噪比之差）。与此相应，在解调过程中采用维特比（viterbi）译码来减少误判，增强了纠错能力。

4.3.3.3　语音压缩编码技术

按照CCITT的G.711标准，0.3~3.4 kHz语音信号速率为64 kbit/s，按照奈氏第一定理，它所需最小带宽为32 kHz，与模拟方式（只需4 kHz）相比，占用巨大的信道带宽和存储空间。若以此方式处理语音，当DPLC总容量为32 kbit/s时，连一路数字电话都无法准确传输。实际上，64 kbit/s的语音信息中冗余度相当高，随着数字通信技术的发展和高速DSP芯片的产生，低于64 kbit/s语音压缩编码技术得到迅速发展，形成了波形编码和参数编码两大体系。目前CCITT制定的语音压缩编码标准有G.721的32 kbit/s ADPCM标准和G.728的16 kbit/s LD-CELP标准，已广泛用于数字移动通信和卫星通信中。但这些标准对于信道资源相当紧张的电力线载波通信，速率仍显太高。实际上语音信息的冗余度可以进一步压缩来降低速率，压缩率越高，速率就越低，同样容量的信道能传输的电话路数就越多或数据传输的速率就可以更高。因此各厂家将语音压缩编码技术用于DPLC中，旨在降低语音速率，提高电力线载波通道的频带利用率。

DPLC中的语音压缩编码技术有Nera公司的LASVQ编码方案和美国EIA/TIA编码方案，其语音编码速率约为8 kbit/s，加上信令及纠错编码合成速率为9.6 kbit/s。当容量为32 kbit/s时，每对载波机可同时传输3路电话或同时传输一路电话和两路9.6 kbit/s同步数据，或是其他组合方式。

另外，还有更低速率的语音编码技术得到应用。如码激励线性预测CELP语音压缩编码技术，除了G.728的16 kbit/s标准以外，QCELP标准使速率可以到4.8 kbit/s，使传输的话音路数可进一步增加，对系统扩容、语音存储及多媒体通信业务的开展具有重要意义。

图4-13给出了数字式载波机的信号处理发送和接收过程方框图，可以看出语音压缩编码技术QCELP、数字调制技术QAM、TCM的应用。

4.3.4　数字电力线载波设备构成

DPLC设备发送部分的基本结构如图4-14所示，主要由时分复用、数字调制和高频设备3个功能模块组成。

4.3.4.1　时分复用模块

时分复用模块将多路数据或数字化语音信号进行成帧复用，复用后的信号速率通常可达10~100 kbit/s。在实际设备中，该部分通常还包含各种音频及数据接口电路和模拟信号数字化转换（如PCM、ADPCM、话音压缩编码等）装置，可直接接入电话、远动、数传、电报、传真等设备。

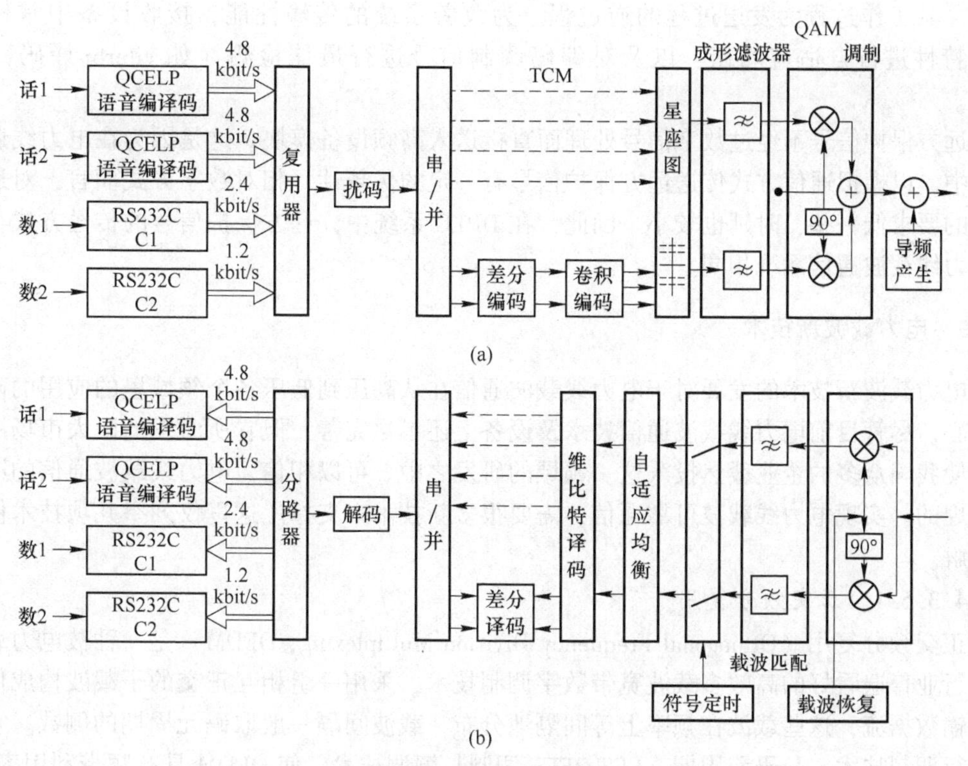

图 4-13　数字载波机的信号处理模块方框图

（a）发送部分；（b）接收部分

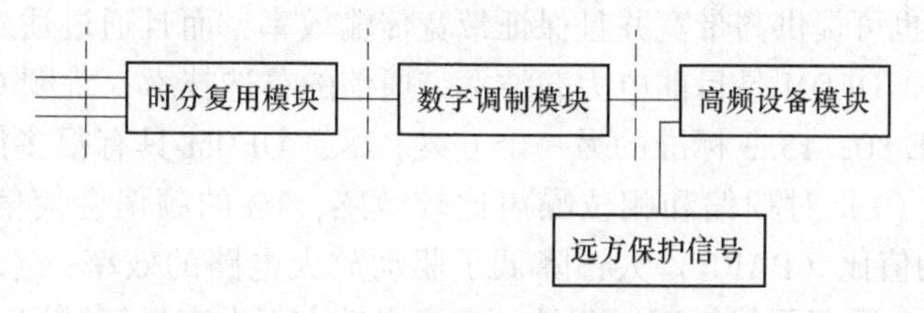

图 4-14　DPLC 设备发送部分结构示意图

4.3.4.2　数字调制模块

数字调制模块将时分复用设备输出的高速数字信号通过正交幅度调制（QAM）、网格编码调制（TCM）或多载波调制（MCM）等新型的高效数字编码调制技术，转换为符合电力线载波频带要求的调制信号。采用高效编码调制技术的主要目的是提高频谱利用率。针对电力线上噪声大的特点，为提高系统的抗误码能力，可采用纠错编码技术。

4.3.4.3　高频设备模块

高频设备模块完成频率搬移、功率放大、阻抗匹配等功能。DPLC 可以和 APLC 一样采用二线双频制通信方式，收发信机分别工作于不同的领带上，还可利用回波抵消技术、采用二线单频制通信方式，从而节省电力线载波的频率资源。

以上 3 个功能模块可以是协同工作的 3 套独立设备，也可以部分或全部集成在 1 台数字载波机内。接收部分与发送部分是对称的，由高频设备、解调设备和去复用 3 部分组成，其工作过程为发送过程的逆过程。为改善系统的传输性能，接收设备中常根据信道特性进行自适应均衡，以及对编码调制信号进行最佳检测（如 viterbi 译码）等技术。

远方保护信号不经过数字信号处理而直接送入高频设备模块。这是因为在电力线载波通道中，以模拟通信方式传送远方保护信号有一定的优越性，相对数字方式而言，对通道质量的要求低一些，时延也较小。因此，在 DPLC 系统中，远方保护信号的传送方式与模拟电力线载波通信系统相同。

4.3.5 电力载波新技术

电力载波新技术的发展对于电力线载波通信在从高压到低压各个领域里的应用的确鼓舞人心。尽管目前电力线载波通信技术及设备上还不尽完善，但它所激发的巨大市场潜力已促使我国众多的企业毅然投入这一领域的研发之中。可以相信，电力线载波通信的明天是辉煌的。实现电力线载波可靠通信，需要很多新技术来支撑。这里仅列举几项技术供读者了解。

4.3.5.1 正交频分复用

正交频分复用（Orthogonal Frequency Division Multiplexing，OFDM）是一种被电力载波通信行业普遍看好的高效多载波宽带数字调制技术，采用一组相互正交的子载波构成信道来传输数据流，这些载波在频率上等间隔地分布，载波间隔一般取码元周期的倒数。它采用并行调制技术、长码元周期、FET/IFFF 调制与解调技术，使 OFDM 具有频带利用率高、抗码间干扰能力强、抗信道衰落好、抗噪声干扰强、易实现等一系列优点。由于 OFDM 通过动态选择子载波，可以减少窄带干扰和频率谷点的影响，即便是在配电网受到严重干扰的情况下，OFDM 也可提供高带宽并且保证带宽传输效率，而且通过适当的纠错技术可以确保数据可靠传输。OFDM 是目前电力载波宽带通信的首选技术，跳频 OFDM 方式在无线通信中被选作 IEEE 802.15.3 标准的另一个方案。尽管 OFDM 具有很多优点，但是，它也存在一定的缺点：（1）对频偏和相位噪声比较敏感，1%的频偏会使信噪比下降 30 dB；（2）功率峰值与均值比（PAPR）大，降低了驱动放大电路的效率；（3）接收机结构复杂，成本高，同时对瞬间干扰敏感。此外，在安全性方面没有任何措施。

4.3.5.2 跳频

跳频是一种无线通信中最常用的扩频方式。其工作原理是收发双方传输信号的载波频率按照预定规律（一组伪随机码）进行离散变化，通信中使用的载波频率受伪随机码的控制而随机跳变。从通信技术的实现方式来说，跳频是一种用码序列进行多频频移键控的通信方式；从时域上来看，跳频信号是一个多频率的频移键控信号；从频域上来看，跳频信号是一个在很宽频带上以不等间隔随机跳变的信号。因此，跳频通信在某一特定频点上仍为普通调制技术。跳频系统根据频率变化得快慢，通常分为快跳频和慢跳频。跳频通信在电力载波通信中具有很强的适用性：（1）适应电力线的强干扰环境。低压配电网噪声干扰强，并且噪声不是分布在所有频段内，可用信道是变化的，跳频技术恰好可以满足这一需要；（2）适应低压配电网频率选择性衰减。低压配电网负载复杂，且具有时变性，各种干扰和信道特性均无法“长期”预测。跳频系统则可以根据预设跳频图案，自动切换载波频率，避开干扰源频点，同时也可以根据信道估计的结果，通过自适应跳频，选择适宜信道，实现可靠通信。可以看出，相对频移键控、OFDM、线性调频脉冲等通信系统，跳频系统具有以下优点：(1) 普通跳频系统只需在常规调制方式中增加载频跳力，实现设备相对简单；(2) 跳频系统具有很强的抗干扰能力，并对频率性衰减有抑制作用；(3) 可以多址工作，无子载波间和码间干扰；(4) 跳频序列的扩频码跳变速率较低，易于实现。跳频技术在低压配电网电力线载波通信中的应用不仅是新的技术增长点，而且在网络安全日益重要的今天，该技术将起到不可替代的作用。

4.3.5.3 网络自组与重构

由于物理网络拓扑结构会经常发生变化，且逻辑拓扑随信道质量而变化，因此，电力载波通信在多点组成网络时，具有与无线移动通信相类似的特征。

移动自组织（Ad-Hoc）网络是一种不需要固定路由器就能够实现自治运行的无线多跳网络。在无线 Ad-Hoc 网中，每个节点既是主机，又可以是路由器。因此，在低压配电网电力线载波通信中采用网络自组与重构技术，具有以下优点：(1) 可以根据电力线信道质量变化，自动侦测可通信逻辑节点，动态调整路由配置，在网络链路层保持可靠连接；(2) 自动探测最佳中继节点，动态配置中继信息，自动识别节点投入或切除。可见，采用这种网络自组与重构技术可以实现点到点、点到多点的可靠通信。当然，该技术对底层硬件平台要求较高。

4.4 电力载波技术应用

近年来，高压电力线载波技术突破了仅单片机应用的限制，已经进入了数字化时代。并且随着电力线载波技术的不断发展和社会的需要，中/低压电力线载波通信的技术开发及应用亦出现了方兴未艾的局面，电力线载波通信这座被国外传媒喻为“未被挖掘的金山”，正逐渐成为一门电力通信领域乃至关系到千家万户的热门专业。

4.4.1 电力载波通信技术在能源数据采集系统中的应用

电力载波通信技术在设计通信方案时：(1) 需要对原有的普通计量仪表进行替换，调整为能够对 Modbus-RTU 协议且具有 RS485 接口的新型计量仪表，并且为所有仪表都配置单独的采集装置，其可借助低压供电回路来传输数据信号，使信号成功进入配电网；(2) 为变压器配置必要的数据集中器装置，采集装置采集到的数据能够集中上传至其所在辖区的变压器。配电变压器能够阻碍电力载波信号，所以这种信号只能够在变压器对应的管控范围内完成传输；(3) 有线网络可支持集中器的数据上传活动，使能源管理系统实现对各个车间能源使用情况的有效监视。为上位机安装操作软件后，上位机即可在网络支持下与集中器保持良好通信状态，系统后台则在和 DCS 系统的通信活动中，完成集中上传数据的任务。

考虑到能源测点以分散化的方式分布在厂区各处，为了确保实现对其的全部覆盖，可配置网络优化器，使载波信号更加稳定。该通信系统由核心服务器、局域网与数据采集端共同组成。其中核心服务器主要有数据库、数据缓冲服务器；局域网作为数据传输载体，有效连接核心服务器与采集端；采集端中有电力载波通信系统的传输网络，其构成部分包括低压电力线、集中器、采集器与电表，前置处理器、以太网与集中器能够对采集到的数据实施实时处理。

相比其他的技术方案，该以电力载波通信为基础的方案能够提供更加稳定的通信服务，只需凭借电流即可实现对信号的有效传递，并不需要构建新的通信线路，所以作业难度不高，作业所需时间较短，成本也更低，覆盖范围更广。将该技术方案运用到测点间距离大、分布不集中的改造类项目后，能够获得良好的通信效果。在具体实施方案时，可结合厂区的具体情况，利用企业局域网来支持通信活动，但需要做好测算与分析数据量，评价网络安全性，明确不同通信系统的相互干扰情况等工作，并充分考虑企业日后的信息化建设计划，若传输数据的活动不会增加企业内部网络信息风险，也不会阻碍其他网络通信系统的正常使用，即可对企业当前的网络平台进行利用，以此节省建网的费用。

系统设计要点为：能源数据采集过程中常常会出现校验码传输错误与系统运行不稳定等情况，可采用有线与无线多种不同的运行方式，同时借助电力载波通信技术来改善数据采集效果。硬件设计中，做好数据服务器选型，需关注其内存、硬盘存储容量、通信延迟优化以及运行条件等，确保为处理能源数据活动中所运用的应用程序设置可靠的运行条件，部分服务器可对处理器装置的互联需求进行满足。对接收无线数据的通信节点进行选择时，可通过合适的节点来使控制执行与数据采集系统一体化，并实现和无线子网以及总线的搭配使用，确保扩展路由装置的串口连接功能，以智能化、自动化的方式完成数据处理任务。软件设计中，可选用485通信传输协议，产生传输能源数据需求时，在系统的传输端中完成字符间隔的有效停顿处理，设备获取能源数据之后，解码所有字节，并根据解码结果，确定发送地址。CRC低字节、高字节，具体数据内容、数据的实际数量、功能类代码以及地址信息是传输格式的基本构成要素。运用无线网络来获取数据，依靠载波通信技术实施上传处理，转换数据格式，使其保持统一，校验数据的正确性，依照读取的字节来确定能源参数，最后向数据集中装置中传送能源数据，完成能源数据采集任务。

4.4.2 基于电力载波通信技术的智能家居系统的应用

基于电力载波技术建立智能家居系统主要包括灯光系统、家电控制系统、采暖通风系统及安防报警系统。

（1）灯光系统。智能家居系统能够智能、实时控制家中的照明设备，从而形成相应的智能化处理模式，提高相关信息处理单元的应用效果。通过智能家居系统能及时了解设备开启、关闭、亮度调节及状态等内容。

（2）家电控制系统。智能家居系统可以远程管理家用电器，从而实现实时控制，打造便捷、高效的家电应用服务模式，实现对所有家电的统一管控。

（3）采暖通风系统。智能家居系统可以结合外界环境及内部参数进行自动调节，确保电动窗帘开关、抽风机和换气扇启停处理等工序都能贴合实际环境需求，从而真正实现智能化管理，实现温度的动态调节。

（4）安防报警系统。安防报警管理系统是智能家居系统中非常关键的系统环节，一旦出现外力入侵，系统就会自动鸣笛报警，并借助手机中设定的电话通报处理单元，连通小区报警电话。为了实现火灾报警功能，需要在家中安装烟雾传感器，烟雾传感器一旦感应到烟雾，会使系统自动鸣笛报警，并且能拨通火警电话；防煤气泄漏单元能依据系统获取的情报自动关闭煤气阀门。安防报警管理系统也可以利用综合控制器完成报警解除和撤防。

4.4.3 电力载波技术在实验室照明系统中的应用

系统结构如图 4-15 所示，这里采用电力载波技术，各节点及网关之间采用载波通信。在被控部分，由各载波传感控制节点组成，节点通过继电器连接灯具从而进行开关控制。为了检测的准确性，各节点设计加入多重传感器，如红外传感器监测实验室内的人员上下课情况以确保开关灯的无误差。同时，为了实现对室内灯具状态的监测，还进行有电流检测环节，从而通过电流的变化对连接到本节点灯光的故障状态进行检测，方便快速维修。客户界面的设计包含灯具的开关状态的读取显示和控制及灯具故障检测功能组成。其中，灯具开关的读取与控制是通过节点反馈灯光点的状态并结合红外传感器的状态，进行的远程开关灯操作，如节点反馈灯具为点亮，同时室内红外传感检测无人时，等待一定的时间后，若仍无检测到有人信号出现，则进行自动关灯操作；灯具故障检测功能通过检测各节点的灯具故障信号，如出现故障，在控制界面闪烁报警信号，来提示工作人员方便、准确地进行维修处理。

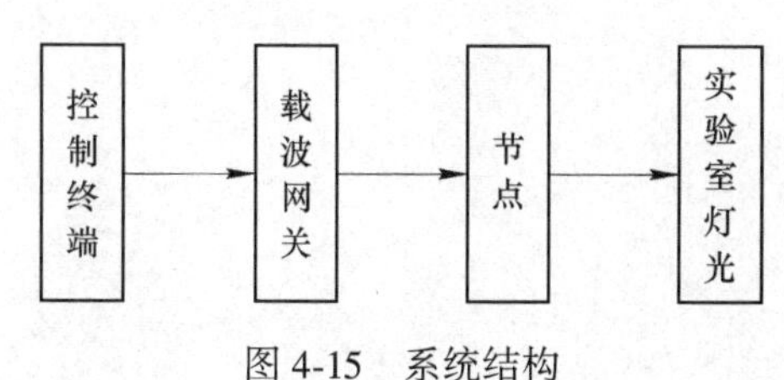

图 4-15 系统结构

单灯监控器需要安装在实验室要控制的每个照明灯上。当某盏灯的监控器接收到通过电力线传输过来的数据命令，对信号进行解调和译码，完成相应的指令操作，如开关灯，调光，故障查询等，当灯具执行完指令后将电信号通过监控器再反馈给控制终端，通过控制终端的显示界面可以查询照明系统的工作情况，如遇故障可以通过界面看到是哪个房间哪盏灯出现故障，同时，在显示界面上出现如灯光闪烁、声音报警等信号以提示管理人员进行检修。

常用的无线通信技术有电力载波技术，GPRS 无线技术和 ZigBee 无线通信技术。GPRS 无线传输设备主要针对工业级应用，其基于 GSM 消息平台及 GPRS 数据网络，可实现远距离数据信息传输。ZigBee 无线技术同样具有专用芯片，主要用于距离短、功耗低的不同种电子设备间的信息传递。对于采用单纯的利用电力载波通信技术，会存在信号衰减的问题，同样若采用单纯的无线通信，信号在传输过程中由于障碍物的阻挡，会导致信号衰减、传输距离有限的问题。所以，通常，采用两者结合的方式进行远程照明系统的控制。

（1）通过电力载波通信和 GPRS 网络结合，组成远程无线监控系统，实现远程通信，远程控制。其工作原理为：通过计算机控制照明系统网络，经 GPRS 网络与采集器进行连接，采集器通过电力线传输指令来控制所在线路上的照明状态。如遇照明故障，信息由照明终端发送故障信号通过电力线传送至采集器模块，再通过 GPRS 网络将接收到的状态返回给计算机。通过监控界面，可以准确看到是哪路照明出现的故障。

（2）通过电力载波和 ZigBee 无线通信技术结合，实现照明系统的远程控制。其工作原理为：通过计算机作为总控，向主控模块发送指令及接收其反馈的照明状态信息。主控模块将计算机发送的信号进行编码、调制后传送到电力线上。ZigBee 无线通信模块通过中继功能解决信号的衰减，同时可以有效地在电力载波信号受阻线路上实现中继传输，从而达到提高通信质量的目的。

5 电力系统微波与卫星通信

5.1 数字微波中继通信系统的主要性能指标

在设计或评述通信系统时，往往要涉及通信系统的主要性能指标，否则就无法衡量其质量的优劣。性能指标也称质量指标，它是对整个系统综合提出或规定的。通信系统的性能指标涉及其有效性、可靠性、适应性、标准性、经济性等，其中传输信息的有效性和可靠性是通信系统最主要的质量指标。

数字微波通信是在数字通信和模拟微波通信基础上发展起来的一种先进的通信传输手段，所以它兼有数字通信和微波通信的特点。对于数字微波中继通信系统而言，传输性能指标主要包括以下几个方面。

5.1.1 传输容量

传输容量是用传输速率来表示的，有两种表示传输速率的方法。

(1) 比特传输速率 R_b，又称比特率或传信率，即每秒通过系统所传输的信息率，单位为比特/秒，记作 bit/s。

(2) 码元传输速率 R_B，又称传码率，它指系统每秒所传输的码元数，单位为波特，记作 B。

对于二进制而言，比特速率与码元速率相等，即 $R_b=R_B$；

对于 m 进制，$R_b=R_B\log_2 m$。

5.1.2 频带利用率

数字通信在信号传输时，传输速率越高，所占用的信道频带也越宽。为了能体现出信息的传输效率，说明传输数字信号时频带的利用情况，使用了频带利用率 η 这一指标，单位为 bit/(s · Hz)，它表示单位频带的信息传输速率，即

$$\eta=\frac{\text{信息传输速率}}{\text{频带宽度}} \tag{5-1}$$

传输数字信号时，由于噪声和其他原因，对方会判断错误，传输的差错率代表了传输的质量。差错率有以下两种表示方法。

5.1.2.1 比特误码率

比特误码率又称误比特率，用符号 P_b 表示，其定义式为

$$P_b=\frac{\text{错误接收的比特数}}{\text{信道传输的总比特数}} \tag{5-2}$$

5.1.2.2　码元误码率

码元误码率简称误码率，用符号 P_e 表示，其定义式为

$$P_e = \frac{错误接收的码元数}{信道传输的总比特数} \tag{5-3}$$

然而，对于二进制系统，$P_b = P_e$。由于一般通信系统都是二进制的，所以本章中误码率即误比特率。

5.1.3　经济指标

经济指标包括站数、设备数量、各站的其他投资和维护检修是否方便、技术设备的标准化和系列化等。此外，还应考虑建设线路的经济价值，以全面地确定中继线路的经济效益。

5.2　微波通信技术在电力系统中的应用

我国电力系统通信已有50多年的历史，而最早应用的模拟微波通信已有近40年。20世纪80年代，通信技术的发展速度非常迅猛，数字微波中继通信系统首先在电力系统引入并逐步推广。1980年北京—武汉数字微波电路建成投运，而同期，我国以川—汉输气工程为应用背景研制，开发了6GHz480路和2GHz480路数字微波通信系统，并于1983年4月进行全国总联试，取得了成功。因此可以说，电力系统在国内最早应用数字微波通信。

20世纪80年代和90年代初，电力系统微波通信网络得到了空前的发展，建成了全国性的电力微波长途网。在“九五”期间和“十五”初期，还对京—汉等部分准同步数字体系（Plesiochronous Digital Hierarchy，PDH）微波进行了同步数字体系（Synchronous Digital Hierarchy，SDH）改造。但从“九五”期间开始，光纤复合架空地线（Optical Fiber Composite Overhead Ground Wire，OPGW）光缆得到了快速发展，数字微波的干线传输功能逐步被取代，微波通信逐步变为电力通信的辅助。目前，虽然由于各种通信技术的快速发展使微波通信的应用受到遏制，但它曾经起到的作用功不可没。

下面从制式和应用角度介绍几个微波通信系统在电力通信中典型的实例。

5.2.1　模拟微波电力通信系统

一个模拟微波通信系统如图5-1所示。其中，模拟调制器用于完成基带信号的频分多路——调频和解调。

频分多路技术就是为了实现在单个物理电路上传输若干条语音信道。例如，将12路语音信道调制到相隔4 kHz带宽的不同载波上，它们占据60~108 kHz的频段并作为一个组。同样，将5个这样的信号组再进行调制组成一个超级组，这个组包含60条语音信道。进一步甚至有更高层次的多路复用，这样使得单个电路中传输几千条模拟语音信道成为可能。

频分多路复用主要应用于载波电话系统、调幅广播、调频广播、广播电视、卫星直播电视、闭路电视广播、模拟移动电话以及通信卫星中的频分多址等。

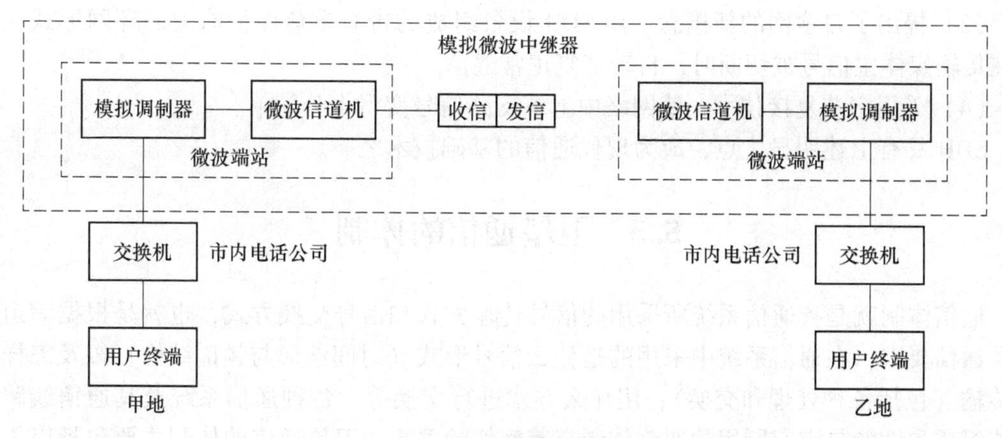

图 5-1　模拟微波通信系统示意图

例如，在中国移动通信网络中的 4G 和 5G 网络中，频分多路复用技术被广泛应用。通过频分多路复用技术，不同用户的数据流可以分配到不同的频率带上，实现高效的数据传输和多用户并发通信。

5.2.2　数字微波电力通信系统

数字微波通信以其很多优势而得到广泛应用，主要有：

(1) 无线传输是其最大特点，可以与光纤通信等有线方式互为补充，在受到跨江河、湖泊等自然条件限制，光缆不能到达的地方，微波可以发挥其独特的优势，由于其无线传输的特点，具有很强的抗灾能力。

(2) 数字微波传输容量较大、集成度高、稳定性强。

(3) 微波通信应用灵活、快速，组网方便。现在的数字微波设备体积小，移动方便，建立通信迅速，与 SDH 光纤通信体制相同，可以很方便地互联互通，在遭到重大自然灾害时，可以用于快速恢复通信，也可以成为电力通信网应急预案的重要技术手段。

SDH 微波通信是新一代的数字微波传输体制。传统的通信网，多使用 PDH 设备。这种设备对点对点通信有较好的适应性。但随着数字通信的迅速发展，点对点的直接传输越来越少，大部分数字电路传输都要经过转接，还要求对电路的分和插出入灵活简便，因而 PDH 系列不能适应现代通信业务开发的需要，不能适应现代网络管理的需要。SDH 就是为适应这种新的需要而出现的同步传输体系。

STM-1 作为 SDH 复用体系基本单元，采用整数倍结构向上复用。

STM-1：155.52 Mbit/s

STM-4：622.08 Mbit/s

STM-16：2488.32 Mbit/s

……

已有的 PDH 信号和 ATM 信号等都可在 SDH 中传输。

SDH 技术与 PDH 技术相比，有如下明显优点：

(1) 统一的比特率，统一的接口标准，为不同厂家设备间的互联提供了可能。

(2) 网络管理能力大大加强。

（3）提出了自愈网的新概念。用 SDH 设备组成的带有自愈保护能力的环网形式，可以在传输媒体主信号被切断时，自动恢复正常通信。

（4）采用字节复接技术，使网络中上下支路信号变得十分简单。

SDH 具有上述明显优点，成为现代通信的基础技术之一。

5.3 卫星通信的体制

通信体制就是指通信系统所采用的信号传输方式和信号交换方式，也就是根据信道条件及通信要求，在通信系统中采用的是什么信号形式（时间波形与频谱结构）以及怎样进行传输（包括各种处理和交换），用什么方式进行交换等。各种通信系统及其通信线路的具体组成和性能与它们所用的通信体制有着密切的关系。卫星通信的体制主要包括以下几个方面。

5.3.1 基带信号和多路复用方式

来自信源经过基带处理的信号称为基带信号。通信系统中通常把多路复用后的信号称为基带信号。

多路复用是一个通信站的多路群频（基带）信号在群频（基带）信道上的复用，以实现站间或点间双工多路通信。

多路复用分为频分复用（FDM）、时分复用（TOM）和码分复用（COM）3 种。

多址连接是指多个通信站（地球站）的射频信号在射频信道上的复用，以实现多个通信站间的多址通信。

多路复用与多址连接均是信号分割理论的具体应用。卫星通信按其传递信号形式的不同，可以分为模拟卫星通信方式和数字卫星通信方式两种。通信方式不同，则多路信号的复用方式和调制方式也不同。

模拟卫星通信方式采用单边带-频分复用-调频（SSB-FDM-FM）调制与复用方式。

数字卫星通信方式采用 PCM-TDM-PSK 或△M-TDM-PSK 等调制和多路复用方式。

5.3.2 卫星通信的多址方式

在卫星通信中，多个地球站可以通过共同的卫星，同时建立各自的信道，从而实现各个地球站相互间的通信，称为多（地）址连接。而且，只要有地球站设备，就能从卫星覆盖范围内的任何地方加入这个卫星通信网。多址连接和多路复用都是信道复用问题。不过多路复用是指一个地球站将所送来的多个（基带）信号在群频信道（即基带信道）上进行复用，而多址连接则是指多个地球站发射的（射频）信号，在卫星转发器中进行射频信道的复用。它们在通信过程中都包含有多个信号的复合、传输和分离这样 3 个过程。

在多址方式中，为了使多个地球站共用一颗通信卫星同时进行多址通信、要求各地球站所发射的信号必须互不干扰。为此，就需要合理地划分传输信息所必需的频率、时间、波形和空间，并合理地分配给各个地球站。按划分的对象不同，卫星通信中所采用的基本多址方式有：

（1）频分多址（FDMA）。这是将卫星占用的频带按照频率的高低划分给各地面站的一种多址连接方式。各地球站只能在被分配的频带内发射各自的信号，而在接收端则利用带通滤波器从接收信号中只取出与本站有关的信号。

（2）时分多址（TOMA）。这是一种按规定时隙分配给各地球站的多址通信方式。在这种多址方式中，共用卫星转发器的各地球站使用同一频率的载波，但只在规定的时隙内断续地发射本站信号。在接收端则根据接收信号的时间位置或包含在信号中的站址识别信号，识别发射地球站，并取出与本站有关的时隙内的信号。

（3）码分多址（CDMA）。在这种多址方式中，分别给各地球站分配一个特殊的地址编码以扩展频谱带宽，使网内的各地球站可以同时占用转发器全部频带的发送信号，而没有发射时间和频率的限制（即在时间上和频率上可以相互重叠）。在接收端则只有用与发射信号相匹配的接收机才能检出与发射地址码相符合的信号。

（4）空分多址（SOMA）。它是指在卫星上装有多副窄波束天线，将这些指向不同区域的天线波束分配给各对应区域内的地球站，通信卫星上的路径选择功能向各自的目的地发射信号。由各波束覆盖区域内的地球站所发出的信号在空间上互不重叠，即使各地球站在同一时间内使用相同的频率工作也不会相互干扰，因而起到了频率再用的目的。事实上，要给每一个地球站分配一个卫星天线波束是很困难的，因而，只能按地区为单位来划分空间。因此，空分多址方式不宜单独使用，一般将这种方式与上述任何一种多址方式组合使用。例如，它与 TOMA 方式相组合可以构成典型的卫星交换时分多址（SS/TOMA）方式。

除以上几种基本多址方式外，还有一种卫星分组数据传输用的多址方式，它们是按通信协议（或规约）来对多址通信分类，对应于不同的通信协议，卫星分组通信网的连接方式大致可分为固定分配、随机分配以及预约分配等连接方式。

5.3.3　信道分配技术

在卫星通信系统中，与多址连接方式密切相关的还有一个信道分配问题。多址分配制式是卫星通信体制的一个重要组成部分，它与基带复用方式、调制方式、多址连接方式互相结合，共同决定卫星转发器和地球站的信道配置、信道工作效率、线路的组成及整个系统的通信容量，以及对用户的服务质量和设备的复杂程度等。

在信道分配技术中，“信道”一词的含义，在 FDMA 方式中指的是各地球站所占用转发器的频段；在 TOMA 方式中是指各地球站所占用的时隙；在 CDMA 方式中是指各地球站所使用的码型。目前信道分配方式大致有两种，即预分配方式和按需分配方式。

5.3.3.1　预分配方式

在预分配（Preassignment，PA）的卫星通信系统中，卫星信道是预先分配给各地球站的。其中，将在使用过程中不再变动的预分配方式称为固定预分配方式，而把对应于每日通信业务量的变化、在使用过程中不断改变的预分配方式称为动态预分配方式。对于业务量大的地球站，分配的信道数目多；反之，则分配的数目少。

但是，在实际工作中，各地球站的通信业务量总是随用户通话的多少而变化的。当有的信道业务量增加时，它们的信道会不够用，发生业务量损失。反之，有的地球站间业务量变小时，它们所分得的信道又会有一部分闲置不用而造成浪费，从而降低了信道的利用率。预分配的优点是接续控制简便，适用于信道数目多、业务量大的干线通信；缺点是不能随业务员的变化对信道进行调整以保持动态平衡，故信道利用率低。

5.3.3.2 按需分配方式

按需分配（Demand Assignment，DA）方式是将所有信道归各地球站所共有，信道的分配是根据各地球站提出的申请而临时决定的。例如，地球站 A 要与地球站 B 通信，A 站首先向中心站提出申请要求与 B 站通信，中心站则根据“信道忙闲表”，临时分配一对信道给 A、B 两站使用。一旦通信结束，这对信道又归公有。

按需分配的优点是信道利用率高，特别是在地球站数目多而每站业务量小的场合更是如此。

5.4 卫星通信在电力系统中的应用

5.4.1 卫星通信在偏远山区变电站通信中的应用

5.4.1.1 山区地理特点

由于特有的地理条件，山区一般情况是地域面积广、人口密度小、地形复杂、高山遍布、沟壑纵横、交通困难；同时山区海拔高、高差大、气候变化大、气象条件复杂。

5.4.1.2 小型卫星通信系统在偏远山区电网调度自动化中的应用

使用小型卫星通信方式是一个不受任何地形地貌和电网制约的方案。它克服了微波通信受地形地貌限制的弱点，克服了电力线载波受电网制约影响的弱点，也克服了光纤通信只可能在光缆沿途经过的几个站都能兼顾时使用的局限性。电力系统卫星通信方案如图 5-2 所示。

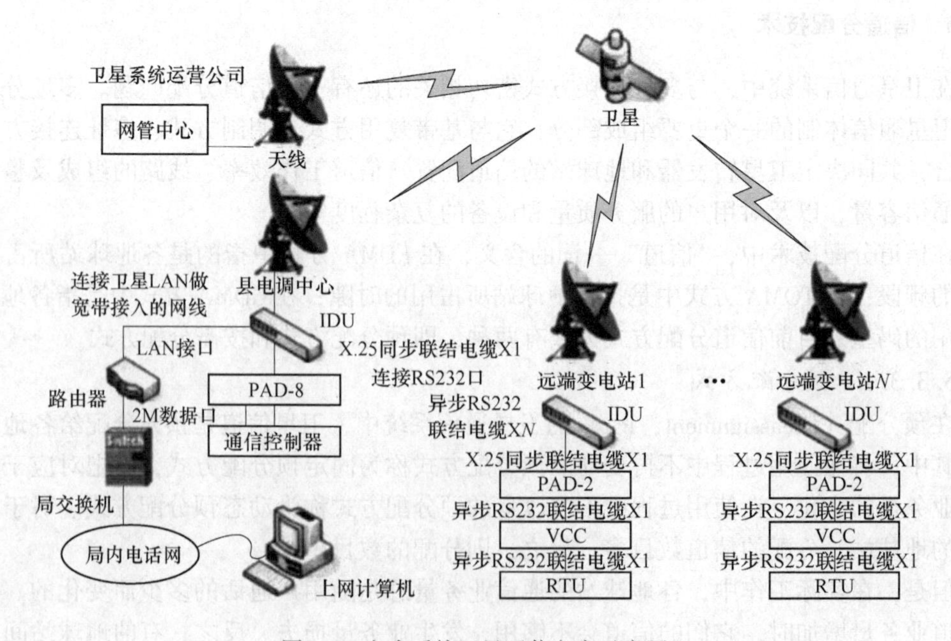

图 5-2 电力系统卫星通信方案示意图

5.4.1.3　卫星网络设备配置

（1）调度中心架设一套空间态势感知卫星（Space Situational Awareness，SSA）小型卫星地面站，并配置多端口 PAD 一个，端口数由远端站的个数而定（8~32 端口）；对变电站的调度数据接口使用 RS-232 或模拟接口，对宽带接入的数据应用 LAN 口（RJ-45），同局内交换机的数据接口可视具体接口配置一台路由器。

（2）在远端每个变电站架设一套 SSA 小型卫星地面站，并配置 PAD 一个。

5.4.1.4　SSA 系统特点

SSA 设备比较简单，耗电量较小，完全可以做到无人值班。在野外还可以做到太阳能供电，在移动中可以选用直流供电（24 V 或 12 V）。其上行速率不小于 128 kbit/s；下行速率不小于 8 Mbit/s。天线根据所选用的卫星不同，可以选择直径 0.9~1.8 m 的小口径天线。它还提供 RS-232 串行数据接口、RJ45-IOBASET、10BASE2、USB、复合视频输出（BNC）、S-端子（Mini-DIN），模拟立体声输出（3.5 mm 插孔），IP 转发（加装 EthernetLAN）。另外可扩展语音接口，并可以通过 IP 电话提供语音。

5.4.2　卫星通信在电力应急指挥系统中的应用

随着自然灾害的频发和电力系统对信息传输不中断或备用传输的要求越来越高，应急通信系统的建设与应用越来越显其重要性。2008 年冰冻灾害和汶川大地震凸显了电力应急通信系统的缺乏，迫切需要在对灾害和应急通信任务进行分析的基础上，建立有效的应急通信系统，使其成为电力系统通信的重要组成部分。

为增强电网电力通信抗灾能力，在灾难情况下，可利用卫星通信作为光纤通信的补充传输调度电话和两遥（遥信和遥测）的基本调度生产信息。

5.4.2.1　VSAT 卫星通信简介

甚小口径终端（Very Small Aperture Terminal，VSAT），是指一类具有甚小口径天线的、非常廉价的智能化小型或微型地球站，可以直接安装在用户处。VSAT 卫星通信网一般是由大量 VSAT 小站与一个主站（master station）协同工作，共同构成一个广域稀路由（站多，各站业务量小）的卫星通信。网与地面通信网相比，VSAT 卫星通信网具有以下特点：

（1）覆盖范围大，不受地面线路制约；

（2）灵活性好，随时随地可以进行通信；

（3）扩容成本低，开辟新通信点所需时间短；

（4）点对多点通信能力；

（5）独立性好，是用户拥有的专用网，不像地面网中受电信部门制约。

5.4.2.2　电力应急 VSAT 通信系统设计

电力应急 VSAT 卫星通信系统包括 1 个中心站、多个应急通信车和多个便携站。

中心站：网络运行控制和管理，建立卫星传输通道，实时调配各种业务传输带宽和功率控制，并提供与地面网络之间的业务连接。能够直接与所有站点传输语音、视频和数据业务。

应急通信车：突发事件发生时，应急通信车可迅速开赴应急现场，建立卫星传输通道，实现业务的远程通信传输。提供通信车周边的语音、视频、数据等业务近程覆盖接入。

便携站：便携站可放置在地市供电公司作为应急地面接入使用。发生突发事件时，VSAT卫星便携站可利用交通工具实现快速灵活地部署。一般应用在临时指挥部，通过卫星通道，实现与中心站及现场车载站间的通信。

VSAT卫星通信系统组成如图5-3所示。

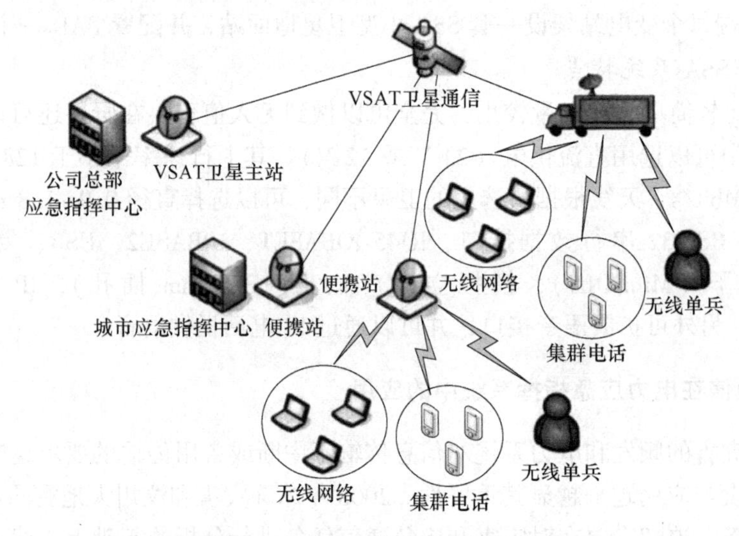

图5-3　VSAT卫星通信系统组成

根据业务具体需求，可实现星状网、网状网和混合3网种组网形式。

5.4.3　VSAT卫星通信系统结构设计

电力应急VSAT卫星通信系统能够实现系统内各个站点之间通信业务（语音、视频会议和数据）传输要求，系统结构如图5-4所示。

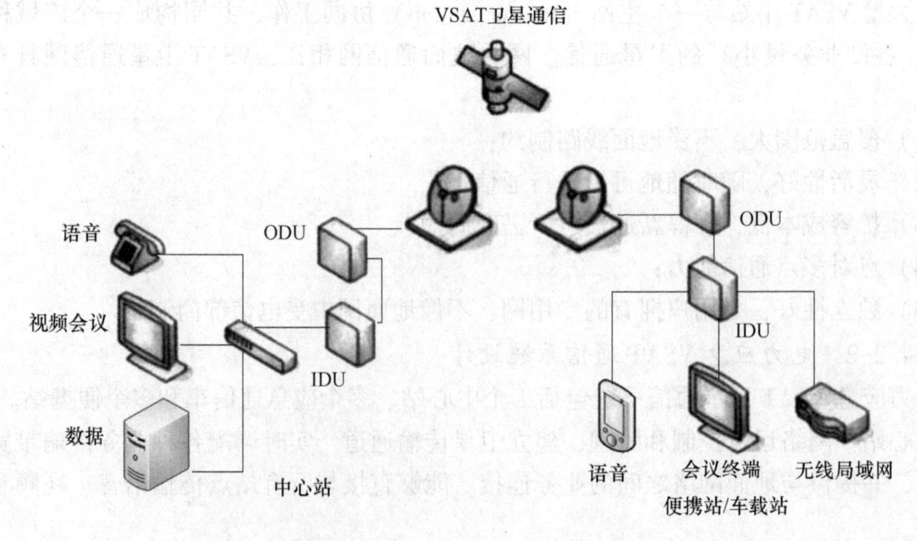

图5-4　VSAT卫星通信系统结构

载波上行方式：中心站需上行多路载波（包括信令载波及业务载波），便携站或车载站只需上行一个载波。

载波接收方式：中心站可同时接收所有便携站及车载站上行的业务载波；便携站/车载站可同时接收多个载波，组成不少于三个站点的局部网状网。各站点之间可通过单跳实现业务传输。

5.4.4 VAST卫星通信系统主要单元

（1）中心站。包括天线部分（Ku频段固定天线及馈源系统）、射频部分（由室外功率放大器、Ku波段室外低噪声变频模块）以及室外单元切换控制器组成，实现1∶1热备份功能。

网管控制部分由SCPC/DAMA网管设备、卫星基带设备、TCP协议优化器、以太网交换机和配套的分、合路器组成。

业务传输部分由卫星基带设备、路由交换设备、语音网关和视频会议终端等组成。中心站配备网管服务器，主备配置，负责全网卫星通信设备的监控管理和自动切换功能的实现。

（2）应急通信车。应急通信车配备VSAT车载站、视频会议系统，无线单兵系统，集群通信系统，无线网状网以及相关辅助设备包括摄像设备、显示终端、视频会议设备、综合接入设备、加密机、以太网交换机和音视频矩阵、电源等。

（3）便携站。便携站主要包含VSAT卫星设备（含天线、射频单元和基带单元等）、视频会议终端、摄像机、加密机、以太网交换机、电话综合接入设备和发电机等。

6 电力系统移动与无线通信

6.1 移动通信标准和发展趋势

移动通信技术经历了从模拟调制到数字调制技术的发展。

第1代采用频分多址（FDMA）模拟调制方式，但它的频谱利用率低，信号干扰话音业务。

第2代蜂窝系统采用时分多址（TDMA）和码分多址（CDMA）的数字调制方式，提高了系统容址，并采用独立信道传送信令，使系统性能大为改善。

随着社会进步及用户数量的急剧增，长频率资源日益紧张，要求第3代移动通信系统IMT-2000能提供更大的系统容量和更高的通信质量，并能提供2 Mbit/s数据业务，以满足人们对多媒体通信的要求并适应通信向个人化的发展方向。

6.1.1 第1代移动通信标准

移动电话的使用可追溯到1921年美国底特律警察局的无线电话，此后，发展到1947年纽约至波士顿的首次商业应用，但因频率资源未能充分利用而一直未能大规模铺开。

1962年贝尔实验室申请了蜂窝通信概念的专利，但到20世纪70年代末才研制出蜂窝移动通信系统，而大规模商用的是NMC-L1（1979年于东京）、NMT450（1981年于北欧）、AMPS（1983年于美国）、TACS（1985年于英国）和NMT900（1986年于北欧）等系统。也就是从20世纪80年代起才被认为是第1代移动通信的开始，从这个意义上说1921年到1981年这半个世纪多只能算是移动通信的准备期。

第1代移动通信的特点是模拟信号频率调制（FM）、频分双工（FOO）和频分多址（FDMA）、基于电路交换技术。蜂窝技术的使用解决了频率再用问题，尽管第1代移动通信FDMA方式在小区内的频率利用率还不高，而且在当时移动通信终端的成本还很贵，但其发展速度已超出人们的预计。由于各国在开发第1代移动通信系统时只考虑了本国当时可用的频率资源，彼此的频率并不协调，如AMPS使用800 MHz频带，TACS使用900 MHz频带，因此，标准不统一。

6.1.1.1 NMT标准

丹麦、挪威、芬兰和瑞典的电信主管部门在20世纪70年代后期为1981年投产的北欧网制定了第1个北欧移动电话标准NMT450。它工作在420~480 MHz频段，信道间隔25 kHz，共有180个信道。后来由于业务量增长，北欧电信主管部门在1986年底又制定了第2个标准NMT900，工作在890~960 MHz频段，信道间隔也是25 kHz，共有1999信道。NMT标准对空间接口和交换接口都作了规定，是为覆盖多个国家制定的。

6.1.1.2 AMPS 标准

AMPS 工作在 824~894 MHz 频段，信道间隔 30 kHz，共有 832 个信道。

6.1.1.3 TACS 标准

工作频段：890~960 MHz；信道间隔：25 kHz；信道容量：1320 个。E-TACS（扩充 TACS）工作频段：872~950 MHz，信道容量：1240 个。TACS 也只规定了空间接口而没有规定交换接口。

6.1.2 第 2 代移动通信标准

为了解决第 1 代模拟系统中存在的技术缺陷，数字移动通信技术应运而生并得到发展，这就是以 GSM 和 IS-95 为代表的第 2 代移动通信系统。欧洲首先推出了全球移动通信系统（Global System for Mobile Communications，GSM）体系。随后，美国和日本也制订了各自的数字移动通信体制。数字移动通网相对于模拟移动通信，不仅提高了频谱利用率、支持多种业务服务，而且还与综合业务数字网等兼容。第 2 代移动通信系统以传输话音和低速数据业务为目的，因此又称为窄带数字通信系统。第 2 代数字蜂窝移动通信系统的典型代表是美国的 DAMPS 系统、IS-95 和欧洲的 GSM 系统。

（1）GSM 发源于欧洲，是作为全球数字蜂窝通信的 OMA 标准而设计的，支持 64 kbit/s 数据速率，可与综合业务数字网互连。GSM 使用 900 MHz 频带，而使用 1800 MHz 频带的称为 DCS1800。GSM 采用 FOO 双工方式和 TDMA 多址方式，每载频支持 8 个信道，信道带宽 200 kHz。GSM 标准体制较为完善，技术相对成熟，不足之处是相对于模拟系统容量增加不多，仅仅为模拟系统的 2 倍左右，无法和模拟系统兼容等。

（2）IS-95 是北美的另一种数字蜂窝标准，使用 800 MHz 或 1900 MHz 频带，指定使用 CDMA 多址方式，已成为美国 PCS（个人通信系统）网的首选技术。该系统是一种直接序列扩频 CDMA 系统，它允许同一小区内的用户使用相同的无线信道，完全取消了对频率规划的要求。工作频带为 1.2288 MHz，可提供 64 个码道。为了克服多径效应，采用了接收孔径（Received Aperture Keyed，RAKE）接收、交织和天线分集技术。CDMA 系统具有频率资源共享的特点，具有越区软切换能力。为了减少远近效应，采用了严格的功率控制技术。前向链路和反向链路采用不同的调制扩频技术。在前向链路上，基站通过采用不同的扩频序列同时发送小区内全部用户的用户数据，同时还要发送一个导频码，使得所有移动台在估计信道条件时，可以使用相干载波检测；在反向链路上，所有移动台以异步方式响应，并且由于基站的功率控制，理想情况下，每个移动台具有相同的信号电平值。

由于第 2 代移动通信以传输话音和低速数据业务为目的，从 1996 年开始，为了解决中速数据传输问题，又出现了第 2.5 代的移动通信系统，如 GPRS 和 IS-95B。

6.1.3 第 3 代移动通信标准

第 3 代移动通信系统最早由国际电信联盟（International Telecommunication Union，ITU）于 1985 年提出，当时称为未来公众陆地移动通信系统（FPLMTS），1996 年更名为 IMT-2000，意即该系统工作在 2000 MHz 频段，最高业务速率可达 2000 kbit/s，在 2009 年得到商用。主要体制有 W-CDMA、CDMA2000 和 TD-SCDMA。

6.1.3.1 W-CDMA

W-CDMA 为直接序列扩频码分多址方式，码片速率为 3.84 Mc/s，载波带宽为5 MHz；支持 384 kbit/s（高速）到 2 Mbit/s（低速或室内）的数据传输速率；核心网的电路域部分采用演进的 GSM 网络支持话路等电路业务；核心网的分组域部分提供了移动与 Internet 的连接，采用演进的 GPRS 网络。采用精确功率控制、自适应天线、多用户检测、分集接收以及分层次小区结构等先进技术。

6.1.3.2 CDMA2000

CDMA2000 主要由 IS-95 和 IS-41 标准发展而来，它与 AMPS、D-AMPS 和 IS-95 都有较好的兼容性，它在反向信道也使用了导频，同时又采用了一些新技术，使其能满足 IMT-2000 的要求。CDMA2000 可分为 CDMA2000-1x（单载波，1 倍于 IS-95A 的带宽）和 CDMA2000-3x（多载波，3 倍于 IS-95A 的带宽）两个系统。

CDMA2000 采用多载波方式，载波带宽为 1.25 MHz。CDMA2000 分两个阶段：第一阶段将提供每秒 144 kbit 的数据传送率，而当数据速度加快到每秒 2 Mbit 传送时，便是第二阶段。CDMA2000 和 W-CDMA 在原理上没有本质区别，都起源于 CDMA（IS-95）系统技术，但 CDMA2000 做到了对 CDMA（IS-95）系统的完全兼容，为技术的延续性带来了明显的好处，成熟性和可靠性均有保障，同时也使 CDMA2000 成为从第 2 代向第 3 代移动通信过渡最平滑的选择。但是 CDMA2000 的多载传输方式与 W-CDMA 的直扩模式相比，对频率资源有极大的浪费，而且它所处的频段与 IMT-2000 规定的频段也产生了矛盾。

6.1.3.3 TD-SCDMA

TD-SCDMA 是由我国信息产业部电信科学技术研究院提出，与德国西门子公司联合开发的。主要技术特点包括时分同步码分址技术、智能天线技术和软件无线技术。采用 TDD 双工模式，载波带宽为 1.6 MHz。TDD 是一种优越的双工模式，因为在第 3 代移动通信中，需要大约 400 MHz 的频谱资源，在 3 GHz 以下是很难实现的。而 TDD 则能使用各种频率资源，不需要成对的频率，能节省未来紧张的频率资源，而且设备成本相对比较低，比 FDD 系统低 20%~50%，特别是上下行不对称，对不同传输速率的数据业务来说 TDD 更能显示出其优越性。也许这也是它能成为三种标准之一的重要原因。另外，TD-SCDMA 独特的智能天线技术能大大提高系统的容量，特别对 CDMA 系统的容量能增加 50%，而且降低了基站的发射功，减少了干扰。TD-SCDMA 软件无线技术能利用软件修改硬件，在设计、测试方面非常方便，不同系统间的兼容性也易于实现。

6.1.4 第 4 代移动通信标准

随着第 3 代移动通信系统的商用，国内外有关第 4 代移动通信的研究已经开始。日本和韩国于 2002 年启动了面向第 4 代移动通信的 MTIF 和 K4G 研究计划。欧盟在前期研究计划（第五框架研究计划）的基础上，成立了世界无线通信研究论坛（Wireless World Research Forum，WWRF），着手进行 IMT-2000 之后的第 4 代移动通信系统的概念、需求与基本框架研究，并把第 4 代移动通信系统列入 2003 年启动的欧盟“第六框架研究计划”。在 ITU，有关 Beyond IMT-2000 的概念与需求研究于 1999 年被首次列入议事日程，2001 年 10 月在东京进行的 ITU-RWP8F 会议上，已收到较多有关 Beyond IMT-2000 的研究提案，并初步明确了 Beyond IMT-2000 研究的基本框架。

Beyond IMT-2000 是指广泛用于各种电信环境的无线系统的总和，包括蜂窝、固定无线接入、游牧（Nordic）接入系统等。Beyond IMT-2000 的能力将涵盖并远远超出 IMT-2000 系统及与其进行互连的无线系统的能力，还将涵盖 IMT-2000、无线接入、数字广播等系统的能力，并将新增两个部分，即支持约 100 Mbit/s 的蜂窝系统和支持高达 1 Gbit/s 以上速率的游牧/本地无线接入系统等。ITU 有关 Beyond IMT-2000 研究的时间表是总体目标及远景于 2002 年 6 月完成，2005 年或 2006 年进行频谱规划，2010 年左右完成全球统一的标准化工作，2012 年之后开始商用。2013 年 12 月 4 日，工业和信息化部向中国移动、中国电信、中国联通发放 34G 牌照，标志着我国电信产业正式进入 34G 时代。

在我国，第 4 代移动通信已被正式列入国家“十五”863 研究计划，也已经启动。第 4 代移动通信系统为宽带接入和分布网络，在技术和应用上与第 3 代移动通信相比有质的飞跃，它将适合所有的移动通信用户，最终实现商业无线网络、局域网、蓝牙、广播、电视、卫星通信的无缝衔接并相互兼容。4G 是集 3G 与 WLAN 于一体，并能够传输高质量视频图像，且图像传输质量与高清晰度电视不相上下。4G 系统能够以 100 Mbit/s 的速度下载，上传的速度也能达到 20 Mbit/s，并能够满足几乎所有用户对于无线服务的要求。

第 4 代移动通信系统是多功能集成的宽带移动通信系统，在业务上、功能上、频带上都与第 3 代系统不同，将在不同的固定和无线平台及跨越不同频带的网络运行中提供无线服务，对无线频率的使用效率比第 3 代系统高得多，且抗信号衰落性能更好，上网速度将比第 3 代移动通信高 50 倍，更接近于个人通信，能实现高清晰度的三维图像传输。除了高速信息传输技术外，第 4 代移动通信还包括高速移动无线信息存取系统、移动平台技术、安全密码技术以及终端间通信技术等，具有极高的安全性。

在容量方面，可在 FDMA、TDMA、CDMA 的基础上引入空分多址（SOMA），容量达到第 3 代移动通信技术的 5~10 倍。另外，可以在任何地址宽带接入互联网，包含卫星通信，能提供信息通信之外的诸如定位定时、数据采集、远程控制、告警等综合功能，用途十分广泛。它包括宽带无线固定接入、宽带无线局域网、移动宽带系统以及物流网和互操作的基于地面和卫星系统的广播网络。

此外，第 4 代移动通信能自适应资源分配，处理变化的业务流、信道条件不同的环境，有很强的自组织性和灵活性。能根据网络的动态和自动变化的信道条件，使低码率与高码率的用户能够共存，综合固定移动广播网络或其他的一些规则，实现对这些功能体积分布的控制。支持交互式多媒体业务，如视频会议、无线因特网等，提供更广泛的服务和应用。4G 系统可以自动管理、动态改变自己的结构以满足系统变化和发展的要求。

第 4 代移动通信系统网络结构可分为 3 层：物理网络层、中间环境层、应用网络层。物理网络层与中间环境层及其应用环境之间的接口是开放的，它为新的应用和服务的发展提供了无缝高数据率的无线服务，并运行于多个频带。第 4 代移动通信系统的关键技术包括信道传输；抗干扰性强的商速接入技术、调制和信息传输技术；高性能、小型化和低成本的自适应阵列智能天线；大容量、低成本的无线接口和光接口；系统管理资源；软件无线电、网络结构协议等。

第 4 代移动通信系统主要是以正交频分复用（OFDM）为技术核心。具有良好的抗噪声性能和抗多信道干扰能力，可以提供比目前无线数据技术质量更高（速率高、时延小）的服务和更好的性能价格比，能为4G无线网提供更好的方案。此外，第4代移动通信系统还采用了多输入多输出（MIMO）、切换、软件无线电、IPv6协议等技术。

第4代移动通信能自适应多个无线标准及多模终端能力，跨越多个运营者和服务，从而提供更多服务。通过对最适合的可用网络提供用户所需求的最佳服务，能应付基于因特网通信所期望的增长，增添新的频段，使频谱资源大为扩展，提供不同类型的通信接口，运用路由技术为主的网络架构，以傅里叶变换来发展硬件架构实现第4代网络架构。

6.1.5 第5代移动通信标准

移动互联网和物联网作为未来移动通信发展的两大主要驱动力，为第5代移动通信技术（5G）提供了广阔的应用前景。面向2020年及未来，数据流量的千倍增长、千亿设备连接和多样化的业务需求都将对5G系统的设计提出严峻挑战。与4G相比，5G将支持更加多样化的场景，融合多种无线接入方式，并充分利用低、高频等频谱资源。同时，5G还将满足网络灵活部署和高效运营维护的需求，能大幅提升频谱效率、能源效率和成本效率，实现移动通信网络的可持续发展目前，许多国际组织、国家组织和企业都在积极进行5G方面的研究工作，如欧洲的METIS、LOIN、5CNOW等研究项目，日本的ARIB、韩国的5G论坛、中国的IMT-2020（5G）推进组等，其他一些组织，如WwRF、GreenTouch等也都在积极进行5G技术方面的研究。IMT专门成立IMT-2020从事5G方面的标准化工作。

6.1.5.1 ITU

在标准化方面，5G工作主要在mU的框架下开展。自2012年以来，IU启动了5G愿景、未来技术趋势和频谱等标准化前期研究工作。2015年6月，IU-R5D完成了5G愿景建议书，明确5G业务趋势、应用场景和流量趋势，提出5G系统的8个关键能力指标，并制订了总体计划：2016年年初启动5G技术性能需求和评估方法研究；2017年年底启动5G候选提案征集；2018年年底启动5G技术评估和标准化，并于2020年年底完成标准制定。2015年7月，TU-RSC5确认将IMT-2020作为唯一的5G候选名称上报至2015年无线电通信全会（RA15）审批通过，会议规定了后续开展IMT-2020技术研究所应当遵循的基本工作流程和工作方法。技术评估工作主要在mU-R5D中开展，而有关5G频率则通过世界无线电通信大会（World Radio Communication Conference，WRC）相关议题研究确定。

2015年11月，WRC-15大会在瑞士日内瓦召开，大会涉及40多个议题，反映了全球无线电技术、业务发展的现状，体现了无线电频谱资源开发利用的新趋势。针对IMT新增全球统一的频率划分议题，最终，1427~1518 MHz成为IMT新增的全球统一频率，部分国家以脚注的方式标注470~694/698 MHz、3300~3400 MHz、3400~3600 MHz、3600~3700 MHz、4800~4990 MHz频段用于IMT。这些频段成为5G部署的重要频率。同时为适应全球ICT的发展趋势，在WRC-19研究周期内，设立了高频段、智能交通、机器类通信、无线接入系统等一系列研究课题。这些课题有的与5G使用频率直接相关，有的则与5G应用相关。因此，在5G研究周期内，WRC-19议题研究工作的开展十分重要。

6.1.5.2 3GPP

3GPP（第3代合作伙伴计划）是5G标准化工作的重要制定者。5G相关的研究工作正在各标准组织中进行。5G标准化的完成凝聚了各标准化组织的贡献。各标准组织间已建立联络机制，未来将根据推进计划和时间需求，共同推动5G的标准化工作。5G已进入互联网领域，而且越来越多的接入是基于无线和移动的。因此，跨标准组织和工作组间协同工作也是确保2018年之前达成目标的关键。3GPP 5G路线图如图6-1所示。按照该路线图，5GNR的部署计划分两个阶段。

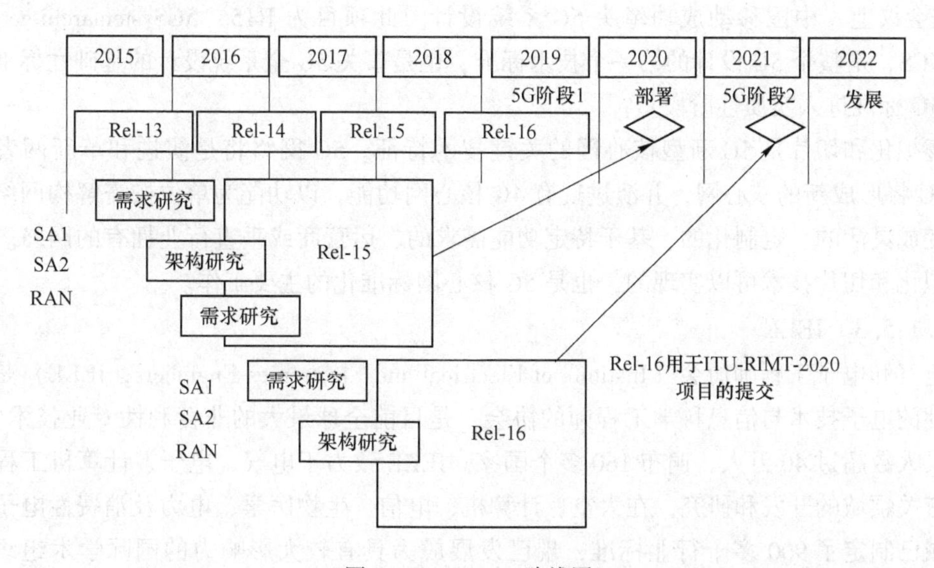

图6-1 3GPP 5G路线图

第一阶段：计划在2018年6月完成Release15版本的规范制定，并将于2020年完成前期的部署。按照第一阶段的详细计划，在2018年6月完成的Release15版本中，支持独立的新空口（New Radio，NR）和非独立的新空口两种工作模式。其中，支持非独立的NR模式意味着Release15将基于LTE控制面协议进行兼容性升级；支持独立NR模式意味着支持全新的控制面协议栈。在用例场景和频段方面，Release15将支持eMBB和URLLC两种用例场景和6 GHz以下及60 GHz以上的频段范围。

第二阶段：需要考虑与第一阶段兼容，计划将在2019年年底完成Release16版本的规范制定，并作为正式的5G标准提交到ITU-RIMT-2020。该版本的商用系统计划将于2021年完成部署。

为实现5G的需求，3GPP将进行以下4个方面的标准化工作：新空口（NR）、演进的LTE空口、新型核心网、演进的LTE核心网。3GPP 5G相关标准化工作组主要涉及服务区1、服务区2、服务区3、服务区5和无线入网等。其中，服务区1研究5G业务需求，服务区2研究5G系统架构，服务区3研究安全，服务区5研究电信管理，无线入网工作组研究无线接入网。服务区工作组关注5G业务需求研究，成立了新业务和市场技术实现方法研究项目，并分为4个子课题组，包括移动宽带增强、紧急通信、大规模机器通信、网络运维项目。研究内容包括业务需求案例、场景和对网络的潜在需求分析。SA2工作组成立 Neogen 研究项目进行 5G 网络架构研究。

3GPP 在 5G 核心网标准化方面重点推进以下工作：在 Release14 研究阶段，聚焦 5G 新型网络架构的功能特性，优先推进网络切片、功能重构、MEC、能力开放、新型接口和协议，以及控制和转发分离等技术的标准化研究，目前已经完成架构初步设计；Release15 将启动网络架构标准化工作，重点完成基础架构和关键技术特性方面内容。研究课题方面将继续开展面向增强场景的关键特性研究，如增强的策略控制、关键通信场景和 UErelay 等，在 2017 年年底完成 5G 架构标准第一版。在 2016 年 11 月 18 日举行的 3GPP SA2 号 118 次会议上，中国移动成功牵头 5G 系统设计。此项目为 R15 "5GSystemarchitecture"，简称 5GS，是整个 5G 设计的第一个技术标准，也是事关 5G 全系统设计的基础性标准，标志着 5G 标准进入实质性阶段。

虚拟化和切片是 5G 新型核心网的关键技术特征。5G 网络将是演进和革新两者的融合。5G 将形成新的核心网，并演进现有 4G 核心网功能，以功能为单位按需解构网络。网络将变成灵活的、定制化的、基于特定功能需求的、运营商或垂直行业拥有的网络。这就是虚拟化和切片技术可以实现的，也是 5G 核心网标准化的主要工作。

6.1.5.3　IEEE

电气和电子工程师协会（Institute of Electrical and Electronics Engineers，IEEE）是一个国际性的电子技术与信息科学工程师的协会，是目前全球最大的非营利性专业技术学会。其会员人数超过 40 万人，遍布 160 多个国家。IEEE 致力于电气、电子、计算机工程和与科学有关领域的开发和研究，在太空、计算机、电信、生物医学、电力及消费性电子产品等领域已制定了 900 多个行业标准，现已发展成为具有较大影响力的国际学术组织。目前，国内已有北京、上海、西安、郑州、济南等地的 28 所高校成立 IEEE 学生分会。作为全球最大的专业学术组织，IEEE 在学术研究领域发挥重要作用的同时也非常重视标准的制定工作。IEEE 专门设有 IEEE 标准协会（IEEE Standard Association，IEEE-SA）负责标准化工作。IEEE-SA 下设标准局，标准局又设置两个分委员会，即新标准制定委员会（New Standards Committee）和标准审查委员会（Standards Review Committees）。IEEE 的标准制定内容包括电气与电子设备、试验方法、元器件、符号、定义以及测试方法等多个领域。IEEE 对于 5G 的发展主要是从 WLAN 技术，即 802.11 系列进行增强演进的，被称为 HEW（High Efficiency WLAN），主要有 Intel、LG、SAMSUNG、Apple、Orange、NTT 等公司加入，HEW 致力于改善 WLAN 的效率和可靠性，主要研究物理层和 MAC 层技术。

6.2　移动通信技术在电力系统通信中的应用

虽然有很多电力通信技术，但随着移动通信技术的不断发展，利用移动运营商提供的移动通信技术实现电力系统中的数据传输以及应急通信等，将是电力系统自动化以及通信多样化的重要发展方向。下面仅以远程抄表系统与应急指挥系统为例，简单介绍移动通信技术在电力系统通信中的应用。

6.2.1 基于 GPRS 的远程抄表系统

基于通用分组无线业务（General Packet Radio Service，GPRS）无线网络的远程抄表系统，运用先进的 GPRS 无线通信技术对用电现场进行在线检测和实时监控，从而达到数据抄读准确、数据传输及时的目的。

6.2.1.1 系统总体结构

系统主要由数据采集部分、数据传输部分和监控管理中心三大部分组成。数据采集部分主要负责接收抄读的数据，并对其进行分析、存储和从化处理；数据传输模块是把所采集到的数据准确、及时地传递给监控中心；而监控中心是系统的管理核心，它对整个系统的运行管理起着至关重要的作用，主要包括监控中心管理软件的实现和远程抄表系统数据库的设计。

6.2.1.2 通信信道实现

GPRS 技术是在全球移动通信系统（Global System for Mobile Communications，GSM）基础上发展起来的一种分组交换数据承载和传输方式，通过升级 GSM 网络来实现。它提供端到端的、广域的无线 IP 连接，采用信道捆绑和增强数据速率改进而实现了高速接入，使无线资源得到充分利用。主要用于实时性高、数据量较大的远程数据传输过程，具有可靠性高和成本低等优势。

其优点主要表现在：

(1) 瞬间上网。每次使用时只需一个激活的过程，就可以马上登录到互联网。通信网络的建立过程十分迅速。

(2) 永远在线。GPRS 由于使用了数据分组技术，用户上网可以避免断线情况的出现。

(3) 快速传输。GPRS 所采用的数据分组交换技术，将数据封装在每个分组上发送，发送后不需要占用容量就立即释放，提供了即时连接和高速接入。

(4) 数据吞吐量大。GPRS 所提供的数据速率取决于所采用的编码方案，高的传输速率保证了大的数据流量。

(5) 按量计费。GPRS 技术是一种面向非连接的技术，用户虽然可以总挂在网上，但按实际通信流量计费。这种计费方式尤其适合于电表抄收这种间断性数据传递，可以大大降低通信费用。

6.2.2 电力应急指挥系统

电力应急指挥系统是电力系统处理电力突发事故、保障电网安全运行的平台。应急指挥要解决的核心问题是突发事件发生后如何在最短时间内做出正确全面的反应。突发事件导致电力通信中断时，需要迅速建立临时通信通道，在最短时间内获取现场信息，制定可行的应急方案，帮助指挥人员快速部署和指令传达，完成对不同应急处理部门的协同调度指挥，从而最大限度减少事故造成的损失。及时有效的通信是电力应急指挥的基础，相对于各种有线系统，无线系统具有部署灵活，成本低，不受地理环境、气候条件、时间限制等优点。

移动应急指挥系统可作为现有应急指挥系统的子系统，在更大范围发挥应急指挥系统的应急作用。移动应急指挥系统是集计算机技术、数字图像压缩技术、流媒体技术、移动通信技术、数据库技术为一体的综合性指挥系统。

6.2.2.1 体系架构

移动应急指挥系统可分为便携移动应急终端、通信网络服务、设备中心管理平台（服务器和系统软件）、客户端设备（显示设备和客户端软件）4个主要部分。

6.2.2.2 便携移动应急终端

应急终端是现场采集传输设备，实现移动视频会议功能，可以随时随地进行视频会议，由无线便携手提箱主机、无线摄像机和音频采集回放设备组成。

6.2.2.3 通信网络服务设备

应急指挥中心一般采用双光纤接入，避免单一网络接入出现故障时对应急通信造成影响。

6.2.2.4 设备中心管理平台

设备中心管理平台包括服务器和系统软件管理平台，对下属所有发供电单位设备统一管理指挥；软件包括数据存储管理软件、电力专用多协议移动信息网关软件、多地址卫星移动通信定位及跟踪服务软件、电力专用分布式遥视终端管理监控软件、数据库服务器、VPN服务器等。指挥中心管理平台可实现中心管理、站点注册服务和存储服务3种功能。

6.2.2.5 客户端设备

客户端设备包括显示设备和客户端软件，指挥中心可以查看突发事件现场及电力设备检修、电力设施基建、输电线路巡视等各种电力生产现场的实时音视频信息；也可以与突发事件现场进行网络视频会议。

6.3 无线通信设备简介

在无线通信系统中，天线、馈线以及终端等设备是系统的基本单元。

6.3.1 天线

天线的任务是将发射机输出的高频电流能量（导波）转换成电磁波辐射出去，或将空间电波信号转换成高频电流能量送给接收机。为了能良好地实现上述目的，要求天线具有一定的方向特性和较高的转换效率，能满足系统正常工作的频带宽度。

无线通信技术及业务的迅速发展既对天线提出许多新的研究方向，同时也促使了许多新型天线的诞生。无线通信系统的多样性使得天线的种类也多种多样。按照用途的不同，可将天线分为通信天线、广播和电视天线、雷达天线、导航和测向天线等；按照工作波长，可将天线分为长波天线、中波天线、短波天线、超短波天线以及微波天线等；按照天线的特色，可将天线分为圆极化天线、线极化天线、窄频带天线、宽频带天线、非频变天线以及数字波束天线等。

发射天线的基本参数包括方向函数、方向图、方向系数、效率、增益、极化、有效长度、输入输出阻抗、频带宽度等。

6.3.2 馈线

馈线是无线电发射机放大器输出端和发射天线输入端之间传送射频（Radio Frequency，RF）能量的线路。

馈线的主要任务是有效地传输信号能量，因此，它应能将发射机发出的信号功率以最小的损耗传送到发射天线的输入端，或将天线接收到的信号以最小的损耗传送到接收机输入端，同时它本身不应拾取或产生杂散干扰信号，这样，就要求传输线必须屏蔽。

馈线具有不同的种类。超短波段馈线一般有两种：平行双线传输线和同轴电缆传输线；微波波段的传输线有同轴电缆传输线、波导和微带。（1）平行双线传输线由两根平行的导线组成，它是对称式或平衡式的传输线，这种馈线损耗大，不能用于 UHF 频段；（2）同轴电缆传输线的两根导线分别为芯线和屏蔽铜网，因铜网接地，两根导体对地不对称，因此叫作不对称式或不平衡式传输线；（3）同轴电缆工作频率范围宽，损耗小，对静电耦合有一定的屏蔽作用，但对磁场的干扰却无能为力。

馈线的主要参数有特性阻抗、衰减系数、反射损耗以及电压驻波比。

（1）无限长馈线上各处的电压与电流的比值定义为馈线的特性阻抗，用 Z 表示。通信馈线的特性阻抗通常为 50 或 750 两种。馈线的特性阻抗与导体直径以及导体间介质的介电常数有关，而与馈线长短、工作频率以及馈线终端所接负载阻抗无关。

（2）信号在馈线里传输，除有导体的电阻性损耗外，还有绝缘材料的介质损耗。这两种损耗随馈线长度的增加和工作频率的提高而增加。单位长度产生的损耗大小用衰减系数 β 表示，其单位为 dB/m（分贝/米）。

（3）当天线和馈线不匹配时，也就是天线阻抗不等于馈线特性阻抗时，负载就只能吸收馈线上传输的部分高频能量，而不能全部吸收，未被吸收的那部分能量将反射回去形成反射波，从而形成的损耗称为反射损耗。在不匹配的情况下，馈线上同时存在入射波和反射波。在入射波和反射波相位相同的地方，电压振幅相加为最大电压振幅 V_{max}，形成波腹；而在入射波和反射波相位相反的地方电压振幅相减为最小电压振幅 V_{min}，形成波节。其他各点的振幅值则介于波腹与波节之间。波腹电压与波节电压幅度之比称为驻波系数，也叫电压驻波比（Voltage Standing Wave Ratio，VSWR）。

终端负载阻抗 Z_1 和特性阻抗 Z 越接近，反射系数越小，驻波比 VSWR 越接近于 1，匹配也就越好。馈线一般分 1/2、7/8、4/5 三种型号，三种馈线的使用区域和情况不同。1/2 馈线主要用于天线和 7/8 馈线的连接以及连接避雷器到设备。7/8 馈线和 5/4 馈线的区别主要就是馈线长度，在 100 m 之内可以使用 7/8，超过 100 m 就要使用 5/4 馈线。

6.3.3 终端设备

用于信道两端收发信号的通信设备称为终端设备。

无线通信终端设备在不同的无线通信系统中是不同的，包括收音机、手机、无绳电话、电台、报话机、GPS、BP 机、遥测遥控设备等。

6.4 无线通信在电力系统中的应用

我国电力通信网经过多年的建设已经形成规模，已经通过卫星、微波、载波、光缆等多种通信手段构建出立体交叉通信网。随着无线通信技术的发展，无线通信系统的特性已发生巨大变化。鉴于采用无线通信网不依赖于电网网架，且抗自然灾害能力较强，同时具有带宽大、传输距离远、非视距传输等优点，非常适合弥补目前通信方式的单一化、覆盖面不全的缺陷。因此，无线通信技术已经在电力通信中广泛应用。

以无线通信在电力负荷控制方面应用为例。电力负荷控制又可称为电力负荷管理，其主要目标是改善电网负荷曲线形状，使电力负荷较为均衡地使用，以提高电网运行的经济性、安全性和投资效益。

传统的电力负荷控制是采用行政、经济手段进行间接控制。由于缺乏技术手段，很多地方计划用电的政策得不到有力的贯彻与落实，出现了有电大家抢着用，一用就超，一超就拉闸的情况。由于拉闸频繁，严重影响了工农业生产和人民群众的日常生活。鉴于此，电力负荷控制技术开始引起各国重视。

电力负荷控制技术先是在欧洲得到广泛的应用。英国 20 世纪 30 年代就开始音频电力负荷控制技术的研究，第二次世界大战后，这种音频电力负荷控制技术在法国、联邦德国、瑞士等国家得到大量的使用。日本从 20 世纪 60 年代开始研究电力负荷控制技术，从欧洲引进制造技术，到 70 年代已广泛安装使用了音频脉冲控制装置。美国从 20 世纪 70 年代开始重视电力负荷控制技术的发展，不仅从西欧引进了音频电力负荷控制系统设备的制造技术，而且着手研究和发展无线电力负荷控制技术。目前世界上已经有许多国家使用了各种不同类型的电力负荷控制系统。

我国从 1977 年底开始了电力负荷控制技术的研究和应用，大致分为 3 个阶段。1977—1986 年为探索阶段，主要研究国外电力负荷控制技术所采用的各种方法，并自行研制了音频、电力线载波和无线电控制等多种装置。1987—1989 年为有组织的试点阶段，主要试点开发国产的音频和无线电负荷控制系统并获得成功。从 1990 年开始进入了全面推广应用电力负荷控制系统阶段。

无线电力负荷控制系统是一种利用无线电波来传送电力负荷控制信号的系统，具有方便、灵活、投资少、见效快等优点。按其实现的基本功能，一个无线电力负荷控制系统的构成可以由图 6-2 来描述。

从图 6-2 中可以看到，无线电力负荷控制系统主要由负荷控制中心（主控站）、各类用户终端、中继站等组成。负荷控制中心是系统的命令发布中心和数据采集中心，所发出的各种控制命令和查询命令，经无线通道直接传送到被控制终端。对单向控制终端而言，负荷控制中心可通过遥控跳闸方式或定量控制方式控制各种电气设备。对双向控制终端，负荷控制中心可定时发出巡检命令，逐站收集用户的用电量和有功、无功电力等数据，也可发布控制命令，执行与单向控制终端相同的操作。对于一些被控区域过大或地形较复杂的地区，还需要若干个中继站，中继站起信号中继的作用，使系统控制的距离更远。

目前电力负荷控制管理系统常用的通信方式有无线 230 MHz 电台、GSM 短信、GPRS

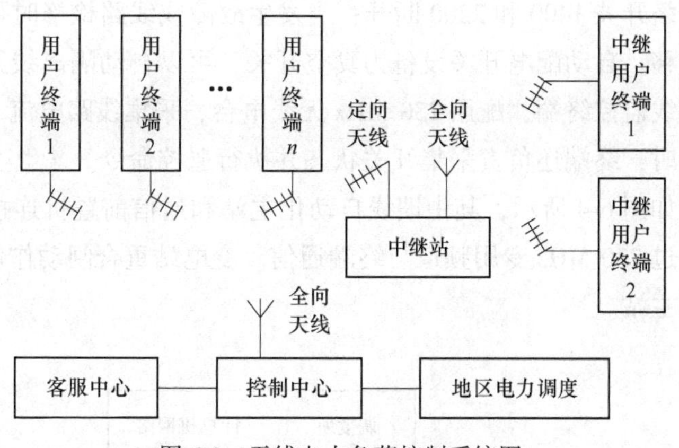

图 6-2　无线电力负荷控制系统图

通用分组无线业务等方式。由于 230 MHz 频段作为中国无线电管委会批发的无线电力负荷管理专用频段，技术发展最为成熟，因而这种通信控制方式得到较为广泛的应用。

230 MHz 无线通信属于超短波无线通信，是利用 223～231 MHz 超短波频段电磁波进行的无线电通信。超短波通信的主要特点是，由于地面吸收较大且电离层不能反射，只能靠直线方式传输，称为视距通信，传输距离约 50 km，远距离传输时需经中继站分段传输，即中继接力通信。为了满足电力系统建设负荷管理系统的需要，1991 年我国曾明确将 223～231 MHz 频段共 15 个双频频点和 10 个单频频点分配给电力专用。

230 MHz 无线数据传输用于电力负荷管理系统至今已超过 10 年。随着技术的不断发展，230 MHz 电台和数据传输 Modem 也在不断进步，数据传输速率从最早的 600 bit/s 已发展到目前成熟的 2400 bit/s，电台的稳定性和可靠性大大改善，整个 230 MHz 无线信道系统也日益完善。

下面以 230 MHz 无线通信在中压馈线自动化应用为例介绍其基本过程。

从电网运行控制功能来看，中压馈线自动化应完成以下 3 个任务：（1）故障保护，即实现隔离故障并自动恢复非故障段的供电；（2）监视线路运行参数和开关设备的运行状态并记录故障；（3）实现线路开关设备的遥控，这是配网调度自动化的基础。

以某供电线路为例，涉及的线路包括 4 回 10 kV 出线，分别取自同一变电站两段母线，构成两个环路，如图 6-3 所示，其中的一条线在环路的基础上还有一条分支线。

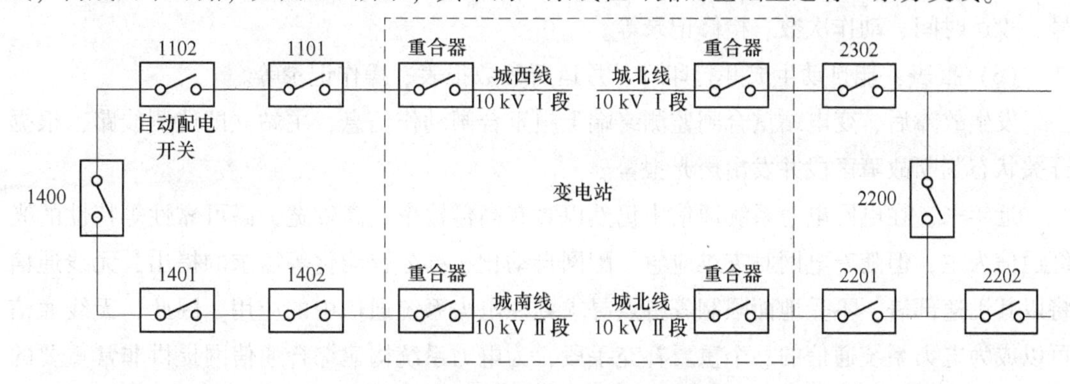

图 6-3　馈线自动化系统一次线路图

正常运行时联络开关1400和2200断开；当发生故障或线路检修时可闭合相应的联络开关，实现负荷转移。自动配电开关设备为真空开关，可以自动隔离线路故障。远程终端为某电子公司的馈线监控终端，配用230 MHz无线电台，采集线路电流、电压，并根据遥调定值进行越限计时，终端还负责采集开关状态并执行遥控命令。

通信系统架构如图6-4所示，其中馈线自动化主站和通信前置机连接到调度所计算机网络，主站电台通过230 MHz专用频道与终端通信。变电站重合闸动作信号通过调制解调器经双绞线上报到主站。

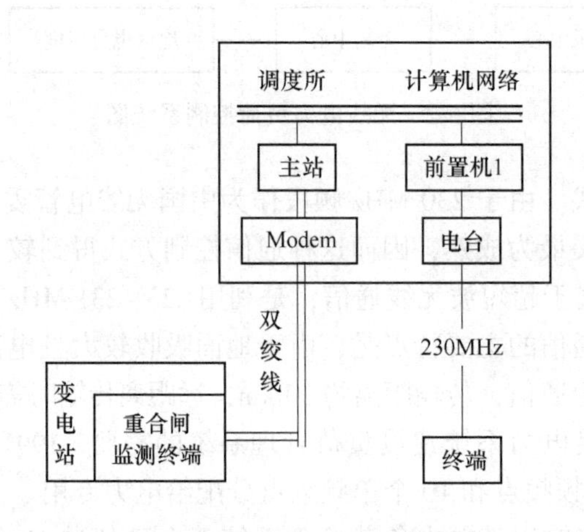

图6-4　馈线自动化通信结构

系统功能设置如下：

（1）遥控操作：开关的遥控合（解锁）、遥控分（闭锁）。

（2）遥信：开关变位及储能状态。

（3）实时遥测：线路电压、电流（两相）、有功/无功功率、功率因数、电量等。

（4）数据储存：整点数据和遥测数据。日数据：电量、最大功率、最大需量、最大电压及出现时间、功率与电压越限累计时间、跳闸及终端复位次数。月数据：同日数据。

（5）设备管理：结合管理信息系统管理馈线设备资料，如导线型号、长度、开关型号、投运时间、动作次数、检修记录等。

（6）报表：能自动生成并打印日、月运行参数报表、操作记录等。

发生故障后，变电站重合闸监测终端上报重合闸动作信息，主站立即巡测线路，根据开关状态判断故障区段并发出声光报警。

近年来，在电网电力系统通信中仍然以具有高传输率、高带宽、高可靠性等特性的光纤通信为主，但随着电网对灾难应急、配网自动化、办公智能化等需求的提出，无线通信将以其迅速部署、不受地面限制等特点寻求到在电力系统通信中的应用。因此，无线通信可以成为电力系统通信的一个重要补充手段，为电力系统构建综合通信网提供非常重要的一个部分。

6.5 无线专网建设应用

6.5.1 电力无线专网的背景

随着特高压电网全面建设，逐步形成电从远方来的基础格局，受端电网面临电源损失的风险，亟须通过大规模源网荷储快速调节来保持电源与负荷实时平衡，避免大面积停电事件发生。

极端天气以及复工复产的双重影响，使得电力供需矛盾凸显，对复杂的用户负荷进行精细调节、精准控制是电网公司守住民生用电底线、不碰拉闸限电红线的主要措施。

配用电网直接关系供电服务品质和营商环境，当前仍主要依赖人工运维，需加强远程遥控，实现故障主动隔离与恢复，缩短故障停电时间，提升供电服务品质。

配网侧大量新能源并网，改变传统配电网单向传输模式，形成了双向互动、实时平衡的有源配网。需要对配网电压、电能质量、潮流等要素实时调节。

电力系统的发电、输电、变电环节均部署有电力专用光纤，已实现实时感知控制，建设有“万兆到市、千兆到县、百兆到所”的电力骨干通信网，是终端无线接入与上联回传的基础。

配用电侧点多面广，业务场景复杂、分布广泛，很难采用一种通信技术实现全面接入；国家及行业政策明确配电网自动化、负荷控制管理、分布式能源接入等控制类系统的数据通信优先采用电力专用通信网络。

电力无线专网建设成本远低于光纤专网，且接入灵活便捷，很好地平衡了终端通信网建设的安全性和经济性，是 10 kV 及以下电网控制类业务安全可靠承载的优选方案。

6.5.2 电力无线专网简介

根据国家无线频率规划情况，电力无线专网可采用 230 MHz 或 1800 MHz 频段。两个频段均可用于工业控制。

1800 MHz：连续频点，总带宽 20 MHz，由各地无线电管理机构审批。采用 4G 标准技术。

230 MHz：离散频点，总带宽 12 MHz，由工业和信息化部统一审批。有 LTE-G（普天）、IoT-G（华为）两条技术路线。

电力无线专网是充分发挥自有丰富的光纤通信网络、变电站、杆塔等资源优势，并借助外部铁塔等共享资源，在专用授权频谱上自主建设的无线网络，如图 6-5 所示。

6.5.3 电力无线专网网络架构

电力无线专网由核心网、回传网、业务承载网、基站（铁塔）和无线终端组成，如图 6-6 所示。

电力无线专网是用于承载电网各类业务，核心网与业务主站之间通过安全接入的平台，是各地市公司部署核心网、基站、业务承载网、无线终端设备等专业网管。

6.5.3.1 核心网

核心网通常是指电力通信系统中的核心网络部分。电力通信系统是指为了电力系统

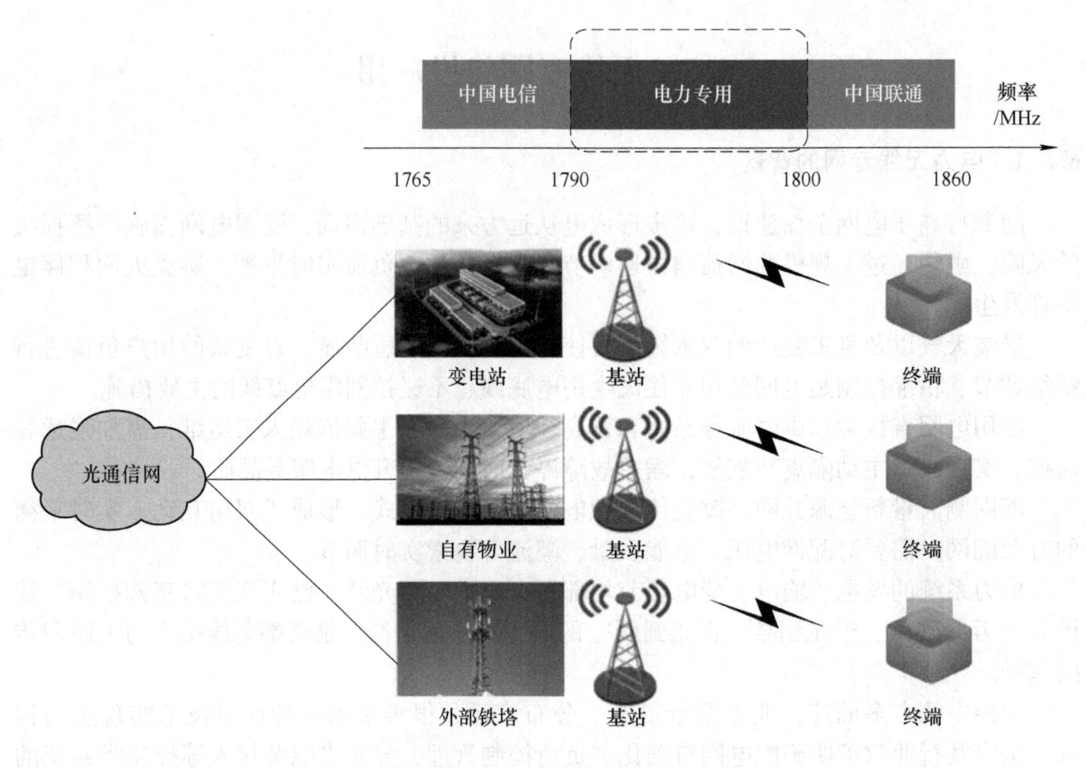

图 6-5 自主建设的无线网络

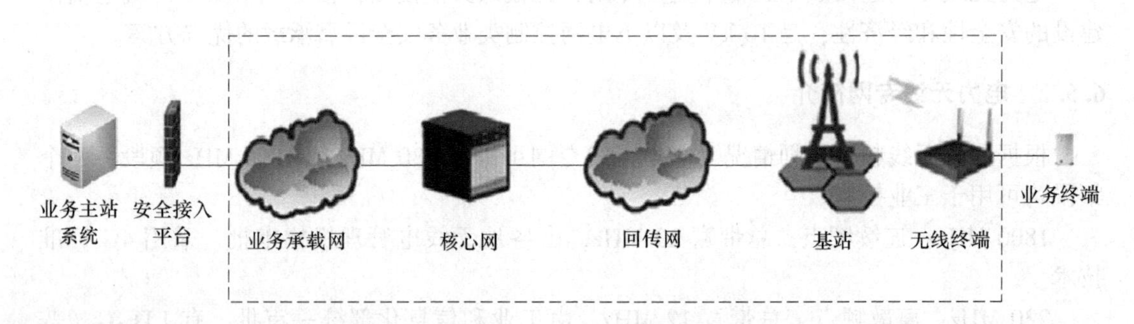

图 6-6 电力无线专网网络系统图

自动化和智能化而建设的通信系统，用于实时监测、控制电力系统，提高电网的安全性、可靠性和效率。电力无线专网的核心网包括了数据中心、网络管理中心和核心路由器等部分，用于处理和管理传感器数据、实现智能分析和决策，为电力系统的运行提供支持。核心网的功能主要包括数据传输、网络管理、维护和安全保障等方面。数据中心负责存储和处理传感器数据，进行数据分析和决策支持；网络管理中心负责监控网络运行状态、调度资源和管理设备；核心路由器则负责转发数据包、保障数据传输的效率和安全。

电力无线专网的核心网是整个电力通信系统的关键组成部分，如图 6-7 所示，通过提供高效的数据处理和快速的网络传输，实现电力系统的智能化管理和运行。

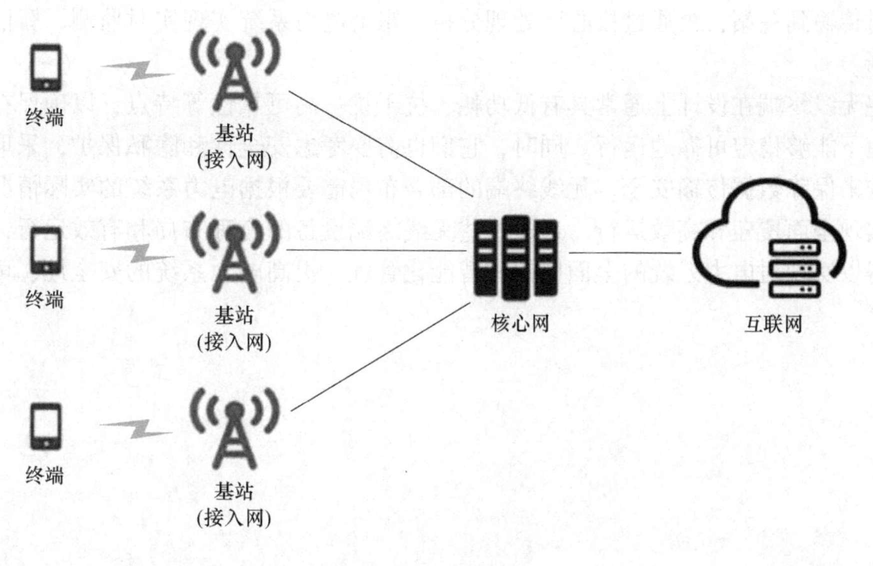

图 6-7 核心网示意图

6.5.3.2 基站

电力无线专网的基站在电力通信系统中扮演着关键的角色。这些基站通过无线技术连接各种传感器和终端设备，实现电力系统各部件之间的数据传输和通信。基站的部署需要根据电力系统的特点和需求进行规划，确保通信覆盖范围和传输效率。基站使用特定的通信协议，如 IEC61850 标准，保证数据传输的实时性、可靠性和安全性。基站提供高速稳定的数据传输，支持电力系统的自动化控制和智能决策。同时，基站配备监测和管理功能，可实时监测设备状态和网络运行情况，确保通信网络的稳定性和可靠性。随着物联网技术的发展，电力无线专网的基站也在不断演进，未来可能引入更先进的通信技术和智能算法，以适应电力系统的未来发展需求。

6.5.3.3 回传网

电力无线专网的回传网在电力通信系统中扮演着至关重要的角色。它连接基站与核心网，实现数据传输和通信，为电力系统的监测、控制和管理提供支持。回传网通常采用各种先进的通信技术，确保数据传输的稳定性、可靠性和实时性。通过回传网，基站可以将采集到的数据传输到核心网进行处理和分析，从而实现电力系统的智能化运行和管理。回传网需要具备高度的灵活性和可扩展性，以适应电力系统的不断发展和变化需求。同时，回传网还需注重数据安全和网络稳定性，保障电力通信系统的正常运行和信息安全。通过回传网的有效连接和数据传输，电力无线专网得以实现其在电力系统中的重要功能和作用，推动电力行业向智能化、高效化方向发展。

6.5.3.4 无线终端

电力无线专网的无线终端是电力通信系统中至关重要的组成部分，它们位于电力系统各个关键节点，如变电站、配电站等位置，用于实现数据采集、信息传输和远程控制。这些无线终端设备通常采用先进的通信技术，如 LTE、NB-IoT 等，与基站之间建立稳定的无线连接，实现与核心网的通信。无线终端通过采集各种传感器数据，如电流、电压、温度等，实时传输到基站，再通过核心网处理分析，帮助电力系统实现实时监测、智能控制和故障诊断。

这些无线终端在设计上通常具有低功耗、抗干扰、高可靠性等特点，以确保在恶劣的电力环境下能够稳定可靠地运行。同时，它们也需要考虑安全性和隐私保护，采取相应的加密措施来保障数据传输安全。无线终端的部署布局需要根据电力系统的实际情况进行规划，以实现全面覆盖和高效运行。通过这些无线终端设备的合理布局和有效运行，电力无线专网得以实现对电力系统的全面监控和智能化管理，提高电力系统的安全性、可靠性和运行效率。

7 电力系统光纤与计算机网络通信

7.1 光纤通信概述

1966年，英籍华裔学者高锟（C. K. Kao）和霍克哈姆（C. A. Hockham）发表了关于传输介质新概念的论文，指出了利用光纤进行信息传输的可能性和技术途径，从而奠定了现代光通信——光纤通信的基础。

光纤通信是以光波作为信息载体，以光纤作为传输媒介的一种通信方式。

光纤通信的基本原理是：在发送端首先把要传送的信息（如话音）变成电信号，然后调制到激光器发出的激光束上，使光的强度随电信号的幅度（频率）变化而变化，并通过光纤发送出去；在接收端，检测器收到光信号后把它变换成电信号，经过解调后恢复原信息。

光纤通信的诞生和发展是通信史上的一次重要革命，它与卫星通信、移动通信并列为20世纪90年代的三大技术。自从1966年高锟提出光纤作为传输介质的概念以来，光纤通信从研究到应用，发展非常迅速：技术上不断更新换代，通信能力（传输速率和中继距离）不断提高，应用范围不断扩大。从初期本地电话网的局间中继线到长途干线进一步延伸到用户接入网，从数字电话到有线电视（Cable Television，CATV），从单一类型信息的传输到多种业务的传输。目前光纤已成为信息宽带传输的主要媒质，光纤通信系统将成为未来国家信息基础设施的支柱。

进入21世纪后，由于因特网业务的迅速发展和音频、视频、数据、多媒体应用的增长，对大容量（超高速和超长距离）光波传输系统和网络有了更为迫切的需求。

7.1.1 光纤通信的特点

（1）通信容量大、传输距离远。由于光纤的可用带宽较大，一般在10 GHz以上，使光纤通信系统具有较大的通信容量。而金属电缆存在的分布电容和分布电感实际起到了低通滤波器的作用，使传输频率、带宽以及信息承载能力受到限制。现代光纤通信系统能够将速率为几十Gb/s的信息传输上千米，允许数百万条话音和数据信道同时在一根光缆中传输。实验室里，传输速率达Tb/s级的系统现已研制成功。光纤通信巨大的信息传输能力，使其成为信息传输的主体。

光纤的损耗极低，在光波长为1.55 μm附近，石英光纤的损耗可低于0.2 dB/km，这比目前任何传输媒质的损耗都低。因此，无中继传输距离可达几十甚至上百千米。而少批的中继器使光纤通信系统的总成本比相应的金属电缆通信系统要低。

（2）信号串扰小，保密性好。由于光纤不向外辐射能量，很难用金属感应器对光缆进行窃听，因此，它比常用的铜缆保密性强。这也是光纤通信系统对军事应用具有吸引力的又一个方面。

(3) 抗电磁干扰、传输质量佳。光纤不导电的特性避免了光缆受到闪电、电机、荧光灯及其他电器的电磁干扰（EMI），外部的电噪声也不会影响光波的传输能力。此外，光缆辐射射频（RF）能量的特性也使它不会干扰其他通信系统，这在军事上的运用是非常理想的，而其他种类的通信系统在核武器的影响下（电磁脉冲干扰）会遭到毁灭性的破坏。

(4) 光纤尺寸小、质量轻，便于铺设和运输。光缆的安装和维护比较安全、简单，这是因为：首先，玻璃或塑料都不导电，没有电流通过或电压的干扰；其次，它可以在易挥发的液体和气体周围使用而不必担心会引起爆炸或起火；再次，它比相应的金属电缆体积小，重量轻，更便于机载工作，而且它占用的存储空间小，运输也方便。

(5) 材料来源丰富，环境保护好，有利于节约有色金属铜。制造同轴电缆和波导管的铜、铝、铅等金属材料，在地球上的储存量是有限的；而制造光纤的石英（SiO_2）在地球上是取之不尽的材料。制造 8 km 管中同轴电缆，1 km 需要 120 kg 铜和 500 kg 铝；而制造 8 km 光纤只需 320 g 石英。所以，推广光纤通信，有利于地球资源的合理使用。

(6) 光缆适应性强，寿命长。光纤对恶劣环境有较强的抵抗能力。它比金属电缆更能适应温度的变化，而且腐蚀性的液体或气体对其影响较小。尽管还没有得到证实，但可以断言，光纤通信系统远比金属设施的使用寿命长，因为光缆具有更强的适应环境变化和抗腐蚀的能力。

20 世纪 70 年代末，随着电力系统的规模逐渐增大以及其对运行的安全稳定性需求日益迫切，电力通信网孕育而生。电力通信系统、电力安全稳定控制系统以及调度自动化系统被称为电力系统安全的三大支柱。最初的电力通信网主要采用微波通信方式。然而，微波通信有容易受到干扰以及带宽较小的缺点，它已经无法满足电力通信日益增长的业务量需求。随着光纤通信的不断发展，各地的电力通信网逐渐采用光纤传输作为主要数据传输的方式。因此，光纤通信网在电力通信中的主导地位也日益突出。

7.1.2 光纤的工作波长

光纤通信传输的信号是光波信号，光波是人们熟悉的电磁波，其波长在微米级，频率在 Hz 数量级。根据电磁波谱可知，紫外线、可见光、红外线均属于光波的范畴。目前，光纤通信使用的波长范围在近红外区，即波长为 0.8~1.8 μm，可分为短波长波段和长波长波段。短波长波段是指波长为 0.8 μm，长波长波段是指波长为 1.31 μm 和 1.55 μm，这是目前光纤通信所采用的三个工作波长。

7.2 光纤通信系统的组成

光纤通信系统的简化框图如图 7-1 所示。

光纤通信系统主要由光发射机、光接收机、光缆传输线路、光中继器和各种无源光器件构成。要实现通信，基带信号还必须经过电端机对信号进行处理后送到光纤传输系统完成通信过程。在光纤模拟通信系统中，电信号处理是指对基带信号进行放大、预调制等处理，而电信号反处理则是发端处理的逆过程，即解调、放大等处理。在光纤数字通信系统中，电信号处理是指对基带信号进行放大、取样、量化，即脉冲编码调制（PCM）和线路

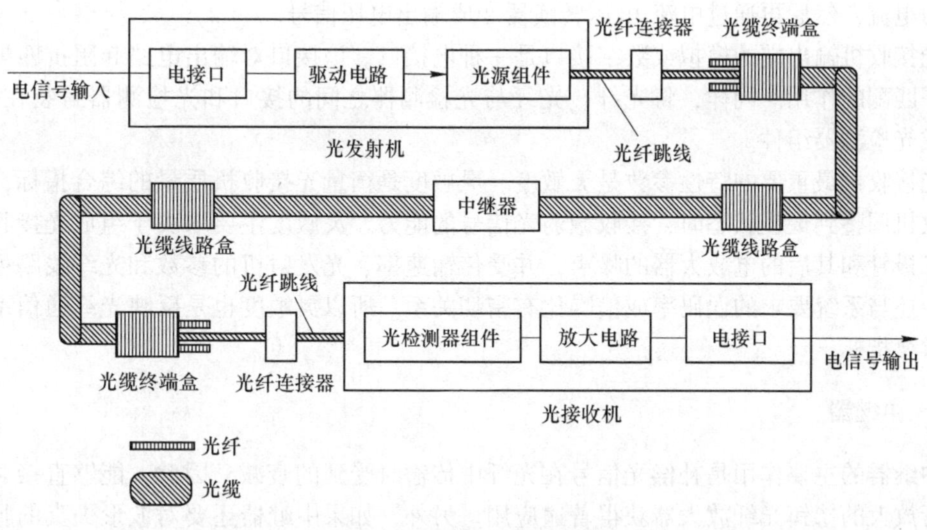

图 7-1 光纤通信系统组成框图

编码处理等，而电信号反处理也是发端的逆过程。对数据光纤通信，电信号处理主要包括对信号进行放大，和数字通信系统不同的是它不需要码型变换。

7.2.1 光发射机

光发射机是实现电/光转换的光端机，它由光源、驱动器和调制器组成。其功能是将来自电端机的电信号对光源发出的光波进行调制成为已调光波，然后再将已调的光信号耦合到光纤或光缆去传输。

在光发射机中，光源可由数字信号或模拟信号调制。对于模拟调制，输入接口要求阻抗匹配并限制输入信号的振幅；对于数字调制，信号源已经是数字形式了，若信号为模拟信号，则应先转变成数字脉冲流，此时输入接口应包含模数转换器。电压-电流驱动是输入电路与光源间的电接口。目前在实际的系统中，都是将光源、光源与光纤的接口和一段光纤封装在一起，形成光源组件。这样就增加了系统的可靠性。这一小段光纤常称为尾纤或光纤跳线。

光发射机的性能基本上取决于光源的特性，因此，对光源的要求是输出光功率足够大，调制频率足够高，谱线宽度和光束发散角尽可能小，输出功率和波长稳定，器件寿命长。目前广泛使用的光源有半导体发光二极管（LED）和半导体激光二极管（或称激光器）（LD），以及谱线宽度很小的动态单纵模分布反锁（DFB）激光器。有些场合也使用固体激光器，例如大功率的掺钕钇铝石榴石（Nd：YAG）激光器。

7.2.2 光接收机

光接收机是实现光/电转换的光端机。它由光检测器和光放大器组成。其功能是将光纤或光缆传输来的光信号，经光检测器转变为电信号，然后，再将这极弱的电信号经放大电路放大到足够的电平，送到接收端的电端机去。

光检测器常用的有光电二极管（PIN）和雪崩光电二极管（APD），二者都能将光能转化为电流，然后再通过电流-电压转换器变成输出电压信号。

光接收机输出端的模拟或数字接口是一种电接口。该接口对输出电路起阻抗匹配和信号电平匹配的作用。同样，将光纤、光纤与光检测器之间的接口和光检测器封装在一起，就形成光检测器组件。

光接收机最重要的特性参数是灵敏度。灵敏度是衡量光接收机质量的综合指标，它反映接收机调整到最佳状态时，接收微弱光信号的能力。灵敏度主要取决于组成光接收机的光电二极管和其后的电放大器的噪声，并受传输速率、光发射机的参数和光纤线路色散的影响，还与系统要求的误码率或信噪比有密切关系。所以灵敏度也是反映光纤通信系统质量的重要指标。

7.2.3　中继器

中继器的主要作用是补偿光信号在光纤中传输时受到的衰减，因此，能够直接对光信号进行放大的掺铒光纤放大器获得普遍应用。另外，如果中继器还要对波形失真的脉冲进行整形，则光信号需要经过光/电/光的转换，此时中继器由光检测器、光源和判决再生电路组成。

7.2.4　光纤或光缆

光纤或光缆构成光的传输通路。其功能是将发送端发出的已调光信号，经过光纤或光缆的远距离传输后，耦合到接收端的光检测器上去，完成传送信息任务。

光纤线路的性能主要由缆内光纤的传输特性决定。对光纤的基本要求是损耗和色散这两个传输特性参数都尽可能地小，而且有足够好的机械特性和环境特性，例如，在不可避免的应力作用下和环境温度改变时，保持传输特性稳定。

目前使用的石英光纤有多模光纤和单模光纤，单模光纤的传输特性比多模光纤好，价格比多模光纤便宜，因而得到更广泛的应用。单模光纤配合半导体激光器，适合大容量长距离光纤传输系统，而小容量短距离系统用多模光纤配合半导体发光二极管更加合适。为适应不同通信系统的需要，已经设计制造出多种结构不同、特性优良的光纤，并成功地投入实际应用。

7.2.5　无源光器件

在光纤通信系统中，除有源光器件如收/发射机和中继器外，还使用数量众多、种类众多的无源光器件，它们的作用是实现光信号的连接、能量分路/合路、波长复用/解复用、光路转换、能量衰减、方向阻隔等功能，是构成光纤通信系统的必备元件。

无源光器件包括光连接器、光耦合器、光衰减器、光滤波器、波分复用/解复用器、光开并、光隔离器、光环行器、光分插复用器、光波长转换器等。

（1）光连接器。光连接器的作用是把两个光纤端面结合在一起，以实现光纤与光纤之间可拆卸（活动）连接的器件。对这种器件的基本要求是使发射光纤输出的光能机能最大限度地耦合到接收光纤。连接器是光纤通信中应用极广泛，也是最基本的光无源器件。对光连接器的要求主要是连接损耗（插入损耗）小，回波损耗大，多次插拔重复性好，互换性好，环境温度变化时性能保持稳定，并有足够的机械强度。

（2）光耦合器。光耦合器的作用是实现光信号的分配、合成、提取、监控等。其类型包括T形耦合器、星形耦合器、方向耦合器。主要技术指标有插入损耗、附加损耗、串扰以及分光比或耦合比。

（3）光衰减器。光衰减器是用于对光功率进行衰减的器件，它主要用于光纤系统的指标测量、短距离通信系统的信号衰减以及系统试验等场合。对光衰减器的要求是质量轻、体积小、精度高、稳定性好、使用方便等。光衰减器分为固定式、分级可变式、连续可调式几种，包括位移型光衰减器、直接镀膜型光衰减器（吸收模型或反射模型）、衰减片型光衰减器、液晶型光衰减器。主要技术指标是衰减量、精度、反射插损。

（4）光滤波器。它是一种波长（或频率）选择器件，其功能是从不同频率的输入光信号中，选择出一个特定频率的光信号。技术指标包括中心波长（固定、可调）、带宽（1 dB带宽、3 dB带宽、20 dB带宽）、偏振相关性、调谐范围、隔离度（串音）、插入损耗以及温度敏感系数。

（5）波分复用/解复用器。波分复用器的功能是把多个不同波长发射机输出的光信号复合在一起，并注入一根光纤；解复用器的功能与波分复用器正好相反，它是把一根光纤输出的多个波长的复合光信号，用解复用器还原成单个不同波长信号，并分配给不同的接收机。主要技术指标包括波道数、波道间隔、插入损耗、温度敏感性等。

（6）光开关。其作用是实现光通道的通断和转换，是光网络中的关键器件。光开关一般有两类，一类是利用电磁铁或步进电机驱动光纤或透镜来实现光路转换的机械式光开关；另一类是利用固体物理效应（如电光、磁光、热光和声光效应）的固体光开关。微光机电系统（Micro-Opto-Electro-Mechanical Systems，MOEMS）光开关是微机电系统技术（Micro-Electro-Mechanical-Systems，MEMS）与传统光技术相结合的新型机械式光开关。MEMS技术是基于半导体微细加工技术而成长起来的制作工艺技术，利用这种技术可以制作出极小而活动的机械系统。采用集成电路（Integrated Circuit，IC）标准工艺在Si衬底上制作出集成的可以前倾后仰、上下移动或旋转的微反射镜阵列，在驱动力的作用下，对输入光信号可切换到不同输出光纤。开关时间是光开关的主要指标。不同应用场合对光开关的开关时间要求不同。消光比、插损、串话、偏振相关性也是光开关的重要参数。

（7）光隔离器。光隔离器是一种只允许单向传输光的器件。某些光器件特别是激光器和光放大器，对于从诸如连接器、接头、调制器或滤波器反射回来的光非常敏感。因此通常要在靠近这种器件的输出端放置隔离器，以消除反射光的影响，使系统工作稳定。对隔离器的要求是隔离度大、插入损耗小，饱和磁场低和价格便宜。

（8）光环行器。工作原理等同于隔离器。主要指标：插入损耗、隔离度、价格。

（9）光分插复用器。其作用是在保持其他光信道不变的情况下，将某些光信道取出而将另外一些光信道插入。

（10）光波长转换器。光波长转换器是一种实现将光信号从某一波长的光载波转换至另一波长光载波的器件，是波分复用光通信系统向光网络演变的一个关键性器件。它可以在光通信网络中广泛地用于光交换、波长路由以及光信号的全光再生等。光波长转换器主要包括光-电-光式光波长转换器和全光波长转换器两类。

7.2.6 光纤线路的码型

在光纤通信系统中，由于光信号只有单极信号，还要根据这个特点解决适合光信号传输的编码问题，以及从电端机输出的信号即码型要进行码型变换的问题，以适合在光纤线路上传输的要求。

对于数字端机的接口码型，一般采用双极性码，因为对电脉冲信号，以零伏为中心，无论产生正脉冲还是负脉冲都是比较容易的。目前常用的双极性码有 HDB3 码和 CMI 码。HD83 码适用于 2~34 Mbit/s（1~3 次群）的数字信号接口。而 CMI 码适用于 140 Mbit/s 数字信号接口。

而对于光缆数字系统，目前主要采用光强度调制方式，即传输信息仅与发光器件发出的光“有”或“无”两种状态，因此应采用单极性码。光缆线路系统对传输码型的主要要求有：

（1）能对中继器进行不中断业务的误码检测；

（2）减少码流中长连“0”或长连“1”的码字，以利于端机和中继设备的定时提取，便于信号再生判决；

（3）能传输监控、公务和区间信号；

（4）能实现比特序列独立性，即不论传输的信息信号如何特殊，其传输系统都不依赖于信息信号而进行正确的传输。

光纤通信系统中常用的符合在光纤线路上传输要求的码型有：

（1）分组码。最典型的分组码为 mBnB 战码，它是把输入码流中每 m 比特码分为一组，然后变换为 n 比特。m、n 几均为正整数，且 $n>m$，一般为 $n=m+1$。这样，变换之后，码组的比特数比变换前大，即输入码字共有了 $2m$ 种，输出码字可能组成 $2n$ 种，使变换后的码流有了“富余”（冗余）。有了它，在码流中除了可以传输原来的信息外，还可以传输与误码检测等有关的信息。另外，经过适当的编码之后，可以改善定时信号的提取和直流分量的起伏等问题。

（2）插入比特码。这种码型是将信码流中每 m 比特划分为一组，然后在这组的末尾一位之后插入 1 个比特码。由于插入的比特码的功能不同，这种码型又可分为三种形式，即 mBIP 码、mBIC 码和 mBIH 码。

此外，在光纤通信中，有时利用电缆传送数字信号。因此可用于 U-TG. 703 建议的物理/电气接口码型。如伪双极性码即 CMI 和 DMI 码等。

7.3 网络技术的发展

计算机网络的发展方向是“IP 技术+光网络”。对于未来的计算机网络，从网络的服务层面上看，将是一个 IP 的世界，即通信网络、计算机网络和有线电视网络将通过 IP 三网合一；从传送层面上看，将是一个“光”的世界；从接入层面上看，将是一个有线和无线的多元化世界。

7.3.1 发展需求

从需求驱动角度看，新的业务将对未来网络提出更高的要求。业界预测，未来网络将需要满足超低时延（毫秒级）、超高通量带宽（>1 Tbit/s）、超大规模连接（>1000 亿连接）等需求。例如，在消费型业务领域，AR（Augmented Reality）/VR（Virtual Reality）/3D 通话、全息传送、交互式游戏等沉浸式业务将对网络低时延、大带宽性能提出更高要求；在工业互联网领域，精仪制造、远程工控、数字孪生等生产性业务则要求网络具备更好的低时延、低抖动能力；在车联网领域，自动驾驶、车路协同、无人车、无人机、无人船等新兴业务则会对网络提出低时延、高可靠的双重需求。

从技术挑战角度看，未来 10 年互联网在可扩展性、移动性、安全性、服务质量保障、高效服务分发、绿色节能等方面仍将面临巨大挑战。虽然从 21 世纪初开始，一些问题已被学术界意识到，并开展了诸多创新性研究，然而很多技术难题仍未能从根本上解决，并且随着网络规模日益增大而变得愈加严峻。例如，在可扩展性方面，网络流量增长速度远高于芯片处理性能增长速度，如何构建新一代网络芯片甚至变革网络架构体系，以满足未来 10 年网络流量爆炸性增长需求成为新的难题；在服务质量保障方面，传统 TCP/IP 网络遵循“尽力而为”的设计理念，网络设备主要负责数据分组的转发，网络侧重公平性原则，不强调对全网的可管可控，然而随着新业务对服务质量保障需求的增加，未来网络亟须增加差异性服务能力，实现网络端到端确定性可控。为解决传统互联网暴露出的种种问题，世界各国都在积极探索未来网络相关技术方案，并抢先展开战略布局。通过设立重大项目，从“网络体系架构设计”和“网络试验平台构建”这两个角度入手，探索新的网络体系并进行测试验证。

7.3.2 国内外未来网络体系架构研究

自未来网络的概念提出以来，各国高度重视未来网络体系架构的创新研究，并纷纷加大投入力度支持学术界对未来网络架构进行探索。美国未来网络研究项目主要由国家科学基金会（National Science Foundation，NSF）管理，包括未来互联网设计（Future Internet Design，FIND）和未来互联网架构（Future Internet Architecture，FIA）计划。FIND 从 2005 年开始资助了关于新型网络体系结构、网络虚拟化、网络感知测量等方面的近 50 个研究项目，FIA 于 2010 年启动，对命名数据网络、MobilityFirst、EIA（Expressive Internet Architecture）、Nebula 等项目提供支持，从内容中心网络架构、移动网络架构、网络安全可信机制、分布式数据中心互联等方面探索未来网络关键机制。

欧盟第七框架计划（7th Framework Programme，FP7）以探索克服现有网络问题的全新整体性解决方案、设计运营商未来网络架构为目标，从 2007 年开始启动了 FIRE（Future Internet Research and Experiment initiative）、4WARD、SAIL（Scalable and Adaptive Internet solution）等一系列未来网络体系结构相关的项目。目前，主要由欧盟创新框架计划 Horizon2020 对信息和通信技术（Information and Communications Technology，ICT）系统的研究和开发进行支持，包括 5G 相关技术研究、下一代计算系统和技术，以及未来网络软硬件、基础设施、技术与服务、内容技术和信息管理等方面。

日本国家信息通信技术研究院（National Insitute of Information and Communications

Technology, NICT）于2006年启动研究新型网络体系架构的未来互联网（AKARI）研究计划，该计划提出新一代网络的概念，其核心思想是在考虑与现有网络过渡问题的基础上研究创新网络架构，并提出了未来网络架构设计的三大原则：简单、真实连接和可持续演进。随后，NICT对AKARI、JGNE（Japangi Gabit Network Extreme）等多个项目进行整合，形成新一代网络研究与发展计划，该计划涉及网络架构、光、无线和安全等领域，致力于解决当前网络存在的问题并促进未来网络的可持续发展。

我国科研人员从2007年开始跟踪未来网络领域的发展，科技部、自然科学基金委等也启动了“新一代互联网体系结构与协议基础研究”“未来互联网寻址机制与节点模型”“面向服务的软件定义网络体系架构与关键技术研究”等一系列项目，中国科学院与中国工程院在相关报告中也明确提出加强未来网络领域研究的必要性与紧迫性。从2018年开始，科技部又进一步启动了宽带通信与新型网络专项、天地一体化信息网络重大工程、人工智能重大专项等研究，期望能在网络体系架构方面取得进展和突破。

国内外未来网络体系架构的研究主要从简化网络结构、增强可扩展性和兼容性等方面进行，形成的主要研究成果总结如下：

（1）Plutarch架构支持网络的异构性。XIA架构支持以内容、服务、用户等多类主体为中心的网络。目前，未来网络架构方面的主要研究成果包括软件定义网络、信息中心网络、移动网络（5G）、无线网络、雾计算/移动云计算、物联网等。

（2）软件定义网络将网络的控制功能抽象为逻辑集中的控制平面，对底层设备资源进行管理并支持可编程，数据平面负责转发操作，具备良好的灵活性、可控性，其中涉及的关键技术包括网络交互协议、网络控制器和控制平面可扩展性研究。

（3）信息中心网络指出，用户访问网络的目的是获取信息，网络的基本行为模式应当是请求和获取信息，以信息为中心可以提高资源利用率和服务质量。CDN（Content Delivery Network）/NDN（Named Data Networking）是可适应当前内容获取模式的新型互联网架构，该架构保留了IP协议栈的沙漏模型，细腰层使用类似统一资源定位符（Uniform Resource Locator, URL）的层次化内容命名方式，涉及的关键技术包括命名机制、缓存策略、路由与转发机制以及移动性。

（4）移动和无线网络（MobilityFirst）是面向资源有限的移动及无线场景，以移动终端作为主流设备，稳健、可信、安全的网络体系架构。该类架构需具备的技术特征包括：支持异构设备的共存性、与硬件解耦并具备灵活的控制接口、支持快速的全局域名解析、核心网络采用扁平地址结构、支持可编程的移动计算模式。

（5）云网络（Nebula）是基于云计算的网络架构，结合网络虚拟化、SDN、云计算等技术，促进网络计算、存储和传输资源的管理控制。云网络架构一般分为基础设施层、平台层和软件服务层。云中构建的主要网络包括公共网络、管理网络、存储网络和服务网络。公共网络向外部用户提供访问；管理网络用于管理云中各物理节点间的通信；存储网络可用于建立存储池；服务网络是纯虚拟网络，在物理主机间使用隧道技术构建。

（6）4 K/8 K、AR/VR、全息全感通信、工业互联网、车联网等新应用场景的出现使未来网络需要具备哪些能力与功能成为未来网络发展亟须考虑的问题。2018年7月，ITU成立了网络2030焦点组（Focus Groupon Network2030, FG-NET-2030）专门研究传输这些新应用所需的网络技术，研究范围包括2030年及以后的未来网络架构、需求、使用场景和网络功能。该焦点组指出未来网络的研究可以从新的垂直行业、新通信服务和空天地网络基础设施3个角度出发。新的垂直行业需要对工业自动化和个人近实时全息通信体验提供支持；对于新通信服务，网络2030将开发一种具备新型网内服务的模型，支持应用更智能、高精度地与网络交互，满足应用对确定性时延的需求，并将服务形式化；空天地网络基础设施需要把握使用对象及所需服务类型。该焦点组关注的重点领域包括时间保证通信服务（准时服务、及时服务、协调服务）、具有复杂约束的通信服务（如全息通信、全感官沉浸式体验）、异构网络基础架构共存（如光网络、分布式数据中心、公有云、卫星网络）、新垂直行业（如自动工厂、沉浸式教育）以及与下一代移动技术的关系。中国于2018年6月成立了网络5.0产业和技术创新联盟，主要针对下一代数据通信网络愿景、架构、技术验证、部署与运营等展开研究，推动数据网络技术演进，目前已与FG-NET-2030在未来网络应用场景研究与技术创新等方面建立合作关系。

7.3.3 我国未来网络实验设施

为适应未来全球网络变革的新趋势，突破传统网络当前所面临的核心技术问题，保障我国网络通信领域的中长期发展，2013年，我国将未来网络试验设施（China Environment for Network Innovation，CENI）列入“国家重大科技基础设施中长期规划（2012—2030）”，该项目于2016年12月正式启动实施。

CENI作为我国在通信与信息工程领域的国家重大科技基础设施，其建设覆盖了包括国内40个主要城市，包含88个主干网络节点、133个边缘网络试验节点，以及4大云数据中心，目标为建设一个先进的、开放的、灵活的、可持续发展的大规模通用试验设施，满足“十三五”和“十四五”期间国家关于下一代互联网、网络空间安全、天地一体化网络等重大科技项目的试验验证需求，获得超前于产业5~10年的创新成果。

CENI的建设对于我国未来网络领域具有重大意义，从学术界角度，可提供一个大规模虚拟化网络环境，作为高校、研究院所科研人员的网络技术创新验证平台，显著增强创新成果的国际认可度；从产业界角度，可为运营商的新型网络服务部署、设备商新设备的大规模测试、互联网公司的新型网络业务提供测试平台和应用基础环境。

CENI的整体架构如图7-2所示，SDN跨域协同控制器可分为主干网控制器、边缘网控制器和云数据中心控制器。CENI主干网连接了全国40个主要城市，主干网又可分为可编程路由器和SDN白盒交换机2个网络平面，提供差异化的网络连接与服务能力，企业、学校等边缘网络通过因特网入网点（Point of Presence，POP）接入CENI。CENI中的各个域的网络，都将通过中国网络操作系统（China Network Operating System，CNOS）进行集中式的管理，以及跨域的协同编排与调度。在此基础上，CENI试验服务平台与管理系统将作为CNOS的关键应用，向试验用户提供自助式的一站式试验服务，可为全层次、多场景的网络与网络安全的创新技术与应用，提供先进、开放、灵活、高速、可靠的试验环境。

可编程路由器网络平面具备高度的开放性与灵活性。其中，单台可编程设备可生成多个虚拟化设备实例，各虚拟化设备实例之间逻辑隔离，可以共用或者复用物理端口，整个可编程路由器网络平面通过VLAN标签技术支持相互隔离的虚拟网络平面。可编程路由器

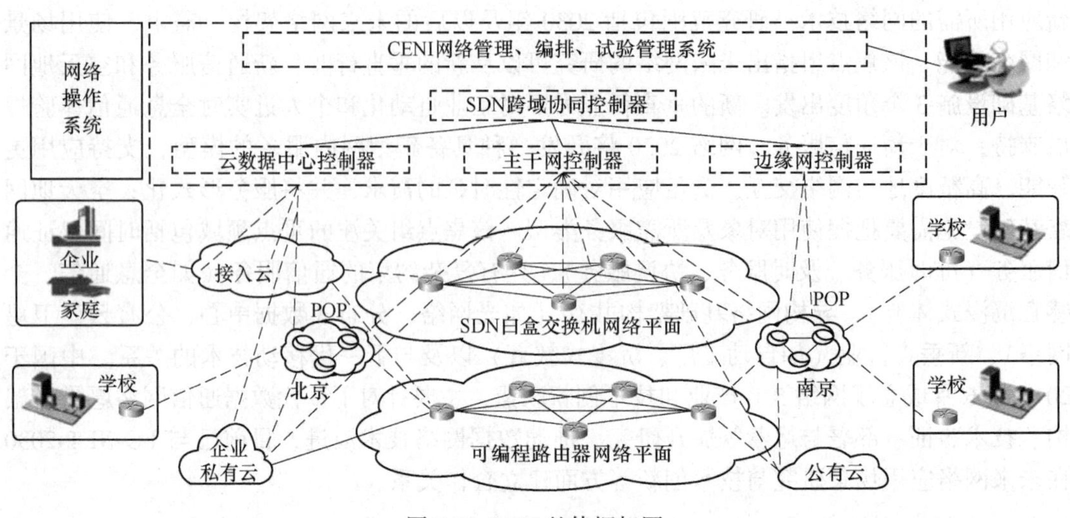

图 7-2 CENI 整体框架图

网络平面的主干网建成后，将可以在广域网层面提供 L0~L3 层网络服务，以满足各类网络技术创新试验需求，如 L0 层可提供裸光纤的试验服务，L1 层可提供 10 Gbit/s、$N\times$ 10 Gbit/s、100 Gbit/s 光波道的试验服务，L2 层可提供各类链路层技术与架构的试验服务，L3 层可提供各类 IP/Non-IP 的网络层技术与架构的试验服务。

可编程路由器网络平面通过可编程 AP（Access Point）利用有线、无线、4G/5G、ZigBee、NB-IoT（Narrow Band Internet of Things）和 LoRa（Long Range Radio）等多种先进技术，在其边缘网络实现包括手机终端、计算机、巡检机器人、物联传感终端等多类型试验终端接入；并通过开放可编程接口，灵活实现应用创新和新协议部署，可为 NDN、SCN（Service Centric Networking）、SOFIA（Service Oriented Future Internet Architecture）等新型网络体系架构提供仿真与验证的试验环境，为自组织网络、隐私安全、多路径传输优化等新型网络技术试验提供组网与测试的试验载体。可编程边缘网还支持通过与监测、感知、溯源（包含流量、性能）、资产发现和网络安全态势感知配合，提供更面向试验终端、更贴近试验用户侧的感知数据，提供支持试验终端大数据分析的试验条件。

SDN 白盒交换机网络平面具备运营级大网的可靠性。其中，用户接入侧可通过以太网、光纤、专线、SD-WAN 等方式连接至 SDN 白盒交换机网络平面的业务接入点，网络承载侧可实现对于不同用户间流量的安全隔离与控制，理论上整个 SDN 白盒交换机网络平面能够支持高达 1600 万个用户并行运行。利用 SDN 集中管控与自动化的能力，可实现用户网络的分钟级开通，同时结合先进的流量工程与调度技术，可满足不同用户对网络带宽、时延、分组丢失率等指标的不同需求，实现大网级别的网络切片并提供相应的差异化服务能力。SDN 白盒交换机网络平面的边缘网络与云数据中心，将利用云计算、网络虚拟化等技术构建 SDN 试验服务平台，可支持单用户试验、多用户试验、跨域协同试验等多种试验方式，并能够为用户提供 L3 层软件定义组网，以及 L4~L7 层的网络创新试验服务能力，如网络安全、内容分发、协议无关网络、协议无关内容网络、意图网络、智能 DNS（Domain Name Server）试验、网络大数据分析、网络人工智能、区块链组网等。利用 NFV 与服务链技术，SDN 试验服务平台能够支持多种虚拟化网元与中间件能力的任意编排，实现网络功能的虚拟化和池化。同时，SDN 试验服务平台可提供网络终端所需的计算和存储资源，为产生试验所需的流量和业务提供基础资源。

从技术路线角度而言，CENI 将同时为基于 IP 与非 IP 的网络新技术提供验证与示范环境。IP 架构已经很好地满足了过去几十年的互联网发展需要，4 K/8 K、全息通信、车联网、工业互联网等新业务对于网络的带宽、时延、抖动性提出了新的需求，基于 IP 的新技术也不断涌现以解决上述问题。但运营商现网由于已经存在大量存量业务，无法提供主干网端到端的试验环境，因此新技术难以在现网得到有效部署验证。针对这一问题，作为未来网络试验基础设施，CENI 将支持基于 IP 的新技术部署测试，包括服务定制网络、端到端网络切片、低时延与确定性转发、大带宽多播分发、分段路由与可编程等，为相关高校与科研机构提供基于 IP 的新技术和新业务的示范验证试验服务平台。

此外，由于 IP 技术基因在可扩展性、安全性、移动性、可管控性等方面存在根源性问题，非 IP 的网络体系架构也是全球范围研究的热点，例如信息中心网络、可选网络、可信网络、移动优先网络等。国内提出了 NewIP、地址驱动网络、全维可定义网络、标识一体化网络等体系架构，这些非 IP 的体系架构急需主干级别的大规模网络试验环境。针对这些问题，CENI 将提供自定义标识的试验服务平台，并支持主干网级别的规模试验，支撑国内外相关领域的创新与突破。

7.3.4 未来网络技术发展热点

7.3.4.1 网络控制与编排

传统分布式网络的控制能力分布于各类路由设备及网络协议中，存在操作复杂、管控困难等问题，软件定义网络技术的出现为网络控制模式变革创造了新的契机。面向业务应用发展需求，未来网络将可能进一步强化网络的端到端控制与编排能力。

7.3.4.2 网络深度可编程

网络可编程性是指网元将数据分组处理逻辑与网络控制逻辑暴露给用户，以进行快速和可理解的重新配置的能力。传统网络转发设备种类多样但彼此标准不同，网络受到功能固定的分组转发处理硬件和芯片硬件厂商不兼容协议的限制，存在网络设备更新缓慢、运行成本增加等问题。面对快速升级的网络需求和不断更新的网络业务，网络可编程的能力成为未来网络服务和应用的关键。

7.3.4.3 网络服务确定性

传统以太网、IP 网络主要基于“尽力而为”的分组转发机制设计，从机理上欠缺面向业务的服务质量保障能力。运营商网络为了给用户提供基础的差异性、按需服务能力，往往采用接入限速、网络轻载的方式实现，这在一定程度上满足了大客户专线业务的差异化需求。然而，随着网络业务需求大规模从消费型向生产型转变，未来业务应用对网络的端到端服务质量保障能力提出了更高的要求。在此背景下，确定性网络的概念被业界提出，并逐步成为学术界和产业界研究和关注的热点。

7.3.4.4 网络计算存储一体化

虚拟现实、工业互联网、车联网、自动驾驶等新业务需求快速发展，不仅需要网络具备高数据传输速率，还需要具备高速缓存和计算能力，传统网络中计算和存储的分离模式难以满足这些新业务的要求。随着存储技术的发展，存储设备成本不断降低，并行计算、高性能计算、效用计算等技术不断成熟，云计算、雾计算等技术逐步应用，网络/计算/存储一体化并在一体化平台中融入内容分发能力成为未来网络技术发展的重要趋势。针对这一趋势，学术界和产业界也进行了大量的探索和创新，网络与存储融合相关技术包括内容分发网络、对等网络、信息中心网络等，网络与计算融合相关技术包括云计算、雾计算、边缘计算等，网络、计算和存储的统筹协调包括多云管理、云网协同、软件定义网络技术与信息中心网络技术结合等解决思路，以便为未来网络和应用提供更好的服务。

7.3.4.5　网络与人工智能

随着信息通信技术和人工智能技术的发展，人类社会正快速向着信息化、智能化的方向迈进。人工智能技术为人类社会的持续创新提供了强大的驱动力，开辟了广阔的应用空间。在计算机网络领域，人们普遍认为人工智能技术与网络的结合是富有前景的。总体而言，网络人工智能可以分为人工智能优化网络和网络优化人工智能两个方面。一方面，机器学习和深度学习的快速发展为计算机网络研究注入了新的活力，种类繁多且不断增加的网络协议、拓扑和接入方式使网络的复杂性不断增加，通过传统方式对网络进行监控、建模、整体控制变得越加困难，可以将人工智能技术应用到网络中来实现故障定位、网络故障自修复、网络模式预测、网络覆盖与容量优化、智能网络管理等一系列传统网络中很难实现的功能；另一方面，网络性能的提高也为机器学习计算提供了更好的支持，随着训练数据量的迅速增加和机器学习模型变得越来越复杂，计算需求超出了单机的能力，因此产业界已经出现了数十个分布式机器学习平台，但是昂贵的通信成本导致这些平台出现多个瓶颈，网络优化（例如网络拓扑结构、网络通信和传输协议的优化）极大地提高了这些分布式机器学习平台的整体性能。

7.3.4.6　网络与区块链

区块链可以定义为一种融合多种现有技术的分布式计算和存储系统，它利用分布式共识算法生成和更新数据，利用对等网络进行节点间的数据传输，利用密码学方式保证数据传输和存储的安全性。通过大多数节点认可的数据可以被记录在区块链上，这些数据不可篡改，因此人们可以基于这些数据实现价值转移以及其他通信活动。从历史发展的角度来看，蒸汽机释放了人类的生产力，电力解决了人类的基本生活需求，互联网彻底改变了信息传递的方式，而区块链作为构造信任的机器，具备去中心化、公开、透明以及安全等特性，能够解决当前中心化应用权力过大的问题，以低成本的方式充当信任中介并证明价值。因此，区块链技术被认为是继蒸汽机、电力、互联网之后，下一代颠覆性的核心技术。

7.3.4.7　智能安全网络

随着网络的使用范围和涉及领域不断扩大，网络的安全问题受到越来越多的关注。我国网络用户数量居世界首位，网络技术广泛应用于政治、经济、文化等各个方面，保障网络安全对国家发展具有重要意义。但网络系统存在的诸多特征导致传统的信息系统安全模型无法很好地适应系统安全保护要求，统计分析、机器学习和可视化等技术逐渐应用于安全分析，以应对高级威胁检测和攻击溯源的海量数据，提升分析效率和准确度。

7.3.4.8　网络空天地海一体化

网络空天地海一体化以地面网络为基础、以空间网络为延伸，承载空、天、地、海各类网络业务，为各类用户的活动提供信息保障。当前国外在天地一体化网络领域侧重于对卫星-地面网络的研究，美国致力于商用天地一体化网络的大规模建设，如Starlink计划大规模制造并发射低成本低轨卫星、GoogleLoon项目已推进到商业化阶段。欧盟侧重于卫星-地面网络与5G网络融合的架构研究，特别是与SDN/NFV的结合，H2020计划下的多个相关项目已经给出系统原型。我国目前已设立天地一体化信息网络重大工程以及低轨卫星网络建设计划。

7.3.5 面向未来网络发展趋势

未来网络的核心在于大规模可扩展、支持异构技术融合、高效的网络基础体系结构，包括各种新型网络架构和解决当前网络问题的新技术、新方案。随着网络与实体经济的不断融合，未来网络逐渐成为战略性新兴产业的重要发展方向，预计到2030年将支撑起万亿级、人机物、全时空、安全、智能的连接与服务。

7.3.5.1 提出新型网络体系架构

探索面向2030年及以后的新型网络应用及需求已经成为全球未来网络技术研究的焦点，如前文所述，国外ITU-T组建了网络2030焦点组、国内成立了网络5.0产业技术联盟，以华为代表的传统网络设备制造也提出了可变长地址（Flexible IP）、确定性转发、去中心化互联网基础设施、内生安全等一系列前瞻性技术，因此，开展新型网络体系架构的设计已成为未来网络发展的主流趋势。在此基础上，如何开展原创性、颠覆性网络架构验证，如何有效测试新技术的可行性也是新型架构设计中被讨论的热点问题。江苏省未来网络创新研究院、网络通信与安全紫金山实验室、鹏城实验室分别展开了未来网络试验设施、长三角一体化综合试验环境、粤港澳湾区网等为代表的新一批网络试验环境的建设，以期能够促进我国的原创网络技术创新。

7.3.5.2 支持确定性网络控制与服务

随着网络应用对网络服务质量需求的不断提高，现有“尽力而为”的网络越来越难以满足远程医疗、无人驾驶、VR游戏等新需求，并存在大量的拥塞崩溃和数据分组时延等问题，在这样的背景下，如何从“尽力而为”到“准时、准确”，控制网络的端到端时延不仅成为当前全球关注的热点领域，也成为新一代路由器、交换机等转发设备所要具备的功能。在工业领域，国外思科、博通等公司正在面向局域网场景，研制支持时延敏感功能的可编程网络芯片，国内盛科、华为等厂商正在加紧相关技术的攻关，研制国产化芯片；在运营商领域，华为、中兴、信通院、移动、电信、联通等参与了主干网络确定性技术的国际标准的研究与制定；网络通信与安全紫金山实验室、华为等已经开始确定性网络技术的大规模测试。因此，设计局域网时延敏感芯片、设计主干网确定性网络架构、实现端到端网络确定性已成为下一步网络控制与设备研制的关键问题。

7.3.5.3 构建去中心化网络应用

随着区块链技术的发展与逐步成熟，金融支付、数据存储等业务的去中心化已被普遍接受，网络相关业务的去中心化也成为下一步发展的重要趋势。传统网络业务、应用与协议虽然在物理位置上是分布式的，但是逻辑上是集中式的，例如，DNS、BGP、CDN、云计算等业务都存在一个集中式的节点和运营组织，由此这些应用容易被大型机构所垄断，不利于互联网“平等、自由”发展。在此背景下，以DNS为代表的根域名解析成为去中心化网络应用研究的首要问题，中国信通院等单位进行了一系列新型标识解析体系的研究与技术攻关。因此，设计去中心化的新型标识解析体系、去中心化的BGP、去中心化的网络存储等问题都成为未来网络应用的重点。

7.3.5.4 实现空天地海一体化泛在互联

一方面，随着无线通信频率向太赫兹发展，通信基站信号覆盖的范围也越来越小，需要部署的基站数量和成本呈指数式增长；另一方面，随着物联网、车联网等的飞速发展，人们越来越依赖网络，需要网络提供泛在互联服务。因此，如何实现万物互联，满足人们随时随地的网络连接需求，进行空、天、地、海的全面网络覆盖已经成为新的产业发展方向。国外以SpaceX为代表的企业、国内以航天、电科为代表的科研院所纷纷展开空天互联网的系统设计与研制，希望实现卫星组网、天地协同，以解决网络全球无缝覆盖问题。此外，国外以谷歌为代表的公司、国内以鹏城实验室为代表的研究机构也正在开展浮空飞艇的研究，以实现低成本区域性网络覆盖。因此，满足未来的泛在互连接入需求，利用卫星、飞艇、6G等多种方式实现网络的低成本全球覆盖成为技术与产业发展的重要趋势。

7.3.5.5 实现智能化网络与通信

如今世界正处于人工智能的第三波浪潮，社交网络、物联网和云计算所产生的海量数据为人工智能的繁荣提供了燃料。而同样地，互联网发展至今，单纯的数据运算、问题求解和功能搜索等已经很难适应网络飞速发展的需求，将人工智能与网络技术进行一定程度上的融合，能够促使二者共同发展，爆发新机。目前，将人工智能技术应用到网络中仍处于早期或试点阶段，虽然许多企业认识到了其中的价值，并且可能已经在实验室或试验环境中涉足网络人工智能技术，但迄今为止几乎没有大规模的部署。从长期来看，人工智能与网络相结合的发展空间和作用巨大，网络引“智”，化“繁”为“简”，人工智能将成为实现网络智能化的目标和愿景的重要手段。

7.4 网络技术在电力系统通信中的应用

随着计算机技术的发展和应用范围扩大，电力信息化的不断深入，计算机在电力系统中已从简单数据计算为主发展到数据库处理、实时控制和信息管理等应用领域，并在OA（Office Automation）系统、电能电量计费系统、电力营销系统、电力ISP业务、经营财务系统、人力资源系统中得到广泛的应用。下面从以下几个方面介绍计算机网络在电力系统的应用。

7.4.1 电力系统办公自动化

随着Internet技术的迅速成熟和虚拟网络世界（Virtual Web World，VWW）应用的快速增长，建立基于Web的企业级信息共享和交流，不仅可满足各级用户的电子化协同工作需求，而且还可将企业管理工作推向一个新的台阶，保证信息上传下达得迅速、高效，使各项管理工作程序化、规范化、标准化，以提高工作效率和事务处理水平。

7.4.1.1 OA系统基本特点

（1）面向人工体系的组织结构管理。基于这一特点可以根据电力企业组织结构方便地构造系统，按树状结构进行组织，层次简单分明。每个部门都可以建立自己的主页，包含部门的任何信息，如人员、资源等。例如：当要查询某人的个人档案时，可以通过网络连接到人事部门查询。

（2）采用基于浏览器的人性化界面。系统界面在应用软件系统中的作用十分重要。在绝大多数电力企业里，大家工作繁忙，计算机应用能力低。系统的界面设计友好、简单实用且美观是首要考虑的因素。系统界面应通过浏览器的方式实现，摆脱复杂烦琐的计算机专业术语，避免了呆板的菜单和对话框方式，完全符合计算机系统向智能、人性化发展的潮流。

（3）群件技术结合关系数据库技术。采用这一技术能够轻松地实现工作流、文档数据库、结构化数据库的管理，它可以把企业所有的应用系统紧密地统一起来，在此基础上可方便地接入企业原有的业务系统和将来扩充的系统。例如可以把企业原有的人事管理、财务管理、后勤管理等方便地连接在这个统一的系统平台之上，保护企业现有的资源。

（4）采用文档数据库+关系数据库的信息管理模式。基于这一特点可以将公文档等非结构化数据存储在系统平台的服务器上，既方便信息的分析与决策，又可以实现自动工作流的功能。两种数据库的共同优点可以覆盖企业信息系统的绝大部分功能点。

（5）系统设计采用 Internet 技术。系统平台运行在 Internet 企业网的内部环境中，采用多种网络技术，可以方便地和其他广域网、局域网互联，充分利用网络资源。因此，其中的绝大部分功能，只需通过 VWW 浏览器即可进行操作。这样不仅把应用统一到 VWW 界面上，而且使整个系统易于安装和维护。

（6）系统的灵活性与安全性。在系统平台设计中电力企业充分考虑了多种网络安全要求，如防火墙、安全协议、权限管理等。这样既可以保证企业网络内部正常的工作流程，防止外界非法入侵，又为企业内部网的使用者提供了访问外部信息的手段。

7.4.1.2 OA 系统主要功能模块

（1）部件管理。通过部件管理可以非常方便地定制主页。根据企业近况，制作能反映企业形象的主页；此外，根据工作人员不同的工作范围及工作性质设定不同的权限，可使不同领导和工作人员看到不同的主页内容，浏览不同的信息，使企业信息有良好的安全性和保密性。

（2）组织机构。利用组织机构数据库能方便地构建各个部门，在整个网络上建立起单位内部的组织机构。在每个部门的主页中将各部门的职责、人员、联络方式等各种信息组织起来，可通过电子邮件相互传递信息，协同工作。

（3）工作交流系统。工作交流系统主要用于在网上实现各种审批流程，完全实现发文办理和收文办理的过程。这样避免了工作人员在各个办公室之间来回传递文件，大大减轻工作强度。

（4）文件管理。利用公文管理系统可以把各种文档资料存放在网络服务器上的文件管理库中，或者存放在相应部门客户机的管理库中，文件档案管理库的信息来源可以是直接归档的文件，也可以是通过公文流转自动流入档案库的文件。这样各部门就可以通过浏览器随时对相关的信息进行调阅、查询、借阅。另外，还可以根据档案的密级对文档进行加密处理，用以控制访问者对相应文档的查询。

（5）信息采集。信息采集系统用于上报或收集各种信息。在信息采集系统中，单位的各个部门及下属单位，都可以把需要发表的信息通过网络传送到信息采集数据库中，管理员对此数据库中收集到的信息进行汇编整理，并对信息的发表和采纳情况进行登记；通过此功能，可以收取到各方面的意见，便于领导集思广益。

（6）电子刊物。电子刊物系统用于各种电子刊物的编辑、出版、发行。在电子刊物系统中，信息的来源可以是信息采集系统，也可以是用户输入的各种信息，或者是从其他电子新闻中收集来的信息，最后形成一期刊物，在企业内部网络上公开发行。

（7）电子公告牌。公告牌是一个应用比较广泛的功能，其目的用于在单位内部发布各种通知、通告等，其提供的基本功能包括：可以按分类树的方式浏览公告牌；公告牌还支持按标题、日期、作者等进行全文检索，使查询、浏览信息非常方便。

（8）电子论坛。电子论坛用于用户通过计算机网络，对某一议题自由地发表见解，或进行提问和解答，收集某一方面的意见等。电子论坛可以用来在内部收集各种意见，如意见箱、民意调查等，或用来做问题咨询等。如果结合信息管理系统，每个部门还可以建立自己部门的电子论坛，用于在部门内部进行讨论。

（9）综合信息库模块。为达到信息共享，提高工作效率，系统设计应具有多种综合信息查询的功能，如政策法规、电子书库、名片管理、人事管理等。这些信息库支持文档、图片、声音等多媒体信息，可以根据实际需要自如组织数据，并在网上通过浏览查询。

（10）个人办公。提供个人电子邮件、日程安排、通讯录、记事本功能，利用该功能可方便地处理一些日常事务。

（11）资源管理。提供企业内部各种共享资源（如会议室、汽车、房间等）的预定、审批、使用和统计。避免发生冲突，合理安排使用。

（12）会议管理。会议是日常办公不可或缺的一部分，会议管理模块可以帮助工作人员在网络上起草会议计划、安排会议、发放会议通知、整理会议记录等。

7.4.1.3　技术路线

图 7-3 是 OA 系统网络结构示意图。电力系统办公自动化系统方案很多，例如，依托 IBM 公司的群件产品 Domino/Notes 作为系统的开发和运行平台，能帮助企业实现多个工作组在不同地域，以多样化的方式，运用庞大的信息资源，相互协作地快速解决同一问题。

一般系统都采用浏览器/服务器（Browser/Server，B/S）模式，采用开放的标准协议和体系结构，便于扩展和集成。B/S 方式使用的客户端是标准的 Internet 浏览器，办公自动化系统终端用户使用 Web 浏览器访问 Domino 服务器，随着网络的普及，几乎人人会用，无须进行客户端知识培训，大大减轻了系统维护负担，对于管理员用户既提供 Web 管理界面，又提供 Notes 客户端管理界面，提高了实施效率。

在数据的处理方面，Notes 客户端有较强的处理能力，它不但处理用户图形界面，而且运行应用程序可以减轻对服务器和网络的依赖；而浏览器只负责处理用户图形界面，它向服务器发送请求，然后接收在服务器端运行的应用程序产生的结果。

在系统开发过程中，系统还可引入 OCX、JavaScript 和 JavaApplet。JavaScript 和页面技术结合，在界面处理能力上与 Notes 客户端几乎相当，完全能够满足办公的界面操作需求，而且还在迅速发展；而 JavaApplet 可以通过 CORSA 直接访问服务器上的 Domino 数据库；OCX 以解决一些浏览器无法处理的问题，这样就增强浏览器的处理能力、减轻网络负担。

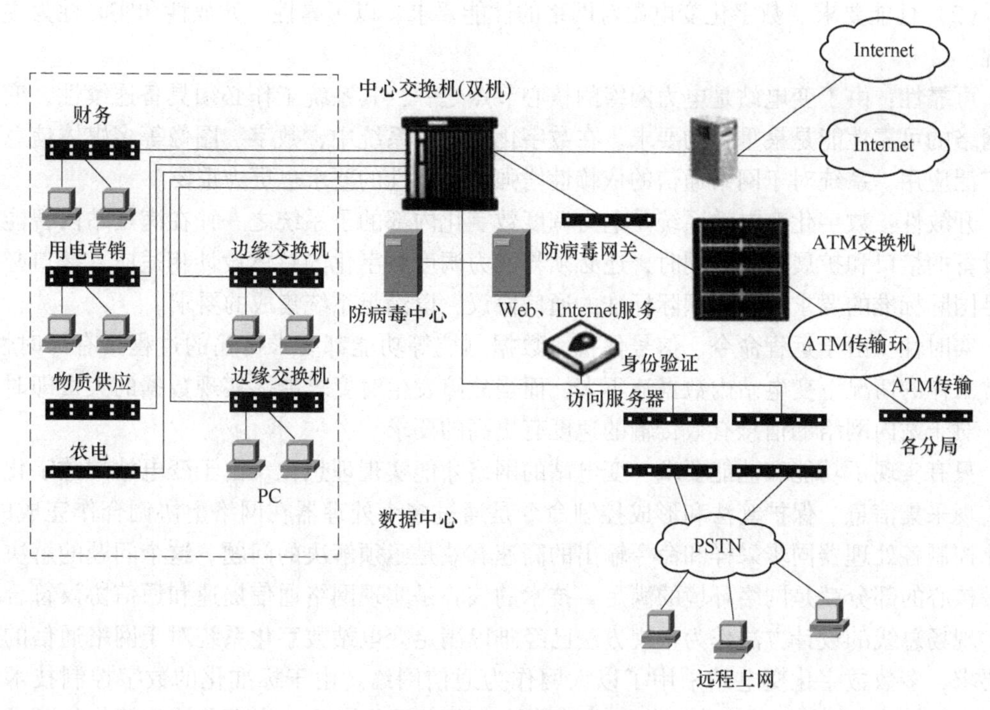

图 7-3　OA 系统网络结构示意图

7.4.2　数字化变电站

数字化变电站是指以变电站一、二次设备为数字化对象，以高速网络通信平台为基础，通过对数字化信息进行标准化，实现站内外信息共享和互操作，并以网络数据为基础，实现测量监视、控制保护、信息管理等自动化功能的变电站。数字化变电站具有全站信息数字化、通信平台网络化、信息共享标准化、高级应用互动化 4 个重要特征。

7.4.2.1　数字化变电站系统对网络的要求

数字化变电站系统在逻辑结构上分为 3 个层次，分别称为变电站层、间隔层、过程层，在变电站层—间隔层—过程层结构分层的变电站内需要传输数据。变电站层的内部通信，在变电站层不同设备之间存在信息流，各种数据流在不同的运行方式下有不同的传输响应速度和优先级的要求。

（1）功能要求。数字化变电站中计算机网络的基本任务是在系统内部各部分以及与其他系统的数据信息的实时交换，网络是基础的功能承载体。在数字化变电站系统中，构建稳定、高效、即时、可靠的计算机网络通信体系是变电站综合自动化通信的关键节点之一。网络的基本功能是变电站内智能电子设备之间的连接，因此网络对各种接口的支持是必需的，是网络通信标准化的基本要求。在变电站无人值守和数据信息批量增加的发展中，要求网络对事件、操作、电压、录波和故障等数据信息的传输和存储满足承载的空间和速度。在无人值守变电站中，网络必须完成电压自动调节和对时等功能，以保证电压运行的质量。在数字化变电站系统的维护和运行中也有自诊、远程控制、自我恢复等功能的要求。

(2) 性能要求。数字化变电站对网络的性能要求，以可靠性、开放性和实时性为主要表现。

可靠性：由于变电站是电力网络的核心节点之一，其系统工作必须具备连续性，变电站网络的可靠性能是最重要的要求。在数字化变电站系统中，数字、图像等多媒体信息技术广泛应用，系统对于网络通信的依赖性增强，可靠性的要求也更为重要。

开放性：数字化变电站系统是电力调度数字化内部的子系统之一，在满足站内智能电子设备的接口和扩展要求的同时，还必须与电力调度数字化的总体设计相适应，接口必须满足国际标准的要求，使用国际标准的通信协议，以满足系统集成的要求。

实时性：由于远程命令、信号保护、数据测控等功能都要求传输的过程具有即时性，正常工作的情况下变电站内数据流不大，而当故障发生时要求能够实现数据的大量即时传输，对于站内网络的信息有效传输的速度有更高的要求。

只有实现了功能和性能要求，变电站的网络才能实现理想化。由于变电站的数字化系统实现采集信息、保护算法和形成控制命令是通过多个处理器在网络上协调合作完成的，因此控制各处理器同步采样和命令输出的高速有效是亟须解决的问题。这个问题的解决方法最核心的部分就是网络环境的满足，技术的核心是实现网络通信提速和通信协议符合要求。现场总线的设计方法作为常规方法已经难以满足变电站数字化系统对于网络通信的速度要求，多数数字化变电站采用了以太网作为通信网络。由于标准化的数字控制技术发展、OSI 七层协议的固化和高速接口芯片等技术和产品的出现，为变电站数字化的开发提供了物理层面的技术支持。

7.4.2.2 数字化变电站网络结构

数字化变电站常用的网络拓扑结构有总线型、环型、星型以及混合型拓扑结构。

(1) 总线型结构网络中交换机通过其自身的级联口与前或者后交换机级联。

优点：组网方便，在实际使用中可以使用较短的连接线连接到中心交换机。

缺点：对于单总线型网络，不存在通信网络上的冗余，网络中如果其中一个连接丢失，与之下行链路相连的每个连接也随之丢失。另外，对于实时性要求较高的系统要充分考虑到系统的最大“跳数”，即系统中所容许的最大延时。

(2) 环型拓扑在连接上除头尾交换机相连外，与总线型结构相似，但是环型结构在一定程度上提供了链路上的冗余。环型的网络结构提供了一定程度的自愈能力。

优点：在实际工程中组网较为简单，具有部分自愈能力。

缺点：与总线型结构类似，如果应用时间要求比较苛刻的环境，就要考虑级联时的最坏网络延时；另外，系统的重新配置会出现较长时延问题。

(3) 如果交换机在网络中处于骨干交换机的地位，其他所有交换都与其连接以形成一个星型网络结构。

优点：为用户提供了较小的网络延时，网络中位于不同交换机的任何两个智能电子设备（Intelligence Electronic Device，IED）之间通信仅仅需要两跳。

缺点：没有网络冗余，如果骨干交换机故，防则所有与其相连的交换机都将成为网络孤岛，或者如果一个上行链路故障，则与其相连的所有 IED 将丢失。

(4) 混合型网络结构一般由星型和环型组成，此种网络结构在骨干层采用环型网络，在其他部分采用星型结构。

优点：充分利用了星型网络的最小延时和环型网络的链路冗余的优点，在工作中能够承受不同程度的故陷，而确保连接在上面的 IED 不会丢失。

缺点：成本较高，实际中组网较为复杂，不方便运行中的网络维护。

7.4.3 电力调度自动化

电力调度自动化系统是指直接为电网运行服务的数据采集与监控系统，包括在此系统运行的应用软件，是在线为各级电力调度机构生产运行人员提供电力系统运行信息分析决策工具和控制手段的数据处理系统。电力调度自动化系统是保证电网安全和经济可靠运行的重要支柱手段之一。随着电网不断地发展，电网的运行和管理需求在不断地变化，要保证电力生产的安全有序进行，作为重要支柱的调度自动化系统要适应电网需求的发展。

当前，我国已投入运行的电力调度自动化系统包括 SD-6000、CC-2000 和 OPEN-2000，在这些系统中均采用了国际上公认的标准和 RISC 工作站。其中先进技术的应用，显示出这些系统的功能基本已达到国际同类系统水平。用 Internet/Intranet 实现电力企业管理信息系统网（Management Information System，MIS）的建设已成为有效而可行的解决方案。在电力企业 MIS 网中，网络实时信息是一种必不可少的重要信息，用 Web 技术实现电网的实时信息的发布，使电网信息的可用性大大增强，用户只需通过 Web 浏览器就能查到当前电网中的各类信息。

7.4.3.1 调度自动化系统结构

调度自动化系统拓扑结构如图 7-4 所示。

Web 服务器介于实时系统与 MIS 网之间，一方面从实时系统中获取实时信息，另一方面向 MIS 网用户提供实时信息。

软件系统包括服务端和客户端两部分。服务端主要实现从实时系统中获取实时信息，为客户端提供数据。客户端主要功能是根据图形中的参数从服务器中获取实时数据，并实施动态显示，包括接线图、棒图、曲线图等多种图形。

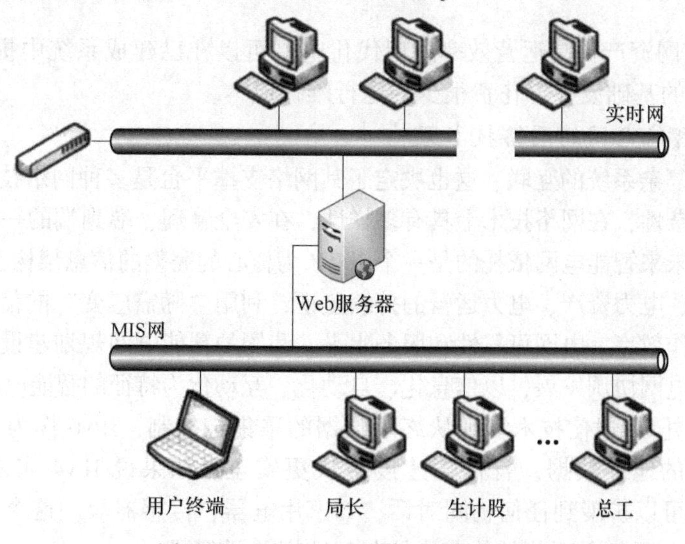

图 7-4 调度自动化系统拓扑结构图

7.4.3.2 调度自动化系统功能

基于Web的调度自动化系统必须能够提供现场的实时信息，这些信息一方面包括由通信程序与底层设备相互通信所获得的信息，另一方面也包括大批计算信息，如总加信息、曲线数据等。系统通过与MIS网相连，网上计算机用浏览器可实时查询这些数据，从而为调度指挥、辅助决策、事故分析等提供了科学的依据。因此，系统应满足如下的基本任务和要求：

(1) 及时发布数据，并且需保证数据的可靠性和较快的刷新速度；

(2) 提供丰富的数据显示方式，如接线图、潮流图、数据棒图、饼图、实时和历史曲线同时能快速地在图形之间进行切换；

(3) 访问历史数据，生成报表。

7.4.3.3 智能电网

通过信息化手段，使能源资源开发、转换（发电）、输电、配电、供电、售电及用电的电网系统的各个环节进行智能交流，实现精确供电、互补供电、提高能源利用率、供电安全，节省用电成本的目标。这样的电力网络，称为智能电网。

智能电网的特点：

(1) 自愈能力。有自愈能力的现代化电网可以发现并对电网的故障做出反应，快速解决，减少停电时间和经济损失。

(2) 互动。在现代化电网中，商业、工业和居民等能源消费者可以看到电费价格、有能力选择最适合自己的供电方案和电价。

(3) 安全。现代化的电网在建设时就考虑要彻底安全性。

(4) 提供适应21世纪需求的电能质量。现代化的电网不会有电压跌落、电压尖刺、扰动和中断等电能质量问题，适应数据中心、计算机、电子和自动化生产线的需求。

(5) 适应所有的电源种类和电能存储方式。现代化的电网允许即插即用地连接任何电源，包括可再生能源和电能存储设备。

(6) 可市场化交易。现代化的电网支持持续的全国性的交易，允许地方性与局部的革新。

(7) 优化电网资产提高运营效率。现代化电网可以在已建成系统中提供更多的能量，仅需建设少许新的基础设施，花费很少的运行维护成本。

7.4.3.4 智能电网的网络技术架构

智能电网是复杂系统的互联，这也决定了其网络支撑平台是多种网络技术的集成，在网络结构上具有复杂性，在网络技术上具有多样性，在安全管理、端到端的一致性等方面具有挑战性。因此，未来智能电网依托的是一个以TP为核心的完整的信息架构和基础设施体系，实现对电力客户、电力资产、电力运营的持续监视，利用“随需应变”的信息提高电网公司的管理水平、工作效率、电网可靠性和服务水平。我国的智能电网规划建设以特高压电网为骨干网架，各级电网协调发展，以信息化、自动化、互动化为特征的智能电网。

智能电网依托IP通信技术实现从终端数据的采集与控制，IPv6作为下一代互联网的基础，拥有庞大的地址数据，且传输速度更快更安全。如果说IPv4实现的是“人机对话”，那么IPv6可以扩展到任何物间对话，如家用电器、传感器等。这个功能是比较强大的，可以在智能电网各个环节的传感、控制与监视单元部署。

8 电力系统智能电网与量子通信

8.1 智能电网中的通信技术

8.1.1 智能电网对通信的总体要求

建立高速、双向、实时、集成的通信系统是实现智能电网的基础，没有这样的通信系统，任何智能电网的特征都无法实现。因为智能电网的各种数据的获取，保护和控制指令的发出都需要这样的通信系统的支持，因此建立通信系统是迈向智能电网的第一步。同时，通信系统要和电网一样深入千家万户，这样就形成了两张紧密联系的网络——电网和通信网络，只有这样才能实现智能电网的目标和主要特征。

高速、双向、实时和集成的通信系统使智能电网成为一个动态的、实时信息和电力交换互动的、大型的基础设施。当这样的通信系统建成后，它可以提高电网的供电可靠性和资产的利用率，繁荣电力市场，抵御电网可能受到的攻击，从而提高电网价值。高速双向通信系统的建成，智能电网可实现连续不断地自我监测和校正，应用先进的信息通信技术，实现其最重要的特征——自愈特征。高速双向通信系统可以监测各种扰动，进行补偿，重新分配潮流，避免事故的扩大。高速双向通信系统使得各种不同的智能电子设备(IEDs)、智能表计、控制中心、电力电子控制器、保护系统以及用户进行网络化的通信，提高对电网的驾驭能力和优质服务的水平。

对于通信技术的总体要求是：开放的通信架构，形成一个“即插即用”的环境，使电网元件之间能够进行网络化的通信；统一的技术标准，它能使所有的传感器、智能电子设备（IEDs）以及应用系统之间实现无缝的通信，即信息在所有这些设备和系统之间能够得到完全的理解，实现设备与设备之间、设备与系统之间、系统与系统之间的互操作功能。由于现有通信系统已经承担传统电网的维护运行，智能电网也是在现有电网和信息通信网络基础上进行建设与发展，不存在重新建设一个电网叫作智能电网的可能，因此，也没有必要针对智能电网的要求重新研发新的信息通信技术。必须利用各种已存在的信息通信领域的标准、规范和建议，利用已存在的各种信息通信技术来满足智能电网的要求。

未来的智能电网将取消所有的电磁表计及其读取系统，取而代之的是可以使电力公司与用户进行双向通信的智能固态表计。基于微处理器的智能表计将有更多的功能，除了可以计量每天不同时段电力的使用和电费外，还能储存电力公司下达的高峰电力价格信息及电费费率，并通知用户实施什么样的费率政策。更高级的功能有用户自行根据费率政策编制时间表，自动控制用户内部电力使用的策略。

对于电力公司来说，参数量测技术给电力系统运行人员和规划人员提供更多的数据支持，包括功率因数、电能质量、相位关系、设备健康状况和能力、表计的损坏、故障定位、变压器和线路负荷、关键元件的温度、停电确认、电能消费和预测等数据。新的软件系统将收集、储存、分析和处理这些数据，为电力公司的其他业务所用。

未来的数字保护将嵌入计算机代理程序，极大地提高系统可靠性。计算机代理程序是一个自治和交互的自适应的软件模块。广域监测系统、保护和控制方案将集成数字保护、先进的通信技术以及计算机代理程序。在这样一个集成的分布式的保护系统中，保护元件能够自适应地相互通信，这样的灵活性和自适应能力将极大地提高可靠性，因为即使部分系统出现了故障，其他的带有计算机代理程序的保护元件仍然能够保护系统。

8.1.2 各工作域对通信的要求

在智能电网的架构中，划分了工作域，不同的工作域其地理范围不同，对通信信息网络的要求也不同。与之相对应的信息通信网络可划分成广域网（Wide Area Network，WAN）、场区网（Field Area Network，FAN）或城域网（Metropolitan Area Network，MAN）以及用户网（Home Area Network，HAN）3类。由于地理范围不同，承载的业务也不同，能够适应的信息通信网络也就不同。

各种通信技术是在网络的用户之间提供双向通信，这里用户是指区域市场管理者、公共事业机构、服务提供商和消费者。允许电力系统运行管理者监视他们自己的系统和相邻系统，以保证能源更可靠地分配和输送。协调和整合技术系统，例如可再生资源、需求侧响应、电能贮藏装置和电力交通运输系统，确保电网和通信网的安全。

通信信息网络将面临的问题还有：通信信息网络是否可靠而富有弹性？能否100%覆盖？智能电表的抄通率能否达到99.9%？采用的技术能否随技术的发展而跟进？能否防止来自网络的攻击？在考虑通信网络弹性时，必须考虑到处理网络事件的能力、数据的可靠性和网络提供的服务质量。实现端到端的可靠性，通信基础设施需要设计具有多种单元组，如果接入网发生中断时，可利用冗余线路改变路由。这些单元组和网络的建立需要多个地理分布和后备电源，确保可以满足一定服务水平和范围的可靠性和弹性要求，并进行定期的紧急事件演习，确保当事故发生时很快利用备份网络处理网络中断的发生。如果采用专用/非商用通信基础设施，必须持续资助通信网络的维护运行和管理，以保证网络的可靠性和弹性，减轻网络安全风险。在做出采用公网还是专网的决定之前，电力公司要清楚依靠公网和专网的费用成本差别。

如果信息通信网络缺乏覆盖面，信息收集不全，可靠性将变差。覆盖面的考虑要从住宅延伸到市区、郊区和农村。为了智能电网有效应用，网络基础设施需要多种技术措施。采用光纤、无线、电力线通信和卫星等通信技术构造信息通信网络。

8.1.2.1 广域网技术

地理范围一般几十千米以上，甚至达到几千千米，这个范围网络称为广域，广域网（WAN）技术是指适合在这个距离以上的信息通信技术。与WAN相适应的信息传输主要是光纤通信系统。光纤通信具有足够的带宽，且可靠性高、经济性好和易于维护，因此，大范围的通信系统首选光纤通信。应用广泛的同步数字通信结构（Synchronous Digital Hierarchy，SDH）、自动交换光网络（Automatically Switched Optical Network，ASON）和光传输网络（Optical Transport Network，OTN）技术都基于光纤而建立系统，物理层面的密集波分复用（Dense Wavelength Division Multiplexing，DWDM）和粗波分复用（Coarse Wavelength

Division Multiplexing，CWDM）更是针对光通信而提出的，使得光通信占据主导地位。

在我国电力系统中，输变电系统和维护运行管理者（电力企业）之间已经建立起电力通信专用网络，并具有很高的信息传输带宽和可靠性。这些通信网络以电力特种光缆为传输媒介，以 SDH 传输设备为主结合多业务传送平台（Multi-Service Trausport Platform，MSTP）接入各类业务，以满足电力生产的要求。SDH/MSTP 技术是电力系统通信网的主流技术，在主干电力传输网中的应用非常广泛，它以高传输带宽、支持多种环网保护协议、抗干扰性强等性能为电力通信提供了一个健壮的平台。而在部分配电系统中，光通信网络也得到广泛应用，将电力特种光缆铺设到低压变电站，建立通信网络，完成电力信息传输。在图 9-1 中，智能电网中的 WAN 范围一般是指高压输电系统所到达的范围，作为 220 kV 和 500 kV 主干输电线路，一般为几十到几百千米范围内，甚至上千千米。

8.1.2.2 城域网技术

城域网（MAN）的范围一般是在几千米到几十千米。

（1）配电网的构成：配电网是由架空（大城市采用地埋）线路、电缆、杆塔、配电变压器、隔离开关、无功补偿电容以及一些附属设施等组成的。在电力网中起分配电能作用的网络就称为配电网。

（2）配电网的类型：配电网按电压等级来分类，可分为高压配电网（35~110 kV）；中压配电网（6~10 kV，个别地区有 20 kV 的）；低压配电网（220/380 V）；在负载率较大的特大型城市，220 kV 电网也有配电功能。

按供电区的功能来分类，配电网可分为城市配电网、农村配电网和工厂配电网等。在城市电网系统中，主网（输电）是指 110 kV 及其以上电压等级的电网，主要起连接区域高压（220 kV 及以上）电网的作用。

（3）配电网的特点：35 kV 及其以下电压等级的电网，作用是给城市里各个配电站和各类用电负荷供给电源。配电网一般采用闭环设计、开环运行，其结构呈辐射状。在配电网中，城市 10 kV 线路的长度比较短，最长仅为几千米的距离。

智能电网的终端用户就处于配电网内，配电系统的信息通信业务包括配电自动化信息用电信息、用户需求信息和未来的电能交易信息等。

配电自动化（Distribution Automation，DA）是一项集计算机技术、数据传输、控制技术、现代化设备及管理于一体的综合信息管理系统，其目的是提高供电可靠性，改进电能质量，向用户提供优质服务，降低运行费用，减轻运行人员的劳动强度。对于工厂/建筑等终端用户的配电设备的自动化管理，是为了提高配电系统运行的可靠性，对于事故实现提前预告，提高工作效率，并达到经济运行的目标。

配电自动化的功能是负责城区 10 kV 系统的配网的监视/控制的自动化管理，优化城区配网结构，合理高效用电管理，事故的预告和故障的及时处理。传送的信息包括配电网监督配电网和数据采集信息、配电地理信息系统数据、需方管理信息、调度员仿真调度指令、故障呼叫服务系统和工作管理系统信息等一体化的综合自动化信息，形成了集变电所自动化、馈线分段开关测控、电容器组调节控制、用户负荷控制和远方抄表等系统于一体的配电网管理系统，功能多达 140 余种。

由于 MAN 的主要管理对象是配网自动化信息的传输，其业务特点是数据量大，但传输距离短。因此，一些接入网技术得到了广泛的应用。适合于 MAN 的信息通信技术主要是无源光网络技术、宽带电力线通信技术以及无线通信技术。无线通信技术可以采用 Mesh、Wi-Fi 或者其他无线通信技术。在配电网自动化通信中，SDH 设备对其工作环境要求较高、带宽利用率较低、施工难度较大、成本较高，使得 SDH/MSTP 技术在配电网中自动化系统中的应用有些不切实际。

8.1.2.3 HAN 技术

对于用户而言，能采用什么技术是自己的选择，一般不受在 WAN 和 MAN 中应用技术的制约，用户可以构建自己的网络形态，只要在网络互连时提供适合的接口即可。对于一个家庭来说，HAN 的范围很小，小到几米的范围，大到几十米或上百米。适合于这个范围的网络技术都很成熟，种类繁多，应用广泛。基于 IEEE Std802.15.4 个人局域网（如 ZigBee SEP2.0 个域网），基于 IEEE Std802.11 无线局域网（WLAN），基于 IEEE Std1901 宽带电力线通信，基于 IEEE Std802.3 局域网（LAN），基于 IEEE Std802.16 的 WiMax 等多种技术，都得到了广泛的应用。在智能电网条件下，用户不仅仅是从电网获得电能的消费者，也为电网提供电能，以发挥更大的能源供给能力和能源利用效率。

在 HAN 中，交换的信息特点是：抄表信息端到端的传输时延为 4 ms~15 s；其他业务的典型带宽为：1 kbit/s~30 Mbit/s，传输时延在 1~1500 ms，数据包长度为 10~1500 B。

对于公司和楼宇类型的用户来说，HAN 的范围要比家庭大很多，因此，局域网技术应用最为广泛。

8.1.3 典型通信技术与及其应用

8.1.3.1 无源光网络技术

以太网无源光网络（Ethernet Passive Optical Network，EPON）是一种新型的光纤接入网技术，其物理层采用了无源光网络（Passive Optical Network，PON）技术，在链路层使用以太网协议，综合了 PON 技术和以太网技术的优点。

EPON 系统的主要设备由光线路终端（Optical Line Terminal，OLT)，光网络单元（Optical Network Unit，ONU)，光网络终端（Optical Network Terminal，ONT)，光分配网（Optical Distribution Network，ODN）其系统结构如图 8-1 所示。

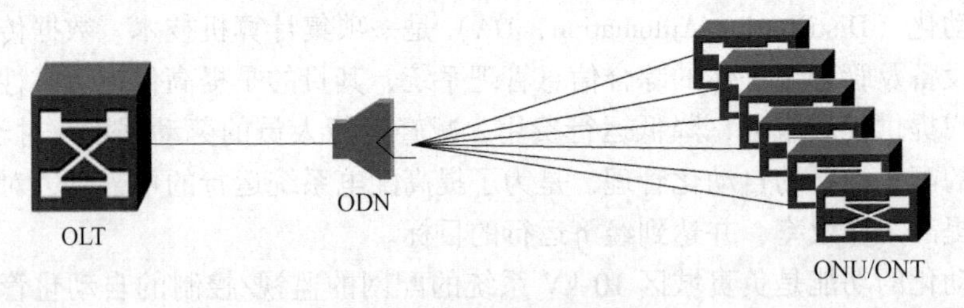

图 8-1 EPON 系统结构图

EPON 系统采用波分复用技术，实现单纤双向传输。为了分离同一根光纤上多个用户的来去方向的信号，采用两种复用技术：下行数据流采用广播技术上行数据流采用时分多址技术。

MPCP 即 Muti-Point Control Protocol 多点控制协议，是 MAC control 子层的一项功能。MPCP 使用消息、状态机、定时器来控制访问 P2MP（点到多点）的拓扑结构。在 P2MP 拓扑中的每个 ONU 都包含一个 MPCP 的实体，用以和 OLT 中的 MPCP 的一个实体相互通信。因为 PON 的多点广播特性，所有的下行数据都会被广播到 PON 系统中所有的 ONU 上，如果有一个匿名用户将它的 ONU 接收限制功能去掉，那么它就可以监听到所有用户的下行数据，这在 PON 系统中称为“监听威胁”。PON 网络的另一个特点是，网络中 ONU 不可能监测到其他 ONU 的上行数据。在 PON 上解决安全性的措施是 ONU 通过上行信道传送一些保密信息（如数据加密密钥），OLT 使用该密钥对下行信息加密，因为其他 ONU 无法获知该密钥，接收到下行广播数据后，仍然无法解密获得原始数据。

GEPON 和 EPON 在标准定义方面是一脉相承的。基于 IEEE 802.3av 的 10GEPON 在波长规划、控制协议和管理机制等方面都进行了完善的考虑，10GEPON 几乎完全继承了现有的 EPON 标准，仅仅是对 EPON 的 MPCP 协议（IEEE 802.3）进行扩展，增加了 10 Gbit/s 能力的通告与协商机制，保证了 10GEPON 可以充分利用现有 EPON 的运维方案和管理机制，是智能电网中 MAN 可选择的技术之一。而且，大量 EPON 示范工程已经证实了该技术的适用性。

采用 EPON 技术为智能电网提供信息通信支撑。光缆/光纤网络的投资比重很大，光缆/光纤网络的调整和改造涉及面广、周期长、工程复杂，建成后需长期、稳定使用，后续技术和带宽升级最好在设备层面实施。

配用电通信网骨干网采用 EPON 技术时，可覆盖 110 kV 变电所至 10 kV 开关站，拓扑结构以“手拉手”全保护倒换型为主。EPON 适合于利用城市配电杆塔架设线路，或者预设管道的城市，而已经规划到地下的输电线路再挖开重新铺设光缆，费用过高。

采用 EPON 技术构建配电通信系统，光缆布放是随着配电网电缆走向实施的，通信网络的结构与电力配电网缆线结构相符合，图 8-2 所示为 EPON 链形组网，其结构契合单电源辐射网络，在配电子站布放 OLT，通过 OLT 的 1 个 PON 口级联多个 POS，POS 可置于每一个分段（如杆塔或缆线分支箱），每个 ONU 置于 FTU 或其他箱体内。图 8-3 所示为 EPON 全链路保护组网，其结构契合双电源手拉手网络，在两个配电子站分别布放 OLT，通过两个方向利用 POS 进行级联延伸，每个 ONU 的上行链路都通过双 PON 口进行链路 1+1 冗余保护，设备布放位置同链形组网方式。为了提高可靠性. 还可以采用其他网络结构。

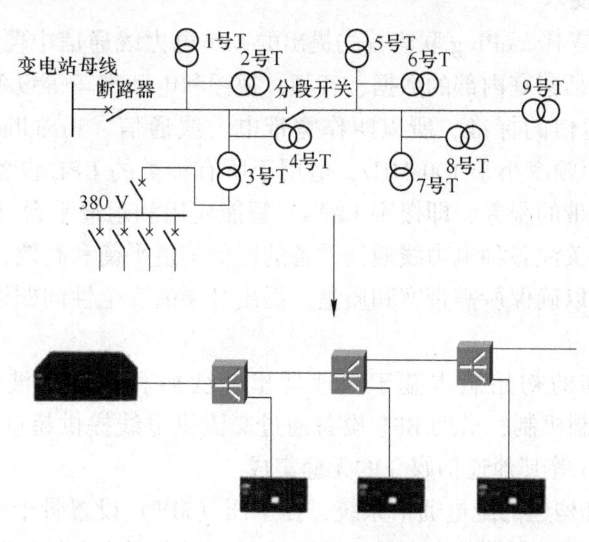

图 8-2 EPON 链形组网

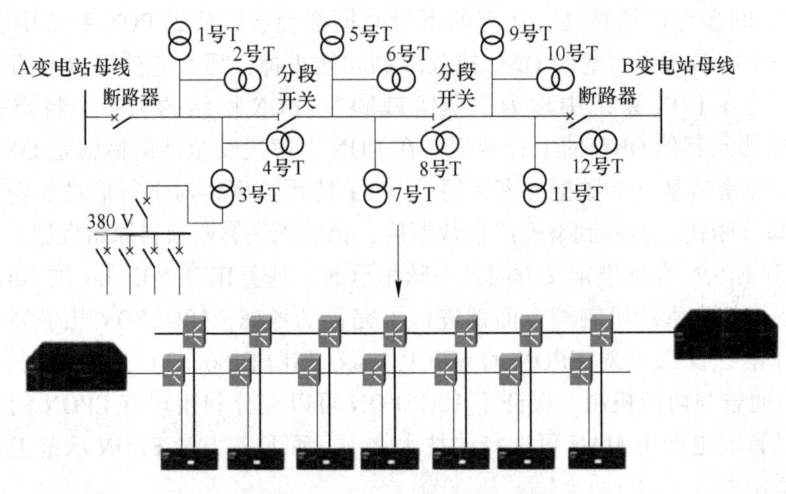

图 8-3 EPON 全链路保护组网

EPON 设备的取电通常可以通过电压互感器变换电压、二次侧可输出为 220VAC，就近配电变压器取电等方式进行。工程实际中，开闭所、负荷中心、用户电表处取电相对方便，环网柜、柱上开关、变压器等处可靠电压互感器+蓄电池方式取电。目前市场上的 ONU 设备基本能够采用宽泛的电压设计或者交直流双备份的方式实现电源保障。现有配电网通信终端（FTU/DTU/RTU）的通信接口以 RS232/485 为主，随着以太网技术应用的不断发展，以太口（RJ45）最终会取代绝大部分的电力通信设备的接口。与传统的调度自动化系统相比，配电系统自动化终端节点数据极大，并且节点分散、通信距离短、每个节点的数据量较小、实时性要求高，各种不同类型终端的速率要求大致分布在 300 bit/s~2 Mbit/s。而 EPON 系统基本可提供 1.25 Gbit/s 的上下行速率，并提供以以太口为主、RS232/485 口为辅的数据接口，满足配电自动化系统的带宽和接口的发展要求。

8.1.3.2 BPL 技术

IEEE 1901 标准是 HomePlug 联盟首先提出的，是电力线通信中覆盖物理层和 MAC 层的主要应用标准，包括家庭内部的数据、音频、视频和电动汽车等设备的联网，定义了借助电力线进行高速通信的标准，所以叫作宽带电力线通信（Broadband over Power Line, BPL）。该标准的应用频率小于 100 MHz，适用于所有种类的 BPL 设备，包括最初 1 千米和最后 1 千米接入宽带的服务，即楼宇 LANs、智能应用和运输平台（汽车）和其他分布式数据。该标准着重关注各种电力线通信设备的通信信道平衡和高效，定义了 BPL 设备的共存和互操作机制，以确保所需带宽和质量，提出必要的安全性问题以确保使用者之间的隐私通信和敏感服务。

IEEE P1901 标准的初始版本基于快速傅里叶变换和离散小波变换正交频分复用（Wavelet OFDM）调制机制，借助 BPL 设备通过交流供电线提供超过 100 Mbit/s 的带宽，提供与以太网、Wi-Fi 等其他通信媒介的无缝集成。

IEEE P1901 标准构建的配电通信系统，在中压（MV）设置骨干节点，在低压（LV）设置集中器，通过中压和低压的电力线来输送或抄表以数据为主的信息。LV 集中器和 MV

节点用于连接智能电表与电力企业的中央控制中心，构建成一个双向实时的TCP/IP网络。在能源管理应用上，家庭用户可以通过PLC产品进行远程控制及监视家里的电器，从而达到节能省电的目的。IEEE P1901标准更适合于用户数据量不大，大范围居住（农村、牧区），居住分散的场合。

8.1.3.3 无线Mesh技术

Mesh网络即无线网格网络，是一个无线多跳网络，由Adhoc网络发展而来，是解决“最后一公里”问题的键技术之一。在下一代网络演进的过程中，无线是一个不可或缺的技术。无线Mesh可以与其他网络协同通信。是一个动态的、可以不断扩展的网络架构，任意的两个设备均可以保持无线互联。无线Mesh网络要比单跳网络更加稳定，这是因为在数据通信中，网络性能的发挥并不是仅依靠某个节点。在传统的单跳无线网络中，如果固定的AP发生故障，那么该网络中所有的无线设备都不能进行通信。而在Mesh网络中，如果某个节点的AP发生故障，它可以重新再选择一个AP进行通信，数据仍然可以高速地到达目的地。从物理角度而言，无线通信意味着通信距离越短，通信的效果会越好。因为随着通信距离的增长，无线信号不仅会衰弱而且会相互干扰，从而降低数据通信的效率。而在Mesh网络中，是以一条条较短的无线网络连接代替以往长距离的连接，从而保证数据可以以高速率在节点之间快速传递。

Mesh技术可以使WLAN的安装部署和网络扩容更加方便。许多厂家都推出了功能丰富的Mesh产品，从而使部署大规模运营级无线城域网成为可能。某些产品开发了动态Mesh架构协议（Dynamic Mesh Architecture，DME），使无线访问点具有自动配置网络，并使网络效率最优化的特性。提供自我组织，自我修复，更新动态网络连接，确保网络安全等功能。

无线Mesh网络基于呈网状分布的众多无线接入点间的相互合作和协同，具有宽带高速和高频谱效率的优势，具有动态自组织、自配置、自维护等突出特点，因此，无线Mesh技术和网络的研究开发与实际应用，成为当前无线移动通信的热门课题之一，特别在未来移动通信系统长期演进中，无线Mesh技术和网络成为瞩目焦点。

骨干网Mesh结构是由Mesh路由器网状互连形成的，无线Mesh骨干网再通过其中的Mesh路由器与外部网络相连。Mesh路由器除了具有传统的无线路由器的网关、中继功能外，还具有支持Mesh网络互联的路由功能，可以通过无线多跳通信，以低得多的发射功率获得同样的无线覆盖范围。

客户端Mesh结构是由Mesh用户端之间互连构成一个小型对等通信网络，在用户设备间提供点到点的服务。Mesh网用户终端可以是手提电脑、手机、PDA等装有无线网卡、天线的用户设备。这种结构实际上就是一个Adhoc网络，可以在没有或不便使用现有的网络基础设施的情况下提供一种通信支撑。

无线Mesh具有如下特点：

（1）无线Mesh网络能够自组织、自愈、自均衡，可靠性大大增强，还提供了更大的冗余机制和通信负载平衡功能。

（2）很容易实现非视距传输，大大扩展了应用领域和覆盖范围，信号避开了障碍物的干扰，传送畅通无阻，消除了盲区。

(3) 组网更加灵活，只需要增加少数无线设备即可。网络的柔韧性和可行性更强大更完善，网络利用率大大提高。

(4) 兼容多种类型接入方式，连接到 Internet 只需几个接入点，大大减少网络成本，能够降低 70%~75%的运营和安装成本。该项技术适合于 FAN 或 NAN 的环境中。配合 EPON 技术，可以构建大范围的信息通信网络，是智能电网建设信息通信系统的有力方案之一。

8.1.3.4 WiMax 技术

WiMax 具有 QoS 保障、传输速率高、业务丰富多样等优点。WiMax 的技术起点较高，采用了代表未来通信技术发展方向的 OFDM/OFDMA、先进天线系统、多输入多输出等先进技术。随着技术标准的发展，WiMax 逐步实现宽带业务的移动化。

WiMax 标准支持移动、便携式和固定服务选项。用于固定 WiMax 部署中，服务提供商提供客户端设备，作为指向无线"modem"以提供的界面为 WiMax 网络提供特定位置，如家庭、网吧或办公室。WiMax 也以及适合新兴市场作为的经济方法提供高速度互联网。

在 WiMax 技术的应用条件下（室外远距离），无线信道的衰落现象非常显著，在质量不稳定的无线信道上运用 TCP/IP 协议，其效率可能十分低下。WiMax 技术在链路层加入了 ARQ 机制，减少到达网络层的信息差错，可大大提高系统的业务吞吐量。同时 WiMax 采用天线阵、天线极化方式等天线分集技术来应对无线信道的衰落。这些措施都提高了对 WiMax 的无线数据传输的性能。

WiMax 适合于大范围用户数量不够集中的场合应用。作为智能电网信息通信技术的选择时，适合接入郊区或山区等地域的用户，建设成本较低。

8.2 智能电网技术在电力系统中的应用

8.2.1 智能电网在电力技术及电力系统规划中的重要性

8.2.1.1 安全经济

智能电网的应用能够使得电力工程的建设和发展更加安全经济，随着我国社会的不断发展，对于电力工程的需求量也越来越大，各种电力工程连接形成一个庞大且复杂的电力网络，由于其所应用技术和关联工程过多，所以电力工程的安全性便成为重要问题。如果电力工程的安全性无法得到保障，不仅电力系统会受到破坏，无法保证供电的正常性，也会带来一些安全事故隐患，比如发生漏电事故，影响人民群众的人身安全；也有可能其他工程在建设过程中，由于供电的突然停止而导致工程无法继续进行。因为目前电力系统是覆盖到我国全国各地的范围的，不仅人民生活离不开电力系统，各行各业的工程建设也都与电力系统息息相关，所以一旦电力系统出现问题，会给人民正常生活和其他行业的正常发展带来极大的隐患。电力系统的正常运行可以更好地保障人民生活和行业发展，所以要保证电力系统的安全正常运行。

将智能电网技术应用到电力技术和电力系统之中，首先可以保证电力技术的安全性，智能电网技术具有极强的程序运行能力，可以减少电力技术使用过程中发生失误的概率，保证安全性。在电力系统之中，智能电网技术也可以更好地分配电力，按照不同的需要进行合理的分配，做到经济效益最大化，将电力工程能带来的经济效益最大程度地发挥出来。

8.2.1.2 高效节能

智能电网除了能保证发电安全之外，还能够保证发电效率。将智能电网应用到发电系统之中，首先可以对发电设备进行升级和完善，保证发电设备能够承载大量的发电工作，更好地处理各种发电指令和程序，而且可以使得电力设备自身的保障性增强，不容易受到损害，保证发电程序的稳定运行。在储能方面，智能电网也可以发挥其高效性能，对大量能源进行有效储存，防止能源泄漏，并且通过合理的分配对储存的能源进行规划，使得有效的能源发挥出更大的作用，保证能源供给的可持续性和稳定性。在通信方面，智能电网也能够高效率地处理各种电力通信信息，不仅速度更快，覆盖范围也更广。

智能电网的使用可以将能源的效益最大程度地开发出来，地球上的能量和资源是有限的，对电力工程的能源供给也是有限的，通过智能电网对电力的存储和配送进行合理规划和分配，可以使更少的能源发挥更大的作用，避免不必要的能源浪费。智能电网能够使得电力技术的应用更加高效，减少不必要的发电程序和在发电过程中的能量损耗，将节约下来的能源运行到电力系统的各个位置之中，保证电力系统的高效运行。

8.2.1.3 有利于发现电力问题

智能电网能够对电力系统的运行进行实时监测，及时发现其中可能存在的电力问题。电力工程所形成的系统，网络是极其庞大的，其中可能出现的问题也十分之多，无论是在数量上还是在种类上都非常多，所以难以被察觉和处理，如果仅仅依靠人力来对电力系统进行检查和维修是极其不现实的，因为电力系统中出现的故障可能涉及多种行业，不仅仅是电力问题，可能还涉及机械通信工程等问题，所以单一型的人才无法对所有问题进行监测和处理，但综合性专业人才数量并不是很多，无法满足电力系统中庞大且众多的问题，而智能电网的存在则可以更好地检测故障的发生，通过对电力系统中的各种数据研究来反映电力运行的情况，及时反映分析出的问题，一旦数据偏离正常范围，便会发出警报通知电力技术人员进行检查和处理，及时将故障进行排除，避免引发更大的问题。而且智能电网能够保证监测全面性和实时性，只要电力系统在运行过程中就一直在监测中，不会出现松懈的问题。

8.2.2 智能电网技术在电力系统效率提升中的应用

随着电力需求的不断增长和可再生能源的大规模集成，电力系统的效率成为关键挑战。智能电网技术以其先进的信息和通信技术、自动化控制系统以及数据分析能力，为提高电力系统的效率提供了有效的解决方案。

（1）智能电网技术的应用之一是实时监测和管理电力系统。传统的电力系统监测通常依赖于周期性的检查和手动干预，这在应对突发故障和负荷波动时效率有限。而智能电网技术通过智能计量和传感器，能够实时收集电力网络各个节点的数据，包括电压、电流、频率等，以及与设备状态相关的信息。这些数据通过高速通信网络传输到中央数据中心，实时分析并生成预警信号，使电力运营商能够更快速地检测和应对问题，提高了电力系统的稳定性和可控性。

（2）智能电网技术促进了电力系统的优化调度和负荷管理。通过分析大数据和应用智能算法，电力系统能够更精确地预测负荷需求，优化能源分配和供应。这意味着电力供应商可以更有效地调整发电机组的输出，减少能源浪费，降低碳排放，并提供更具竞争力的电价。同时，终端用户也能够通过实时监测自己的能源消耗情况，采取节能措施，降低能源成本。

（3）智能电网技术支持电力系统的自愈能力。在传统电力系统中，故障发生时通常需要人工干预来修复问题，这会导致较长的停电时间和服务中断。而智能电网技术具备自动化控制和远程操作的能力，可以快速隔离故障区域，恢复供电，并通过分散的能源资源提供备用电源。这降低了停电的风险，提高了电力系统的可靠性。

总之，智能电网技术在电力系统效率提升中发挥着关键作用，通过实时监测、智能调度和自愈能力提高了电力系统的可靠性、效率和可持续性。这些应用为电力行业带来了更大的灵活性和更多的可持续发展的机会，有助于满足不断增长的电力需求和环境保护的要求。

8.2.3 可再生能源集成与智能电网技术的协同作用

可再生能源，如太阳能和风能，正逐渐成为电力系统的主要能源之一，以减少对化石燃料的依赖并减少温室气体排放。然而，可再生能源的不稳定性和间歇性给电力系统的运营带来了挑战。智能电网技术的引入为可再生能源的集成提供了解决方案，通过协同作用，实现了电力系统的可持续发展。

（1）智能电网技术通过实时监测和数据分析，能够更好地预测和管理可再生能源的波动性。太阳能和风能的产生受到天气和季节等因素的影响，因此需要精确地预测和调度。智能电网技术利用智能传感器和大数据分析，可以监测天气条件、风速、光照等因素，实时更新能源产生的预测，使电力运营商能够做出更合理的发电计划。这有助于减少可再生能源波动对电力系统的不稳定性影响，提高了电力供应的可靠性。

（2）智能电网技术支持电力系统的分布式能源管理。可再生能源通常以分散的方式安装在不同地点，例如太阳能电池板安装在屋顶，风力发电机分布在不同风场。智能电网技术允许这些分布式能源资源实时交流信息，并协同运行，以实现电力系统的协同发电和供电。这降低了电力系统的运营成本，提高了能源利用效率。

（3）智能电网技术还鼓励可再生能源与能源存储技术的结合。能源存储设备，如锂离子电池和储能系统，能够储存多余的可再生能源并在需要时释放。智能电网技术可以监测电力需求和能源存储状态，并通过自动化控制系统优化能源的分配。这不仅提高了电力系统的可靠性，还有助于实现电力系统的绿色和可持续发展。

8.3 量子通信网络组成及其主要性能

量子通信的系统网络可以是量子通信本身所设置的专用网络，更可以采用现有光通信网络传输量子通信的信息载体实现量子通信。

8.3.1 量子通信系统网络的组成

量子通信系统网络的组成与一般光通信系统网络类似，也是由通信的发送端、信息传输通道和接收端组成，根据需要在信息传输通道中也可加入中继站点。组成量子通信（Quantum Teleportation，QT）系统网络的主要设备是发射端装置、接收端装置，其组成的基本部件包括量子态发生器、量子通道和量子测量装置等。量子通信采用的硬件及其关键技术是亚泊松态激光器以及光子计数技术和量子无破坏测量技术等。此外，在收信端，光子通信所采用的光子计数技术，其主要特点是不需要从发射信息端吸取信息能量。也就是说，量子通信系统网络中光子所携带的信息能量可供给极多的收信者使用。

8.3.1.1 量子通信发射端装置概况

量子通信发射端装置的功能被分为3部分：(1) 产生信息载体的量子流装置，其主要功能是将产生的量子流作为量子通信的信息载体；(2) 调制器装置，由此调制量子流将要发送的信息载入量子流中；(3) 量子流的发射装置，其主要功能是将已调制好的量子流发送到量子通信信息的传输信道。

8.3.1.2 量子通信接收端装置概况

量子通信接收端装置的功能也被分为3部分：(1) 量子信息流前端接收装置，其主要功能是从量子通信信息的传输信道接收已被调制好的量子流，并且去掉其传输中受到的干扰与衰落，恢复到原来发射端装置发送到信道中的调制量子流；(2) 量子通信信息的解调装置，其主要功能是从接收到的载入量子流中的信号解调出来；(3) 原信号恢复装置，其主要功能是将解调出来的信号进一步整形放大，恢复其在发送端信号的本来面貌，其原理框图如图8-4所示。

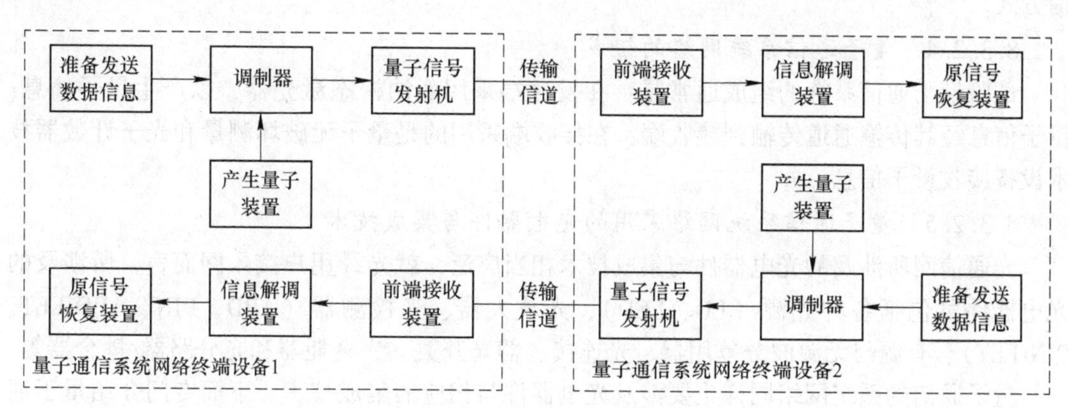

图8-4 量子通信原理框图

8.3.2 量子通信系统网络的主要性能参数

量子通信系统网络的主要性能参数可全面反映网络的技术性能，其选择的参数至少应包括网络的规模、网络组成的基本部件的性能参数等。

8.3.2.1 量子通信系统网络的规模

通过量子通信系统网络的规模涉及的类型、系统网络的大小和网络的拓扑结构等基本情况，说明了量子通信系统网络是采用已存在的现成经典光通信网络还是新建的专用网络。此外还说明了所采用的网络所属的拓扑类型，系统网络的传输距离，系统网络的容量大小及使用的是经典信道还是量子信道的技术性能等问题。

8.3.2.2 量子通信系统网络的传输介质

量子通信系统网络采用的传输介质可包括光纤、空气、海水，甚至真空。例如，在安徽合肥所建的量子通信系统网络就是采用了现成的光纤通信网络，而北京 16 km 实验量子通信系统网络则是在大气中进行的。

这里说明一下光纤通信网，因为量子通信系统网络经常要使用它。光纤通信网使用的传输介质主要是光缆，其传输特性主要是传输损耗和传输带宽。传输损耗是指其传输信息在其中传输每个单位距离长度信号能量的损耗（或幅度的降低）；而传输带宽则反映的是传输信息在其中传输每个单位距离长度信号失真的情况（或畸变的程度）。

8.3.2.3 量子通信系统网络采用的多址接入技术

在光通信中采用的多址接入技术（DMA）已成为充分利用信道实现多维用户通信的一种手段。多址接入技术种类很多，其中包括时分多址接入方式（TDMA）、频分多址接入方式（FDMA）、波分多址接入方式（WDMA）、副载波多址接入方式（SCMA）、空分多址接入方式（SDMA）、码分多址接入方式（CDMA）、方向多址接入方式（DDMA）、时间压缩多址接入方式（TCMA）和极化多址接入方式（PDMA）等。此外，还有各种多址接入方式的组合即组合多址接入方式（CODMA）等。

量子通信网络中也可借用这种多址接入方式（CMA）来充分利用信道实现多维用户的通信。主要是采用时分多址接入方式（TDMA）和空分多址接入方式（SDMA）两种通信方式。

8.3.2.4 量子通信系统网络的组成

试验量子通信系统的组成通常是：在发送端采用亚泊松态激光器，以产生量子信息；量子信息经其传输通道传输到接收端；在接收端采用的是量子无破坏测量和光子计数器技术设备接收量子信息。

8.3.2.5 量子通信系统网络采用的光电器件与集成技术

光通信网所涉及的光电器件与集成技术相当广泛，就光纤用户接入网而言，所涉及的光电器件可包括各种光源（LD、LED）、光放大器、光检测器（APD、PIN、APD-FET、PIN-FET）、有源与无源波分复用器、光连接、器光开关、光衰耗器和光分路器/耦合器等。

量子通信的系统网络同样也要涉及光电器件与相应的集成技术。下面专门介绍量子通信系统网络所采用的关键器件主要技术性能参数。

8.3.3 量子通信系统网络采用的关键器件及技术性能参数

8.3.3.1 亚泊松态激光器

众所周知，光电子器件是量子通信技术的核心。在光通信中现已研制出多种激光器件，如量子线激光器、量子阱激光器、量子点激光器、红外量子级联激光器、光电调制器激光器、超晶格多量子阱激光器、垂直腔面发射激光器等。

亚泊松态激光器是量子光通信所使用的专用有源器件。其主要性能包括发光机理、发射光功率与工作电流关系、激光辐射的空间分布与输入光功率要求、发射光谱宽度及可调制带宽等。亚泊松态激光器输出的激光为亚泊松态，这种激光器的优点是大大提高了信噪比。

8.3.3.2　光子计数技术

在量子通信的接收端，运用光子计数和量子无破坏测量技术接收量子信息，因此光子计数技术设备是属于量子通信接收端中非常重要的接收量子信息的装置。

光子计数器用于检测信息，但是其与一般光通信中广泛使用的检测信息方式截然不同。光子计数器是量子通信中使用的一种新颖的量子信息检测方式，其只对入射光量子产生反应，将其变换为相应的光电脉冲并加以计数。计数的多少与入射光信号直接发生关系。光量子计数器的主要性能参数是光量子计数的量子效率和信噪比。

（1）光子计数的信噪比。光电倍增管或雪崩二极管的量子效率实际上其只具有平均值的意义。入射的光量子流以及由其产生的光电子发射都具有统计性质。根据统计理论，这种离散型随机过程受泊松分布支配，可以表示为在时间探测到 n 个光子的概率。光子计数的信噪比（SNR）得以提高，提高量与量子效率、光子速率及计数时间长短等成正比关系。

（2）光子计数方法。光量子作用光电倍增管或雪崩光电二极管，产生光电脉冲，经放大后输出，进入电子脉冲甄别器，其幅度满足此甄别器的门限范围内，经整形后进入光子计数器计数。甄别器的门限设置必须适当，若偏低，一些噪声脉冲将被计数，若偏高，一些信号脉冲将被遗失。为了能在量子光通信中运用光子计数技术，近年来一直努力开发雪崩光电二极管的光子计数技术。

8.3.3.3　量子无破坏测量技术

量子无破坏性测量（Quantum Non-Demolition，QND）不是不破坏“状态”的测量，而是不破坏“物理量”的测量，以光为例，所谓状态，通常包含光量子数与相位的信息。实际上，哪个量都不破坏的测量是不可能的，但是，以相位的破坏作为补偿来获得光量子数的不破坏是可能的。所谓量子无破坏性测量，就是要找到测定的物理量与物理量探针之间的量子力学关系。

从 20 世纪 80 年代后，相继出现了许多关于量子无破坏性测量的研究与实验装置，如利用光克尔效应完成光子数的量子无破坏性测量的研究与实验装置，有损耗的量子无破坏性测量的一般性条件及具体系统网络的测量误差值研究，共振耦合光克尔效应等。

量子无破坏性测量在光量子通信中起着重要作用，这已引起广泛关注。近年来的研究课题主要是探索具有强光克尔效应的非线性光学材料、探索更简易可行的量子无破坏性测量方案等，这些课题有望在未来不长的时间内获得较大的或突破性进展。

8.4　量子通信在电力系统通信中的应用

8.4.1　量子通信在电力行业应用情况

2012 年美国洛斯阿拉莫斯国家实验室（LOS Alamos National Laboratory）团队研究和展示了量子保密通信系统用于加密电网数据和控制指令，已开发出应用于电力网络的量子保密通信系统，该系统运行于伊利诺伊大学厄尔本香槟分校的一个可信网络基础设施的电网。2012 年在加州成立的 GridCOM 公司，开始应用量子保密通信技术到电力系统当中，可实现不间断机器到机器的服务（Mechine to Mechine，M2M）。M2M 是广泛应用于电力系统的最新安全通信与性能标准，提供量子数据锁定服务的保密通信服务。近年来，包括 AT&T、Bell 实验室、IBM、Hewlett-Packard、Siemens、Hitachi、Toshiba 在内的世界著名公司对量子通信技术投入了大量研发资本，介入了其产业化开发。还有瑞士 IdQuantique、美国 Battelle 以及澳大利亚 QuintessenceLabs 等公司，以及美国 OakRidge 实验室联合 GE 公司、IDQ 公司联合开展量子通信在电网中的应用项目。

在我国电力通信方面，中国电科院与中国科学技术大学研究团队开展了电力量子保密通信方面的科研项目。如“电力应用环境 QKD 设备系统稳定性实现技术和测试方法”项目，开展在电力系统应用环境下量子密钥分配（Quantum Key Distribution，QKD）设备的安全性评估研究，针对将 QKD 设备应用于电力领域进行阐述和分析，通过对具备 QKD 功能的安全通信系统与传统加密系统的安全性进行比较，提出 QKD 对传统加密设备的安全性增强策略。并从现有电力通信网络的安全性特点出发，给出了电力系统多用户应用场景下的量子密钥分配、存储和管理机制实现方案，并且研究了 QKD 装置与电力二次防护设备相结合的有效方法。2015 年，中国电科院与中国科学技术大学合作开展“电力工业量子通信网”研发，搭建首个电力工业量子通信网，初步规划为点对点网络，在电网实用数据传输网络环境下部署量子通信设备，承载语音、视频等业务。将采用最新的量子密钥分配技术和应用接入技术，提供量子安全下的数据传输等基本功能，实现全硬件的量子密钥分配过程，利用生成的量子安全密钥对原有电力通信网传输的数据进行加密保护。同时，开展量子保密通信电力应用示范网建设。

8.4.2 量子通信在电力通信领域的具体应用

8.4.2.1 量子密钥分配技术的应用

在电力通信领域内，对量子通信的运用也十分广泛。其中，量子密钥分配技术在确保电力通信中的运用十分普遍。该技术更好地结合了电力通信领域内外网高运维管理的安全需要，另外，充分考虑到技术成本费、可靠性和稳定性，量子密钥分配技术确保不会影响现阶段的网络拓扑结构。在量子密钥分配技术的实践应用中，能够很好地确保视频语音紧急调度指挥系统中数据通信的安全性能。图 8-5 是量子密钥分配技术在电力通信行业应用的软件拓扑结构图。融合该图，能够直接地把握量子通信用于关键电力通信安全的具体构思。

该应用涉及的主要用途、基本要素、指标如下：

（1）典型性应用领域。保电系统、应急指挥系统、视频会议系统属于量子密钥分配技术在电力通信中的常见应用领域，一种是主要从事保电期内现场指挥监管、辅助决策；量子密钥分配技术在其中可实现现场指挥核心数据浏览通道的加密，机房服务器、现场指挥核心工作平台间的传送安全通道的安全系数将得到稳步提升；另一种则主要从事各个指挥中心的视频会议信号传送，量子密钥分配技术的应用可以实现语音通话传送流程的数据加密。

（2）基本功能与指标值。量子密钥形成及管理终端设备、量子 VPN 归属于量子密钥分配技术运用的关键组成。前一种主要从事量子密钥全过程派发，该环节当中涉及的指标涵盖了诱骗态 BB84 协议书（量子无线通信模块）以及裸光纤线（量子信号传输媒介）和光的偏振编号（量子数据信号编码方法），而量子 VPN 主要是一项 IPsecVPN 技术和量子密钥分配技术相结合起来的一种物质，其最根本的功能是能够进行双向的密钥，其主要的指标涵盖了 5 次/s（密钥更新的时间）、500 Mbit/s（较大保密的吞吐率）、300 μs（较大的延迟）。并且量子密钥分配技术现阶段已经在我国好几家电力企业进行了具体的应用分析，在电力通信行业当中，量子密钥分配技术的全面运用能够良好地完成由设备自动开展密钥全部过程以及可以随机数字列共享密钥的获取，并且根据物理学定律实现两点之间的密钥共享、对量子无线信道攻击全自动识别等相关的服务，这样能够在最大限度上预防来自网络攻击获取共享密钥的实际内容，关键电力通信保障的总体安全水平将得到大幅度提高。

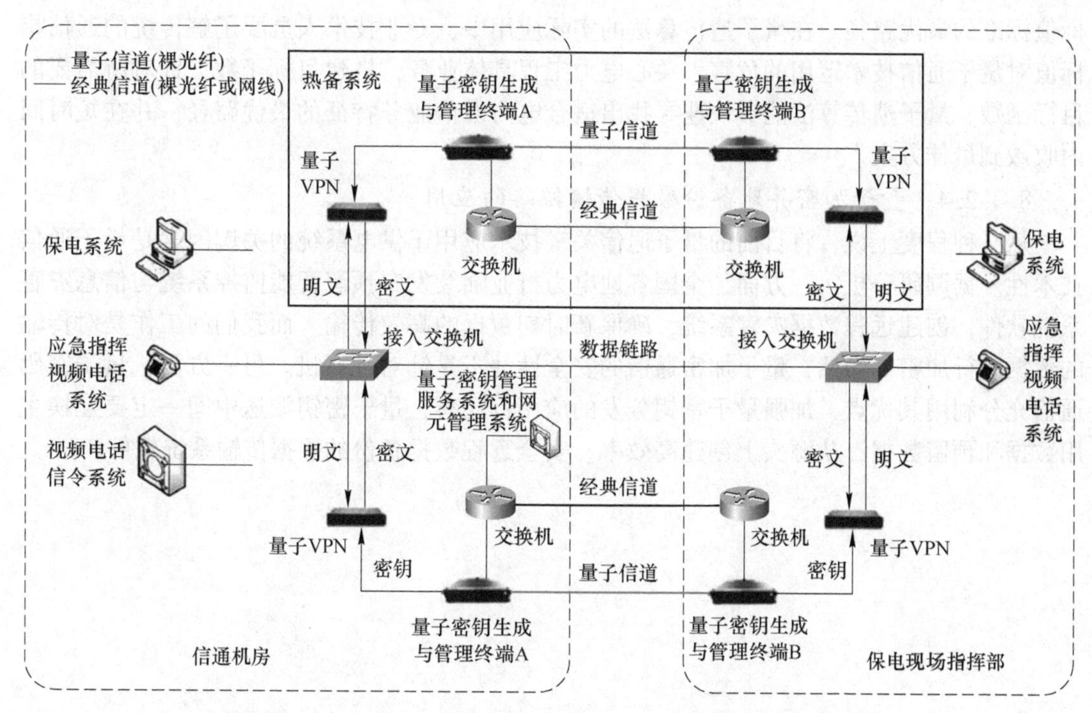

图 8-5 量子密钥分配技术在电力通信行业应用的软件拓扑结构图

8.4.2.2 量子隐型传态技术的应用

当出现强台风、冰灾、地震等众多灾害性气候及现象时，光缆电缆及其附属的通信传输设备也会受到大面积毁坏，甚至还会导致电力通信网络出现瘫痪，对生产制造和生活用电造成重大危害，因此需要开展应急抢修。可是在现有通信传输设备及电力通信网络的应急抢修过程中，其抢修时间较长，效果不佳，且容易收到灾害性气候及现象的阻碍。量子隐型传态技术的应用在应急通信层面获得了举世瞩目的成就，通过试验，已赢得了良好的发展，尤其是在重要量子元器件科技的持续完善下，量子隐型传态技术早已迈入了运用环节，运用量子隐型传态技术性能够搭建应急自然环境下的量子卫星通信系统，这样能够对未来电力通信应急抢修提供支撑通信保障。

8.4.2.3 量子遗传算法的应用

量子遗传算法是量子通信和遗传算法的搭配。其具有物种规模较小、开发和搜索能力较强、优化计算方法性能优越、收敛速度较快等特点。因而量子遗传算法在电力通信领域具有较高的实用价值。电力通信大数据的挑选是该算法的典型性应用之一。该应用能将电力通信服务分成高可靠性光纤网络及时服务、高可靠性捷变及时服务、高可靠性宽带网络及时服务、高可靠性捷变及时服务、高可靠性捷变非及时服务5类。融合各种各样电力通信业务实际需求，量子遗传算法的应用能通过多计划、分束优化问题去完成。量子通信的观念与技术还可以渗入电力通信行业。量子遗传算法的应用应密切关注量子位码、量子精确测量、量子位编解码和量子基因变异。在电力通信互联网的选择上，应该根据不同的电力通信业务，来分辨通信指标需求类型，从而确定目标函数的最大容许延迟时间、最少可用网络带宽、最大容许网络丢包等数值，再融合量子遗传算法探寻，达到服务项目通信指标值标准的最优路径。在量子遗传算法的实际应用中，专业技术人员要了解传统的通信指标值对量子通信技术运用的危害，关心电力工程具体业务，搭建目标函数。针对所需要的目标函数，量子遗传算法能够快速寻找出适合电力通信业务特征的最优路径，并在短时间内收敛到最佳方案。

8.4.2.4 量子加密异地备份数据传输链路的应用

从某种程度上说，将目前的量子通信关键技术应用于供电系统的关键因素是量子通信技术性。据调研分析，一方面，全国各地电力行业陆续发布预留智能监控系统与信息灾害系统软件，创建远程数据灾害系统，确保新时期数据的高效传输。而我们的工作是对传输的数据进行加密。当然，量子加密通信的安全性并不是针对计算机。另一方面，量子密码通信充分利用其优点，加强量子密钥分发的应用；还有，量子密钥派送中间一定要互换主用数据和预留数据，从源头上创建高效率、安全远程数据备份的数据传输系统软件。

9 电力通信电源系统

通信电源系统投资在整个电力系统中或者说在电力系统通信行业中所占的比例非常小，但它是整个电力通信网络的关键。电源产品的种类繁多，包括高频开关电源设备、半导体整流设备、直流—直流模块电源、直流—直流变换设备、逆变电源设备、交流配电设备、直流配电设备、交流稳压器、交流不间断电源、铅酸（胶体）蓄电池、发电机组、电源监控系统等。

9.1 通信电源基本知识

电源系统是通信系统正常运行的重要组成部分。通信质量的高低，固然与系统中各种通信设备的好坏有关，但与电源系统供电质量的优劣也是分不开的。因为电源系统供电的质量若不符合技术指标的要求，将会引起电话串、杂音的增大，通信质量下降，误码率增加，造成通信的延误或差错。一旦电源系统发生故障，供电中断，必将导致整个通信系统陷于瘫痪，造成全程全网通信中断。可以说，通信电源是通信系统的“心脏”，在通信系统中占有极为重要的位置。熟悉和掌握通信电源系统中各种设备的工作原理及性能，是通信工程技术人员的重要任务之一。

9.1.1 通信系统对电源的要求

近年来，我国电力通信事业飞跃发展，各种先进的通信设备大量应用。目前，我国主要电力通信设备都已经达到或接近世界先进水平，电力通信网的总体规模也已经跃居世界前列，通信设备对电源系统的要求越来越高。如果电源系统的工作不可靠，就会造成通信中断。如果电源输出电压不稳或纹波电压过大，就会降低通信质量，甚至无法正常通信，这样就不能满足国家电力通信网络建设。

通信设备对电源系统的一般要求是：可靠、稳定、小型化、高效率。

（1）可靠。为了确保通信畅通，除了必须提高通信设备的可靠性外，还必须提高电源系统的可靠性。通常，电源系统要给许多通信设备供电，每个通信网络，都把供电的可靠性列为对电源系统的主要要求。近年来由于微电子技术和计算机技术在电力通信设备中的大量应用，通信电源瞬时中断，就会丢失大量信息。同时，由于通信设备的容量大幅度提高，电源中断将会造成更大的影响。为了确保可靠的供电，交流电源供电的通信设备都应当采用交流不间断电源。在直流供电系统中，应当采用整流器与电池并联浮充供电方式。此外还必须提高各种通信电源设备的可靠性，现在较先进的开关整流器都采用多只整流模块并联工作的方法，这样当某一个模块发生故障时不会影响供电。目前，先进的通信电源设备的平均无故障时间可达20年。

（2）稳定。各种通信设备都要求电源电压稳定，不能超过允许变化范围。电源电压过高，会损坏通信设备中的电子元件，电源电压过低，通信设备不能正常工作。此外，直流电源电压中的脉动杂音也必须低于允许值，否则，也会严重影响通信质量。当通信设备由市电供电时，电网负载变化引起的电压瞬变对通信设备也有很大影响。因此，一般通信设备都由稳压电源供电。

（3）小型化。随着集成电路的迅速发展和应用，通信设备正在向小型化、集成化方向发展。为了适应通信设备的发展，电源装置也必须实现小型化、集成化。为了减小电源装置的体积和质量，各种集成稳压器和无工频变压器的开关电源得到越来越广泛的应用。近年来，工作频率高达几十万赫兹而且体积非常小的谐振型开关电源，在通信设备中也大量应用。

（4）高效率。随着通信设备的容量日益增加，电源系统的负荷不断增大，为了节约电能，需要采用各种节能措施，设法提高电源装置的效率。节能主要措施是采用高效率通信电源设备，过去，通信设备大多数采用相控型整流器，这种电源效率较低（<70%），变压器损耗较大，而谐振型开关电源效率可达到90%以上，因此采用谐振型开关电源能大大节约能源。在通信设备的容量不断增加的情况下，大型和高层通信局（站）所需的总电流可达5000~6000 A，直流汇流条允许压降为2 V，因此汇流条每年的耗电量将达到1×10^5 kW·h，由此可知，采用集中供电系统将造成巨大的能源损耗，为了节约能量，应尽量采用分散供电系统。为了节能，有些通信设备（比如微波中继通信设备）和光缆干线无人值守站，采用了太阳能电源或风力发电系统。

9.1.2 通信电源系统的组成

在通信局（站）中主要的电源设备及设施包括：交流市电引入线路、高低压局内变电站设备、自备油机发电机组、整流设备、蓄电池组、交直流配电设备以及交流不间断电源、通信电源/空调集中监控系统等。另外，在很多通信设备上还配有板上电源，即DC/DC变换、DC/AC逆变等。

在一个实际的通信局（站）中，除了对通信设备供电的不允许间断的电源外，一般还包括对允许短时间中断的保证建筑负荷（比如电梯、营业用电等）、机房空调等供电的电源和对允许中断的一般建筑负荷（比如办公用空调、后勤生活用电等）供电的电源。图9-1所示是一个较完整的通信局（站）电源组成方框图，它包含了通信电源和通信用空调电源及建筑负荷电源等。

9.1.2.1 市电引入

如图9-1中A框所示，由于市电比油机发电等其他形式的电能更可靠、经济和环保，所以市电仍是通信用电的主要能源。为了提高市电的可靠性，大型通信局（站）的电源一般采用高压电网供电，为了进一步提高可靠性，一些重要的通信枢纽局还采用从两个区域变电所引入两路高压市电，并且由专线引入一路主用，一路备用。市电引入部分通常包含局站变电所（含有高压开关柜、降压变压器等）、低压配电屏（含有计量、市电—油机供电的转换、电容补偿、防雷和分配等功能）等，通过这些变电、配电设备，将高压市电（一般为10 kV）转为低压市电（三相380 V），然后为交流、直流不间断电源设备及机房空调、建筑负荷提供交流能源。

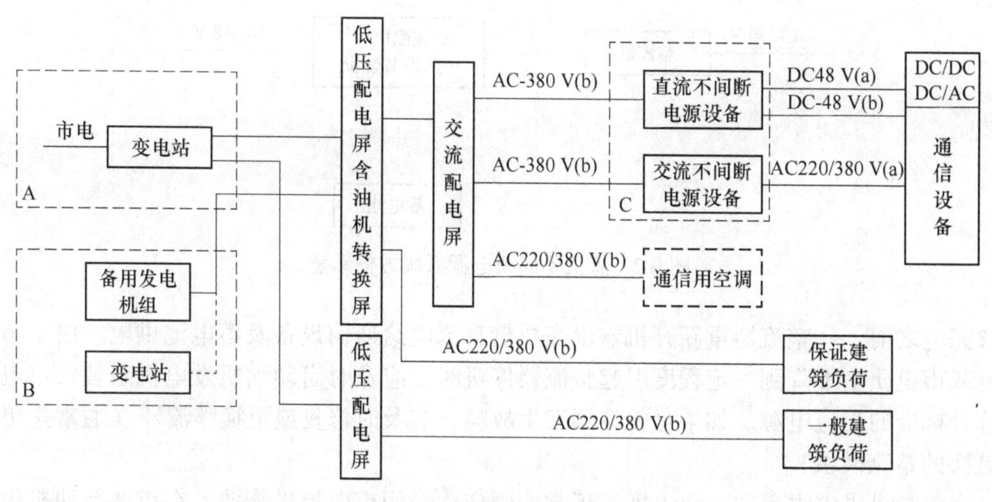

图 9-1 通信电源系统

9.1.2.2 油机发电

如图 9-1 中 B 框所示，当市电不能使用时（比如停电、市电质量下降等），可用备用油机发电机组提供能源，一些通信局（站）配有移动油机发电机组（或便携式发电机），以便适应在局（站）外应急供电的需要。

整个通信局（站）电源供电系统线路根据供电中断与否划分为：a 级（供电不允许中断）、b 级（供电允许短时间中断）、c 级（供电允许中断）3 个等级。由于市电的中断在某些情况下是无法控制和避免的，对于一些不能长时间停电的线路（比如通信机房用空调以及通信电源交流输入）必须由备用油机发电机组在市电中断后几分钟至十几分钟内提供能替代市电的交流能源。此外，由于通信局（站）中，建筑负荷用电量日趋增加，为了减小备用油机发电机组容量和节约能源，在市电中断后，备用油机发电机组仅供给保证建筑负荷，而不再对一般建筑负荷供电。

9.1.2.3 不间断电源

由于通信的特点决定了通信电源必须不间断地为通信设备提供电源，而市电（油机供电）做不到这一点。如图 9-1 中 C 框所示，将市电（油机供电）这种可能中断的电源转换为不间断电源对通信设备的供电。当然不间断电源只是将市电（油机供电）进行电能的转换和传输，它并不生产电能。对通信设备的供电，可分为交流供电和直流供电两种。交换、传输、光通信、微波通信和移动通信等通信设备均属直流供电的设备，无线寻呼、卫星地球站设备则属于交流供电的通信设备，目前直流供电的通信设备占绝大部分。

通信设备的供电要求有交流、直流之分，因此通信电源也有交流不间断电源和直流不间断电源两大系统。图 9-2 所示为直流不间断电源系统示意图。

当市电正常时，由市电将交流电源提供给整流器，整流器再将交流电转变为直流电，一方面由直流配电屏送出给通信设备，另一方面提供给蓄电池补充充电（即蓄电池一般处于充满电状态）。当整流器由于市电停电或市电质量下降到一定程度或者是整流器发生故障停机时，蓄电池在第一时间代替整流器经由直流配电屏给通信设备提供高质量的直流电，从而实现了直流电源的不间断供电。当然，考虑到蓄电池的供电时间有限，须在蓄电

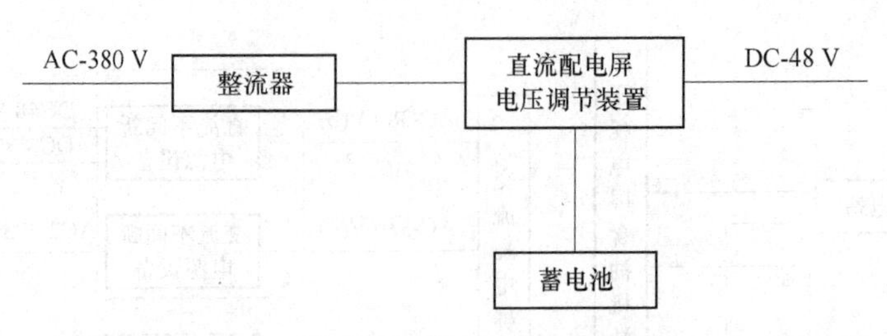

图 9-2 直流不间断电源系统方框示意

池放完电之前，让整流器重新开机输出高质量直流电给通信设备及蓄电池供电。由于市电停电或市电质量下降到一定程度引起整流器停机时，应及时启动油机发电机组替代市电供出符合标准的交流电源。如果是整流器发生故障，应及时修复或更换整流器（通常是更换易更换的整流模块）。

当由油机供电过程中，市电恢复正常，则应优先用市电提供能源。在市电至油机供电的转换过程中，虽然整流器的交流输入侧有短时间的中断，但由于蓄电池的存在，仍能保证直流输出不间断供电。图 9-3 所示为交流不间断电源系统示意图，可以看出，其不间断供电原理与直流不间断电源系统相似，只是由于要求供出交流电的缘故，在输出侧串联了逆变器（将直流电转换为交流电）。

总之，直流电源和交流电源两大系统的不间断，都是靠蓄电池的储能来保证的。但交流不间断电源系统远比直流不间断电源系统要复杂，系统可靠性和效率也远比直流不间断电源低，所以一直以来通信设备的供电电源还是以直流不间断电源为主。近年来，随着交流不间断电源技术的不断发展和成熟，加之通信设备计算机化使交流用电的通信设备增多，交流不间断电源的规模在逐渐扩大，其技术维护工作也正成为电源维护的重点。

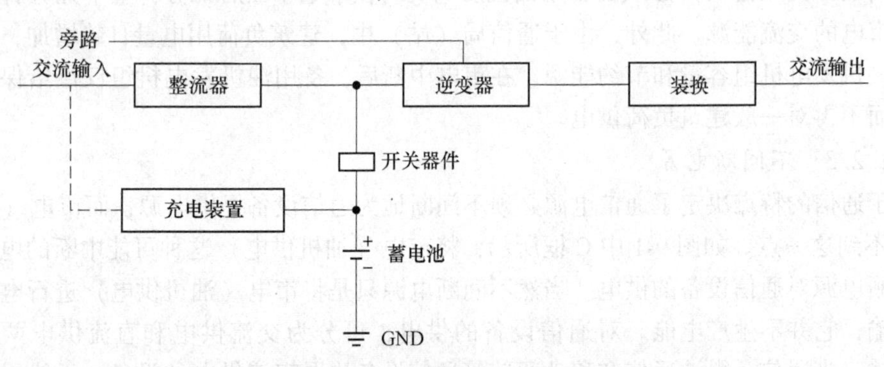

图 9-3 交流不间断电源系统方框示意

9.1.2.4 通信电源的分级

由上述可知，无论是交流不间断电源系统，还是直流不间断电源系统，都是从交流市电或油机发电机组取得能源，再转换成不间断的交流或直流电源去供给通信设备。通信设备内部再根据电路需要，通过 DC/DC 变换或 AC/DC 整流，将单一的电压转换成多种交、直流电压。因此，从功能及转换层次来看，可将电源系统划分为 3 部分：交流市电和油机发电机组称为第一级电源，这一级是保证提供能源，但可能中断；交流不间断电源和直流不间断电源称为第二级电源，主要保证电源供电的不间断；通信设备内部的 DC/DC 变换器、DC/AC 逆变器及 AC/DC 整流器则划为第三级电源，这一级电源主要是提供通信设备内部各种不同的交、直流电压要求，常由插板电源或板上电源提供。板上电源又称为模块电源，由于功率相对较小，其体积很小，可直接安装在印制板上，由通信设备制造厂商与通信设备一起提供。

上述三级电源的划分如图 9-4 所示。

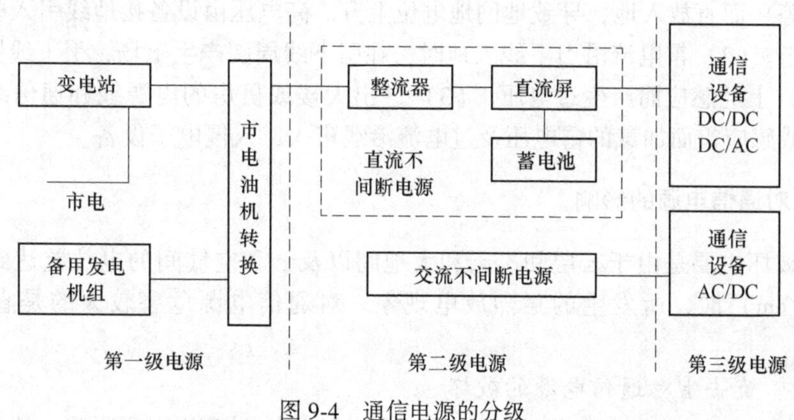

图 9-4 通信电源的分级

9.2 通信电源的防雷保护

9.2.1 雷电对电子设备损害途径

研究雷电的主要内容之一是雷电流波形的测量。因为一旦知道雷电流波形，就可以得到有关雷电流的各项参数，如波头时间 T_1、半峰值时间 T_2、峰值电流 I_p 等。雷电产生具有很大的随机性，且与地质结构、地面建筑等有很大关系。图 9-5 展示了具有代表性的雷电流测试波形。

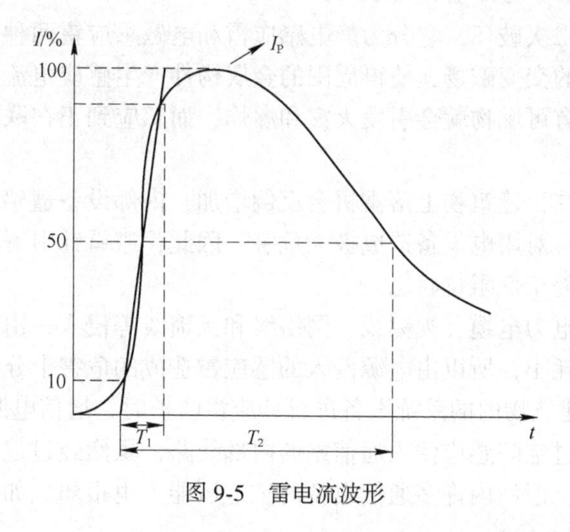

图 9-5 雷电流波形

通过分析可知：(1) 雷电流主要分布在低频部分，且随着频率的升高而递减。在波尾相同时，波前越陡高次谐波越丰富。在波前相同的情况下，波尾越长低频部分越丰富。(2) 雷电的能量主要集中在低频部分，约90%以上的雷电能量分布在频率为10 kHz以下。这说明在信息系统中，只要防止10 kHz以下频率的雷电波窜入，就能把雷电波能量消减90%以上，这对防雷工程具有重要的指导意义。

雷电对电子设备的损坏主要有以下途径：(1) 直击雷经过接闪器（如避雷针、避雷带、避雷网等）而直放入地，导致地网地电位上升。高电压由设备接地线引入电子设备造成地电位反击。(2) 雷电流沿引下线入地时，在引下线周围产生磁场，引下线周围的各种金属管（线）上经感应而产生过电压。(3) 进出大楼或机房的电源线和通信线等在大楼外受直击雷或感应雷而加载的雷电压及过电流沿线窜入，入侵电子设备。

9.2.2 雷电对通信电源的影响

雷电的破坏主要是由于云层间、云和大地间以及云和空气间的电位差达到一定程度（25~30 kV/cm）时，所发生的猛烈放电现象。对通信电源危害较大的是直击雷和感应雷。

9.2.2.1 直击雷对通信电源的破坏

当雷电直接击在建筑物上，强大的雷电流使建筑物水分受热汽化膨胀，从而产生很大的机械力，导致建筑物燃烧或爆炸。另外，当雷电击中接闪器，电流沿引下线向大地泄放时对地电位升高，有可能向临近的物体跳击，称为雷电“反击”，从而造成火灾或人身伤亡。对直击雷电流分类：第一类200 kA，10/350 μs；第二类150 kA，10/350 μs；第三类100 kA，10/350 μs。

一个能量为200 kA的直击雷，由整个系统的电源、管线、地网、通信网络线来分担。以一栋建筑的防雷来讲，电源部分承担其中近45%（100 kA），以三相四线为例，每线承担大约有25 kA的雷电流。地网和通信线路承担剩余55%的雷电流。由此可见，对电源系统的防护在直击雷的防护中非常关键。

9.2.2.2 感应雷对通信电源的破坏

感应雷破坏也称二次破坏，它分为静电感应雷和电磁感应雷两种。由于雷电流变化梯度很大，会产生强大的交变磁场，使得周围的金属构件产生感应电流，这种电流可能向周围物体放电，如附近有可燃物就会引发火灾和爆炸，而感应到正在联机的导线上就会对设备产生强烈的破坏性。

由于避雷针的存在，建筑物上落雷机会反倒增加，内部设备遭感应雷危害的机会和程度一般来说是增加了，对用电设备造成极大危害。因此，避雷针引下线通体要有良好的导电性，接地体一定要处于低阻抗状态。

感应雷可以通过电力电缆、视频线、网络线和天馈线等侵入，由于电力电缆的距离长且对雷电波的传输损耗小，所以由电源侵入的感应雷造成的危害十分突出（约占雷击事故的80%）。因此，对建筑物内的系统设备进行感应雷防护时，通信电源是重点。

感应雷还可以透过空间感应侵入通信站的内部线路，虽然经过建筑物和机壳的屏蔽衰减后其能量大为减少，但站内许多通信设备的抗过压能力也很弱，如果处理不当可能造成设备故障。

另外还有操作过电压，即当电流在导体上流动时，会产生磁场储存能量，当负载（特别是电感性大的负载）电器设备开关时，会产生瞬时过电压，操作过电压同感应雷击一样，可以间接损坏微电子设备。

9.2.3 通信电源防护措施

通信设备的防雷设计，主要包括三大方面的内容：端口防雷设计、设备内部系统接地设计和电缆屏蔽设计。对于绝大多数产品来说，端口防雷设计以及设备内部系统接地设计最为关键。从防雷角度，一般仅对室外型设备提出电缆屏蔽设计的要求。

9.2.3.1 端口防雷设计要求

接入防雷器是最常见的端口防雷设计，防雷器是通过限制瞬态雷击过电压以及旁路雷击过电流来保护设备的一种保护装置，它包含至少一个非线性元件。它主要有两个作用：(1) 外部线缆引入设备的过电压，经过防雷器后过电压值被限制到后级接口电路能够承受的范围之内；(2) 外部线缆引入设备的过电流，绝大部分被防雷器短路到大地，仅有极少部分的电流泄漏到后级接口电路之中，从而起到保护设备的作用。

防雷器对端口的保护，分为共模保护和差模保护两个方面。对一种线缆而言，引入设备的过电压/过电流以线缆对地的共模为主，线缆间的差模过电压/过电流相对小一些。但在有防护电路及设备上广泛采用等电位连接的情况下，共模的过电压/过电流也可以转化成差模。

图 9-6 电路是一种比较典型的 E1 口防护电路，差模采用气体放电管、电阻、快恢复二极管、瞬态电压抑制二极管（Transient Voltage Suppressor，TVS）组成，其中气体放电管将线缆引入的大部分雷击过电流短路。防护器件中，气体放电管的特点是通流量大，但响应时间慢，冲击击穿电压高；TVS 管的通流量小，响应时间最快，电压钳位特性最好；当一个防护电路要求整体通流量大，能够实现精细保护的时候，防护电路往往需要这两种防护器件配合起来实现比较理想的保护特性。但是气体放电管、TVS 不能简单地并联起来使用。如果将通流量大的气体放电管和通流量小的 TVS 管直接并联，在过流的情况下，TVS 管会先发生损坏，无法发挥气体放电管通流量大的优势。因此在两种防护器件配合使用的信号防雷电路中，往往需要电阻等元件在两种保护器件之间完成退耦。在信号线路中，线路上串接的元件对高频信号的抑制要尽量少，因此极间配合可以采用电阻。电阻的作用是限制较大的电流到气体放电管的后级电路中。由 TVS 管和快恢复二极管组成的桥式电路的主要目的是进一步降低防雷器输出的残压，从而有效地保护后级设备。这样构成的复合电路就可以使差模残压足够低。这个 E1 防护电路中用作共模保护的器件是加在 RING 和 PE 之间的气体放电管。雷击电压使它击穿后呈短路状态，从而将 E1 同轴线屏蔽层上的雷击过电流短路泻放到大地。

对通信电源防雷器（Surge Protection Device，SPD）也有其设计要求。模块式电源 SPD 必须具有以下功能：(1) SPD 模块损坏声光告警；(2) SPD 模块损坏告警上报；(3) SPD 模块替换；(4) 热容和过流保护。

箱式电源 SPD 必须具有以下功能：(1) SPD 劣化指示；(2) SPD 模块损坏声光告警；(3) SPD 模块损坏告警上报；(4) 热容和过流保护；(5) 保险跳闸告警；(6) 雷电计数。

9.2.3.2 设备内部系统接地设计要求

通信设备防护能力的强弱，与系统接地设计的关系非常密切。防雷设计对接地的要求最根本的一点是实现设备上电源回流导体、功能电路的信号参考接地、保护地尽可能地等

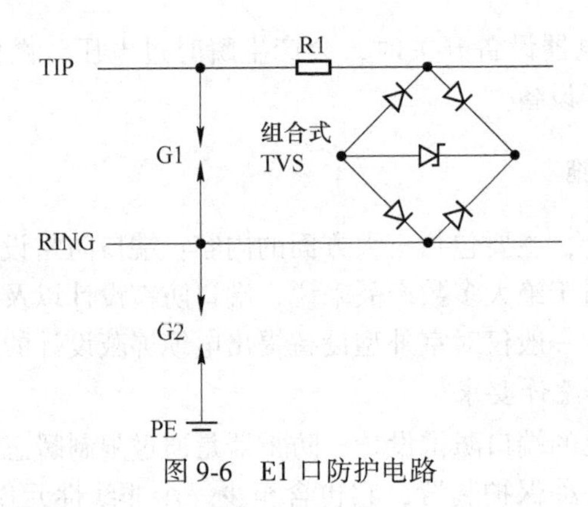

图 9-6 E1 口防护电路

电位连接。通信设备不仅需要良好的端口防护电路，同时也需要有合理的系统接地设计，才能达到良好防雷效果。例如通信设备直流回流导体、保护地在设备上单点短接，对于直流电源口的防雷有很大的好处。

设备内部系统接地一般要求是：(1) 接地线严禁从户外架空引入，必须全程埋地或室内走线、不宜与信号线平行走线或相互缠绕、应选用铜芯导线，不得使用铝材；(2) 保护地线应选用黄绿双色相间的塑料绝缘铜芯导线；(3) 保护地线上严禁接头，严禁加装熔断器或开关；(4) 接地端子必须经过防腐、防锈处理，其连接应牢固可靠。

需要进行接地保护的应用场合有：

(1) 具有外露金属外壳的设备应做保护接地。这是防止设备产生电击危险而作出的安全规定。通信设备保护接地端子引出的保护接地线应连接到机房的保护接地排上。

(2) 直流回流导体与保护地在设备内单点短接。接地设计采用直流电源回流导体（-48VRTN/+24VRTN）和保护地在设备内部单点短接的方式，对设备防雷有极大的好处。

(3) 同一套设备的相邻机柜间保护地应做等电位互连。

(4) 设备机壳的绝缘。设备放置在机房中，除了有意连接的保护接地线之外，设备的外壳应与机房的地板、墙壁、天花板、走线架绝缘。

9.3 电力系统通信电源设备应用和管理

随着电力系统通信网络的建设，电力系统通信电源系统的规模也随之不断扩大，对电源设备的应用和管理越发重要，所面临的问题也凸显现出来，其主要体现在：

(1) 设备品种甚多，使用组合多，如高低压配电设备，柴油、汽油发电机，风能、太阳能发电机，燃汽轮发电机，AC/AC、AC/DC、DC/DC、DC/AC 等交直流变换设备，UPS 和蓄电池设备等。在不同供电环境（条件）中，应对不同需求的供电设备组合，增加了维护难度。

(2) 涉及专业学科知识多。通信电源的专业维护需要动力机械学、化学、电子、通信与自动控制技术和计算机应用等方面的知识。

(3) 消耗巨大，设备繁多。通信生产用电和确保通信机房环境等设备用电，所消耗的电能源是巨大的。而且通信电源设备的种类多、数量多，通信电源、空调设备资产占总资产的 3%~5%。

（4）电力通信电源维护要求严格。电源专业工作常处于高电压、大电流、使用易燃油类和防雷保护等特殊环境，对通信防护和消除火灾等方面有着非常高的要求。

（5）电源专业方面存在的不足。近年来供电事故不断发生，严重影响并威胁到通信安全。例如，根据已了解到的电源设备事故分析，蓄电池事故占70%，高压切换事故占20%，高频开关电源事故占10%；对通信电源的使用也存在很多不安全因素，众多的火灾事件也都与电源或其使用有很多关联。

（6）技术管理需要加强。缺乏对运行维护中存在的问题进行及时、有效的研究和有效的对策，对事故的分析，特别是通信电源的应用安全、通信机房环境、蓄电池的容量和放电等问题值得深入研究其维护方法，也需要进一步完善和提高技术规范。

电力通信电源网络的正常运行，归根结底是电源网络各种设备运行参数必须符合指标的要求，包括电压、电流、功率、功率因数、谐波、杂音电压、接地电阻等。所以为了使供电质量满足通信网络的要求，从而保证通信网络的良好运行，必须对电源网络的各种参数进行定期或不定期的测试和调整，以便及时了解电源网络的运行情况。

9.3.1 通信电源交流参数指标的测量

在供电系统中，交流供电是使用最普遍、获取最容易的一种供电方式，也是最重要的一种供电方式。电力通信网络系统对电源的不可用度有着严格的要求，重要的局站均要求实现一类市电供电方式。掌握交流电量参数的测量方法是维护人员做好维护工作的基础，也是需要掌握的最基本的技能。

9.3.1.1 交流电压的测量

电流的方向、大小不随时间而变化的电流称为直流电流，大小和方向随时间而变化的电流称为交变电流，简称交流电。常见的交变电流（即电厂供应的交流电）是按正弦规律变化，称为正弦交流电。交流电压分为峰值电压、峰峰值电压、有效值电压和平均值电压4种。交流电压的测量通常使用万用表、示波器或交流电压表（不低于1.5 V级）。测量方法主要有直读法和示波器测量法。

根据被测电路的状态，将万用表放在适当的交流电压量程下，测试表棒直接并联在被测电路两端，电压表的读数即为被测交流电源的有效值电压。以上方法适用于低压交流电的测量。对于高压电，为了保证测试人员和测量设备的安全，一般会采用电压互感器将高压变换到电压表量程范围内，然后通过表头来直接读取。在电压测量回路中，电压互感器的作用类似于变压器。值得一提的是进行电压互感器的安装和维护时，严禁将电压互感器输出端短路。测量时应注意以下几点：

（1）被测试的电信号必须在电压表可以使用的频率范围内和可以测量的电压范围内，当不明被测信号电压值的范围时，可将电压表的量程放在最大挡，待知道被测信号电压值的范围后，再把电压表的量程放在适当位置上进行测试，避免烧坏电压表或造成测量不准。

（2）测量用的电压表要有足够大的输入电阻，避免电压表的接入影响被测电路的工作状态。

（3）常用的交流电压表和万用表测量出的交流电压值多为有效值。交流电压的有效值、全波整流平均值、峰值及峰峰值之间彼此有一定的关系，在乘以适当系数后，可以把一种值转换为另一种值。

(4) 交流电压的测量精度与选用的仪表、测量方法、测量的环境等有一定的关系。在通常情况下，电路做一般性测量调试时，精度要求并不太高，在1%~3%即可。在要求精度高的测试中，要尽量选用精度高的测量仪表。指针式仪表的精度是按照相对误差分成0.05、0.1、0.2、0.5、1.5、2.5、5.0等几个等级，1.5级精度的仪表，其相对误差为±1.5%。

(5) 在测量中，表笔和被测电路要牢靠接触，尽量减小接触误差，同时要防止短路，导致电路或仪表被烧坏。

用示波器测量电压，不但能测量到电压值的大小，并且能正确地测定波形的峰值、周期以及波形各部分的形状，对于测量某些非正弦波形的峰值或波形某部分的大小，示波器测量法是必不可少的。用存储示波器测量电压时，不但可以利用屏幕上的光标对波形进行直接测量，并且能够将存储下来的波形复制到计算机中，以便日后进行比较和分析。

9.3.1.2 交流电流的测量

测试大电流时，一般选用交流钳形表测量。测试时将钳形表置于AC挡，选择适当的量程，张开钳口将表钳套在电缆或母排外，直接从钳形表上读出电流值。

9.3.1.3 交流输出频率的测量

交流电完成一次正负变化，叫作一周，完成一周所需的时间叫作周期，用符号“T”来表示，单位是秒（s）。交流电每秒完成的周期数叫作频率，用符号“f”来表示，单位是赫兹，用符号Hz表示。周期与频率的数学关系为$T=1/f$。

频率的测量可选用电力谐波分析仪、通用示波器以及带频率测试功能的万用表、频率计等仪器。应该注意，测量柴油发电机的输出频率时，负载容量不能超出柴油发电机的额定输出容量，否则会影响其输出频率。选用万用表或电力谐波分析仪进行测量时，将万用表调至频率挡，将两根表棒并接在被测电路的两端，直接从表头上读出频率值。

用示波器测量频率的方法有多种，如扫速定度法、李沙育图形法、亮度调节法等。常用的示波器有工作频率40 MHz的SS-7804双踪示波器和100 MHz的SS-8608存储双踪示波器，只要简单的操作即能显示稳定波形，测量简单准确。电源设备的维护中最常用的方法为扫速定度法，现就如何用扫速定度法测量交流电的频率说明如下：

示波器的扫描范围开关具有时间定度，即给出示波管荧光屏上标尺线的每一横格与时间的关系（ms/格），则可利用示波器显示出被测信号波形，读测出该信号的各种时间参数，如信号的周期等于荧光屏上波形一个周期的水平距离（格数）乘以扫描范围开关所在位置的ms/格。因为信号的频率是周期的倒数，所以可由已求得的周期计算出频率，即频率f=1/周期。例如，荧光屏上被测信号波形一个周期的水平距离为10格，扫描范围开关所在位置为1 ms/格，则被测信号的频率f=1 s/周期=(1 s/10格)×(1 ms/格)= 100 Hz。当扩展旋钮被拉出时，上述计算的周期值应除以10。

9.3.1.4 交流电压波形正弦畸变因数的测量

在电源设备中，除了线性元件外，还大量使用各种非线性元件，如整流电路、逆变电路、日光灯和霓虹灯等。非线性元件的大量使用使得电路中产生各种高次谐波，高次谐波在基波上叠加，使得交流电压波形产生畸变。为了反映一个交流波形偏离标准正弦波的程度，把交流电源各次谐波的有效值之和与总电压有效值之比称为正弦畸变因数，也称为正弦畸变率。正弦畸变率为无量纲量。

如果供电系统正弦畸变率过大，则会对供电设备、用电设备产生干扰，使通信质量降低。严重的时候甚至会造成通信系统误码率增大，用电设备如开关电源、UPS退出正常工作，也可能造成供电系统跳闸。特别是3次、5次、7次、9次谐波，应引起电源维护人员的注意。

在对称三相制中三相电流平衡，且各相功率因数相同则零线电流为0。如果电流中存在3和3的倍数次谐波，各相的谐波电流不再有120°的相位差的关系，它们在零线中不但不能相互抵消，反而叠加在一起，使得零线中3和3的倍数次谐波电流值为相线中的3倍。

过大的零线电流，不但增加线路损耗，还会引起零线地线间电压过高，线路采用四极开关时可能会引起开关跳闸。另外，由于5次、7次电压谐波的波峰和50 Hz基波的波峰重合，叠加后严重影响交流电压波形。

测试仪表可选用电力谐波分析仪F41B或失真度测试仪。测试电压谐波时电力谐波分析仪可以直接并接在交流电路上，调整波形/谐波/数字按钮至谐波功能挡，直接读出被测信号的谐波含量。

9.3.1.5　三相电压不平衡度的测量

三相电压不平衡度是指三相系统中三相电压的不平衡程度，用电压或电流负序分量与正序分量的均方根百分比表示。测量三相电压不平衡度首先要求测出三相供电系统的线电压，然后再采用作图法、公式计算法或图表法求比。其中公式计算法较为烦琐，图表法不够准确，较简单的方法是作图法。

图9-7中AB、BC、CA为所测得的三相线电压，O和P是以CA为公共边所作的两个等边三角形的两个顶点。

电压不平衡度按式（9-1）计算：

$$EU = OB/PB = U_n/U_p \times 100\% \tag{9-1}$$

式中　EU——电压不平衡度；

U_p——电压的正序分量；

U_n——电压的负序分量。

需要注意：（1）正序分量就是将不对称的三相系统按对称分量法分解后，其对称而平衡的正序系统中的分量；（2）负序分量即将不对称的三相系统按对称分量法分解后，其对称而平衡的负序系统中的分量；（3）图9-7中OB、PB的值可用几何法求得。

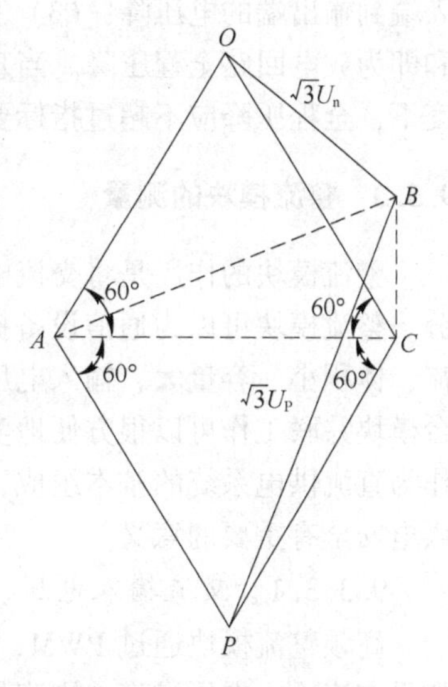

图9-7　三相电压矢量图

9.3.1.6　交流供电系统的功率和功率因数的测量

电力谐波分析仪F41B是测量功率和功率因数最方便的仪表。用F41B进行测量时，只需将红表棒搭接在相线上，黑表棒搭接在零线上，电流钳按照正确的电流方向套在相线上。将V/A/W功能键设定在功率挡，波形/谐波/数值功能键设定在数值挡，便可以从表头上直接读出视在功率（S）、有功功率（W）、无功功率（Q）和功率因数（P_F），如果三相负载平衡，只需测出其中一相的参数即可，其他两相参数与该相参数相同。

如果用电设备内部采用三角形接法，即只有三根相线而没有零线时，测量该设备的三相功率时需要调整电压表棒和电流钳的接法。具体接法为：红表棒搭接在其中一相（A相），黑表棒搭接另一相（B相），使用电流钳测量余下的那一相（C相）电流，然后从电力谐波分析仪 F41B 的表头上直接读出三相用电设备的功率参数。

功率和功率因数的测量也可采用有功功率表、无功功率表来测量，或者采用电压表、电流表、功率因数表来测量，根据测出的数据，按照定义中给出的相互关系，求出其他参数。

9.3.2 直流回路压降的测量

直流回路压降是指蓄电池放电时，蓄电池输出端的电压与直流设备受电端的电压之差。任何一个用电设备均有其输入电压范围的要求，直流设备也不例外。由于直流用电设备输入电压的允许变化范围较窄，且直流供电电压值较低，一般为-48 V，特别是蓄电池放电时，蓄电池从开始放电时的-48 V 到结束放电止，一般只有 7 V 左右的压差范围。如果直流供电线路上产生过大的压降，那么在设备受电端的电压就会变得很低，此时即使电池仍有足够的容量（电压）可供放电，但由于直流回路压降的存在，可能造成设备受电端的电压低于正常工作输入电压的要求，这样就会使直流设备退出服务，造成通信中断。因此，为了保证用电设备得到额定输入范围的电压值，电信系统对直流供电系统的回路压降进行了严格的限制，在额定电压和额定电流情况下要求整个回路压降小于 3 V。

整个直流供电回路，包括 3 个部分的电压降：（1）蓄电池组的输出端至直流配电屏的输入端；（2）直流配电屏的输入端至直流配电屏的输出端，并要求不超过 0.5 V；（3）直流配电屏的输出端至用电设备的输入端。这 3 部分压降之和应该换算至设计的额定电压及额定电流情况下的压降值，即需要进行恒功率换算。并且要求无论在什么环境温度下，都不应超过 3 V。

在直流负载相对不变的情况下，用同一块直流电压表或数字万用表分别测量：（1）蓄电池组两端的电压和蓄电池组连接至直流屏两端的电压，计算出该段压降；（2）直流屏输入端到输出端的电压降；（3）直流屏输出端到用电设备输入端的电压降。这 3 部分压降之和即为放电回路全程压降。当直流配电屏输出额定电压和额定电流时，无论在什么环境温度下，全程压降应不超过指标要求。

9.3.3 整流模块的测量

整流模块的作用是将交流电转换成直流电，是通信网络中直流供电系统的重要组成部分。整流模块可以为通信设备提供-48 V、24 V 等直流电源。目前整流模块均采用高频整流，体积小、容量大、输入电压范围广、输出电压稳定、均流特性好、系统扩容简单，多台模块并联工作可以很方便地实现 $N+1$ 冗余并机，系统可靠性得到大大提高。整流模块作为直流供电系统的基本组成，熟练掌握其各项技术指标的测试方法对于保证通信网络的供电安全有重要的意义。

9.3.3.1 交流输入电压、频率范围及直流输出电压调节范围测量

高频整流模块通过 PWM、PFM 或两者相结合的控制方式，将交流电转换成直流电。如果交流输入电压过高，则容易造成直流电压偏高、整流模块内部器件被高压击穿，从而

造成模块损坏；如果交流输入电压过低则直流输出电压偏低。因此，为使整流模块输出稳定的直流电压，要求交流输入电压的波动限定在一定的范围以内。保证整流模块正常工作的最高电压和最低电压称之为模块输入电压范围。一旦输入电压超出该范围时，整流模块在监控模块的控制下停止工作，同时给出相应的声光告警，如果交流电压回复到允许输入范围时，整流模块应该自动恢复工作。另外，整流模块还可以设定输入过压/欠压告警值，如输入超出告警范围，整流模块仍然保持正常输出，同时给出输入过压/欠压的声光告警，以便引起维护人员的注意。相应的整流模块有频率输入范围的技术指标。整流模块的输入频率范围为48~52 Hz。如果输入电压超出告警设定范围时，整流模块应该产生声光报警并进入保护状态，输出电压为0。一旦输入电压回复到设定范围，模块自动进入工作状态。

由于蓄电池组合浮充、均充的要求，直流供电回路上有线路压降的存在，种种因素均要求整流模块能够根据不同的要求相应地调整直流输出电压。整流模块输出电压的调整，应该能够通过手动方式或通过系统监控模块的控制实现连续可调的功能。整流模块的直流输出电压的调节范围为43.2~57.6 V（对48 V供电而言）。

具体的测试方法是：(1) 对于开关电源系统，通过监控模块上的系统菜单，进入均充或浮充电压调节菜单，调整直流输出电压，同时用万用表监测模块输出电压，根据测得的数据判断该功能是否满足规范要求；(2) 对于数字控制式整流模块，同样通过菜单功能调整输出电压。非数字控制式整流模块需要通过调节电位器的方式来实现输出电压的调整。调整模块的同时，用万用表检测实际输出电压的变化情况并将测试结果与规范要求进行比较；(3) 进一步调节模块输出电压，使输出电压超出输出过压欠压告警时，模块应该能够产生声光报警并进入输出保护状态。

9.3.3.2 稳压精度测量

整流模块在实际工作中，当电网电压在额定值的85%~110%及负载电流在5%~100%额定值的范围内变化时，整流模块应该具有自动稳压功能。当电网电压在额定值的85%~110%、负载电流在5%~100%额定值的范围内同时变化时，输出电压与模块输出电压整定值之差占输出电压整定值的百分比称为模块的稳压精度。模块的稳压精度应该不大于0.6%。整流模块的稳压精度的公式如下：

$$\delta_u = \frac{U - U_0}{U_0} \times 100\% \tag{9-2}$$

式中 δ_u——整流模块的稳压精度；

U_0——整流模块整定电压；

U——整流模块在各种工作状态下的输出电压。

稳压精度的测量方法如下：(1) 启动整流模块，调节交流输入电压为额定值，输出电压为出厂整定值；(2) 调节负载电流为50%额定值，测量整流模块直流输出电压，将该电压信作为模块输出电压的整定值； (3) 调节交流输入电压值分别为额定值的85%、110%，输出负载电流分别为额定值的5%、100%，分别测量4种状态组合后的模块输出电压；(4) 根据测得的模块输出电压，计算模块的稳压精度，取其最大值。

9.3.3.3 整流模块的均分负载能力测量

多台整流模块并联工作时，如果负载电流不能均分，则输出电流较大的模块产生的热量较大、器件老化较快、出现故障的概率较大。一旦模块退出服务，其他模块将承担全部负载电流。这就造成模块间的负载不均衡程度进一步扩大，从而使得模块损坏的速度加快。并机工作时整流模块自主工作或受控于监控单元应做到均分负载，在单机50%~100%额定输出电流范围，其均分负载的不平衡度不超过直流输出电流额定值的±5%；由于模块显示电流值精确度不高，因此在进行均流性能测量时，如果条件允许，最好用直流钳形表测量各模块的输出电流、模块负载电流。

模块负载电流不均衡度的测试方法为：（1）对所测试的开关电源模块，先设置限流值(同一系统的模块限流值应一致)；（2）关掉整流器，让蓄电池单独供电一段时间；（3）打开整流器，这时开关电源在向负载供电的同时向蓄电池进行充电（均充），在刚开始向蓄电池充电时，电流很大，各模块工作在限流状态，在各模块电流刚退出限流区时，记下各模块的电流值，作为满负载情况的均流特性；（4）当直流总输出电流约为额定值的75%时，记录各模块电流；（5）当直流总输出电流约为额定值的50%时，记录各模块电流，如果负载电流超过50%额定电流值，则蓄电池充电结束（充电电流约在3 h内不再减少）时，记录各模块的电流值。

9.3.3.4 限流性能的检测

整流模块的限流性能主要是防止蓄电池放电后充电电流过大，同时也为了在整流模块出现过载时，模块能够实现自我保护，以免损坏。模块的限流值在30%~110%可以连续对调，当限流整定值超出输出电流额定值时，不允许长期使用。限流性能测试方法为：（1）使整流设备处于稳压工作状态，通过控制菜单设定输出限流值；（2）改变整流设备的负载电阻值，使整流设备的输出电流逐步增大。到达限流整定值时，如果继续减小负载电阻值，模块应持续降低输出电压，使输出电流保持不变，该点的电流值即为限流点。负载电阻越小，电压下降得越快，说明限流性能越好。

9.3.3.5 输入功率因数及模块效率测量

目前整流模块一般都会加装功率因数校正电路，输入的功率因数可以达到0.9以上，效率可以达到90%以上。输入功率因数和效率的测量，要求输入电压、输入频率、输出电压和输出电流为模块的额定值。

9.3.3.6 开关机过冲幅值和软启动时间测量

整流模块保持输出电压稳定，主要依靠模块内部的输出电压反馈电路来实现。但由于电压反馈需要一定的时间，因此在反馈电路起作用以前，整流模块将会出现瞬间的输出过压现象，然后反馈电路起作用使整流模块实现稳压输出。开机过冲现象的检测需要20 MHz存储记忆示波器，具体操作步骤为：（1）将模块输出电阻接入示波器，适当调整示波器的工作参数；（2）调节模块输入电压为额定值，直流输出电压为出厂整定值；（3）调节负载电流为100%额定值，测量整流模块直流输出电压，输出电压的整定值；（4）反复做开机及关机试验3次，用记忆示波器记录其输出电压波形，开关电源最大和最小峰值不超过直流输出电压核定值的±10%。根据直流输出波形，读出模块从启动开始到稳定输出的时间即为模块的软启动时间。

9.3.3.7 绝缘电阻

在常温条件下，用绝缘电阻测试仪500 V挡测量整流模块的交流部分对地、直流部分对地和交流对直流的绝缘电阻。要求绝缘电阻不小于2 Ω。

9.3.4　噪声参数的测量

9.3.4.1　温升、压降的测量

供电系统的传输电路和各种器件均有不可消除的等效电阻存在，线路和器件的连接肯定会有接触电阻的产生。这使得电网中的电能有一部分将以热能的形式消耗掉。大部分热能使得线路、设备或器件的温度升高。设备或器件的温度与周围环境的温度之差称为温升。

很多供电设备对供电容量的限制，很大程度上是出于对设备温升的限制，如变压器、开关电源、UPS、开关、熔断器和电缆等。设备一旦过载，会使温升超出额定范围，过高的温升会使得变压器绝缘被破坏、开关电源和UPS的功率器件烧毁、开关跳闸、熔断器熔断、电缆橡胶护套熔化继而引起短路、通信中断，甚至产生火灾等严重后果。所以电力维护人员对设备的温升值应该引起高度的重视。通过对设备温升的测量和分析，可以间接地判断设备的运行情况。

红外点温仪是测量温升的首选仪器。根据被测物体的类型，正确设置红外线反射率系数，打开点温仪测试开关，使红外线打在被测物体表面，便可以从其液晶屏上读出被测物体的温度，测得的温度与环境温度相减后即得设备的温升值。有些红外点温仪还可设定高温告警值，一旦设备温度超出设定值，点温仪便会给出声音告警。

9.3.4.2　接头压降的测量

由于线路连接处不可避免地存在接触电阻，因此只要线路中有电流，便会在连接处产生接头压降。导线连接处接头压降的测试，可使用三位半数字万用表，将测试表笔紧贴线路接头两端，万用表测得的电压值便为接头压降。不论在什么环境下都应满足：接头压降小于3 mV/100 A（线路电流大于1000 A）。接头压降的测量可以判断线路连接是否良好，避免接头在大电流通过时温升过高。

9.3.4.3　直流杂音电压的测量

杂音电压是指在一定的频率范围内，所有杂音电压信号有效值的和。直流电源的杂音电压主要来源于整流元器件、滤波、交流电的共模谐波和电磁辐射及负载的反灌杂音电压等。直流杂音电压超出过大，容易引起信号质量下降、误码率增大和系统有效输出下降等。电源维护规程中对各类杂音电压指标均有明确的要求。直流电源的杂音电压测量应在直流配电屏的输出端，整流设备应以稳压方式与电池并联浮充工作，并且电网电压、输出电流和输出电压在允许变化范围内进行测量，直流杂音电压可以分为：衡重杂音电压、峰峰值杂音电压、宽频杂音电压和离散杂音电压。

（1）衡重杂音电压的测量。人耳对不同频率的感知程度有所不同，为了通过电话机能真实反映人耳对声音的感觉，于是在所用的测试仪器中串接一只类似人耳对各频率不同感觉的衡量网络，用这种方式测得的杂音电压称为衡重杂音电压。

测试电源杂音电压的目的是测量直流电源中的交流干扰杂音电压，为防止直流电压进入仪表而造成仪器损坏，需要在仪器输入端中串接隔离直流电容器，它的耐压值应是直流电流电压的1.5倍以上（即100 V以上）。为了防止正、负极性的错接，该电容器是无极性的，同时为了让300 Hz以上的干扰信号杂音电压无压降地输入测试仪表，要求串接的电容器阻抗远远小于600 Ω的平衡输入阻抗。实际测量中一般要求电容器的电容量在10 μF以上。

为防止在测量时，仪表输入的测试线正负极性接错，造成短路发生意外而损坏设备和仪器，要求仪器的外壳应处于悬浮状态。测试用仪表如果本身需要接交流电源时，通常电源插头有三个脚，其中中间脚是保护接地，它与仪表外壳相通，为了使仪表的外壳处于悬浮状态，方法是去掉仪表电源线插头中芯头或另用二芯电源接线板（即中芯头不接地）。

衡重杂音电压的测量步骤为：1）打开仪表电源，预热约 20 min；2）调零：阻抗挡至 600 Ω，功能挡至需要测试的频段（零电压）；3）自校：调阻抗挡至校准，调节校准电位计，使表针指示 0 dB（红线）；4）完成上述步骤后，调节阻抗挡到 600 Ω，功能挡于电话，平衡挡于平衡 a/b，电平挡至+40 dB（100 V），时间挡至 200 ms。将测试线接入平衡输入插孔，负极性端输入线串接一只大于 10 μF/100 V 的隔直无极性电容，另一条输入线接至正极性端；5）调节电压挡，使表针指示为清晰读数，记下表头指针指示的电压即为衡重杂音电压。电压值应<2 mV；6）测试完毕，电平挡调到 40 dB，关闭仪表电源，拆除测试线。

（2）宽频杂音电压的测量。宽频杂音电压是各次谐波的均方根，由于其频率范围大，故分成 3 个频段来衡量，分别是Ⅰ频段 15 Hz~3. 4 kHz、Ⅱ频段 3. 4~150 kHz、Ⅲ频段 150 kHz~30 MHz。其中Ⅰ频段在音频（电话频段）以内，Ⅰ频段杂音过大，对通信设备内部特别是音频电路影响很大，对这一频段的杂音使用峰峰杂音电压指标来衡量。音频（电话频段）以上的频率（Ⅱ频段和Ⅲ频段）干扰，对于通话质量影响不大，因而对此要求有所降低，但它对通信设备的正常运行会产生干扰。选用高频开关电源作为整流器有可能会产生频率较高的干扰信号而影响数字通信、数据通信及移动通信系统。

宽频杂音电压用有效值检波的仪器来测量。Ⅱ频段和Ⅲ频段的杂音电压要求分别为：3. 4~150 kHz（<100 mV）和 150 kHz~30 MHz（<30 mV）。

宽频杂音电压的测量选用 QZY-11 宽频杂音电压计，仪器机壳应悬浮。仪表校准步骤同衡重杂音电压测量方法。即测量步骤为：1）打开表电源预热；2）调零、自校；3）测试：阻抗挡至 75 Ω，电平挡到+10 dB（30 V），时间挡至 200 ms，测试同轴线中串入一只大于 10 μF/100 V 的无极性电容。将同轴线的线芯接入电源负极性端，同轴网接入电源正极性端，功能挡分别调至Ⅱ频段（34~150 kHz）和Ⅲ频段（150 kHz~30 MHz）；4）记录：调节电平挡，仪表指示为清晰读数，分别记下表头指示电压值。若为电平值读数应换算至电压值。当有严重电磁干扰时可在测试线两端并入 0. 1 μF/100V 的无极性电容；5）关表：调回电平挡至+10 dB，拆线关表电源。

（3）峰峰值杂音电压的测量。通过衡重及宽频杂音电压的测试，对于 300 Hz 以上信号的杂音电压都进行了监测和分析，而缺少对于 300 Hz 以下的电源杂音电压的分析，这些低频杂音电压主要来源于市电整流后对直流电源进行滤波时所遗漏的干扰杂音，它主要对一些音频及低频电路带来较大的危害。

峰峰值杂音电压是指杂音电压波形的波峰与波谷之间的幅值电压，它的测量一般用示波器来观察。因为观察 300 Hz 以上的低频波形要求示波器的扫描速度较慢，所以采用 20 MHz 以上扫描频率的示波器，可以观察到稳定、清晰的波形。在测量系统峰峰值杂音电压波形时，首先应确定在示波器屏幕上能显示 300 Hz 以下谐波分量，再测量波形波峰与波谷之间的电压值。开关电源系统要求峰峰值杂音电压指标小于 200 mV。测量方法如图 9-8 所示。

在直流配电屏输出端并接 0.1 μF 直流无极性电容器，电容器两端以双绞线平衡接入示波器探头，示波器须与市电隔离，其机壳应悬浮。测量时，示波器的水平扫描速度应低于 0.5 s，使被测峰峰值杂音电压波形清晰稳定时读出。

（4）离散杂音电压的测量。通过对 34 kHz~30 MHz 的宽频杂音电压测试，掌握了在这一频带内所有干扰信号有效值的总和，但它不能具体反映对于某一个干扰频率的干扰量，为了解这一频段内的每一个干扰频率的具体数值，需要对 34 kHz~30 MHz 范围内各干扰频率的电压进行测试，这就是离散杂音电压的测量。离散杂音电压测量时将 34 kHz~30 MHz 的频率范围划分成几个频段，在不同频段中有不同的电压要求，即 34~150 kHz（≤5 mV）、150~200 kHz（≤3 mV）、200~500 kHz（≤2 mV）、500 kHz~30 MHz（≤1 mV）。每个频段中测出的最高电压值都应小于规定值。离散杂音电压的测量选用 ML-422C 选频表或频谱分析仪，仪表机壳应悬浮。

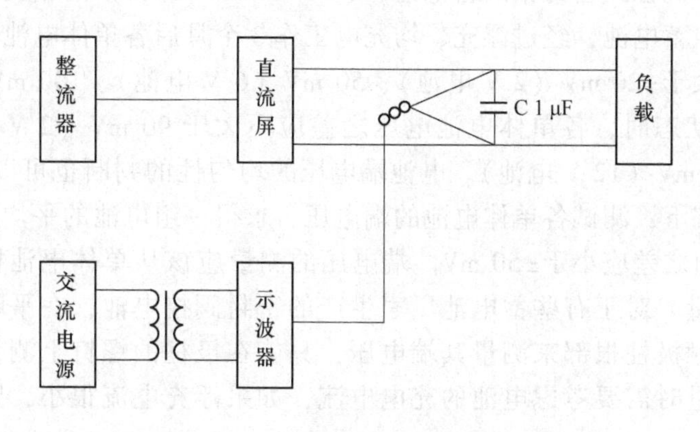

图 9-8 峰峰值杂音电压的测量

以上介绍了电源系统中常见的一些杂音及其测量，另外还有反灌杂音电流、反灌相对衡重杂音电流等，本书不再介绍。在实际工作中，分析判断系统杂音电压的来源是比较复杂的，解决的总体思路是局部解决问题，如可以关掉部分整流器或由蓄电池单独供电来判断是由某整流器还是负载设备反馈过来的杂音电压干扰。

9.3.5 蓄电池组的测量

在通信电源系统中，蓄电池组是直流供电系统的重要组成部分。一旦交流供电中断或开关电源设备出现故障时，就必须依靠蓄电池组向直流用电设备提供电能，保证直流用电设备的不间断供电，从而保证通信网络的正常运行。在交流正常供电时，蓄电池组通过开关电源充电（均充或浮充）来储备电能。此外，蓄电池组与整流模块并联运行可以起到平滑滤波的作用，能降低直流系统的杂音电压，提高整流器的供电质量。

目前通信企业使用的蓄电池组根据结构原理可以分成防酸隔爆型和阀控密封型。由于防酸隔爆型蓄电池组体积大、对环境污染严重以及维护工作量大等原因而逐渐被阀控密封型蓄电池组取代。从单体电压上来看，主要有 2 V、6 V、12 V 3 种。2 V 蓄电池主要用于 −48 V 或 24 V 直流系统，6 V 与 12 V 蓄电池主要用作 UPS 的后备电源。本节主要介绍 2 V 阀控密封型蓄电池的有关测量要求。

9.3.5.1　电池外观的检查

用目测法检查蓄电池的外观有无漏液、变形、裂纹、污迹、极柱和连接条有无腐蚀及螺母是否松动等现象。

9.3.5.2　电池端电压及偏差

电池端电压的均匀性可以反映出电池组内电池的质量差异，特别是对已经投入运行一段时间的蓄电池其判断效果更为准确。新电池在投入使用时一般其端电压会有较大的偏差，造成端电压偏差的因素很多，如内部结构、生产工艺及出厂充电效果等。新电池投入使用一段时间，甚至需要几个回合的充放电过程才能使端电压趋于均衡。电池端电压的均匀性有两个指标，一个为静态，另一个为动态，使用中（平时处于浮充状态）的电池端电压一般作为动态指标。

根据《通信用阀控式密封铅酸蓄电池》（YD/T 799—2010）的相关要求，若干个单体电池组成的一组蓄电池，经过浮充、均充电工作 3 个月后各单体电池开路电压最高与最低的差值应不大于+20 mV（2 V 电池）、50 mV（6 V 电池）、100 mV（12 V 电池）。蓄电池处于浮充状态时，各单体电池电压之差应不大于 90 mV（2 V 电池）、240 mV（6 V 电池）、480 mV（12 V 电池）。电池端电压的均匀性的判断也可以参照以下标准：电池组在浮充状态下，测试各单体电池的端电压，求得一组电池的平均值，则每只电池的端电压与平均值之差应小于±50 mV。端电压的测量应该从单体电池极柱的根部用四位数字电压表测量。对于有些蓄电池厂家生产的密封阀控电池，在平时浮充使用时电压表表棒无法接触极柱根部来测量其端电压，只能在极柱的螺钉上测量，这将会带来测量误差，在测量时需要考虑电池的充电电流，如果浮充电流很小，则测量误差可以忽略。

9.3.5.3　标示电池

一组蓄电池容量的多少，取决于整组电池中容量最小的一只单体电池，也就是以电池组中最先到达放电终止电压的那只电池为基准。因此，对电池组容量的检测总是着重对电池组中容量最小的电池进行监测。这些有代表性的单体电池被称为标示电池。

标示电池的选定应在电池放电的终了时刻查找单体端电压最低的电池 1~2 只为代表，但标示电池不一定是固定不变的，相隔一定时间后应重新确认。如果端电压在连续 3 次放电循环中测试均是最低的，就可判为该组中的落后电池。电池组中有明显落后的单体电池时应对电池组进行均衡充电。

当电池组处于浮充状态时，标示电池电压在整组电池中不一定是最低的，甚至是最高的。也就是说，端电压最低的电池其容量不一定是最小的，如果一只电池端电压超出平均电压很多，如达到 2.5 V 以上时，很可能该电池已经失水过多，电解液浓度过高，该电池的容量往往不足。

9.3.5.4　电池极柱压降

（1）极柱压降的产生及影响。蓄电池组由多只单体电池串联组成，电池间的连接条和极柱的连接处均有接触电阻存在。由于接触电阻的存在，在电池充电和放电过程中连接条上将会产生压降，该压降称之为极柱压降。接触电阻越大，充放电时产生的压降越大，结果造成受电端电压下降而影响通信，其次造成连接条发热，产生能耗。严重时甚至使连接条发红，电池壳体熔化等严重的安全隐患产生。因此，需要在电池安装完成以及平时维护中对电池组的极柱压降进行定期的测量。

根据《通信用阀控式密封铅酸蓄电池》（YD/T 799—2010）的相关要求，蓄电池按 1 h 率放电时，整组电池每个极柱压降都应小于 10 mV。在实际直流系统中，如果蓄电池的放电电流不满足 1 h 率时，必须将测量的极柱压降折算成 1 h 率的极柱压降，然后再与指标要求进行比较。极柱压降过大，可能是由于极柱连接螺丝松动，或者连接条截面过小所致，当极柱压降不能满足要求时，需根据实际情况进行调控，或拧紧电池连接条。

（2）极柱压降的测量。极柱压降的测量需要直流钳形表、四位半数字万用表，极柱压降必须在相邻两只电池极柱的根部测量。具体测量步骤为：1）调低整流器输出电压或关掉整流器交流输入，使电池向负载放电（使得流过极柱之间的电流较大且稳定，便于准确测量）；2）过几分钟，待电池端电压稳定后测得放电电流及每两只电池间的极柱压降，如图 9-9 所示；3）将测得的极柱压降折算成 1 h 率的极柱压降，然后再与指标要求进行比较。

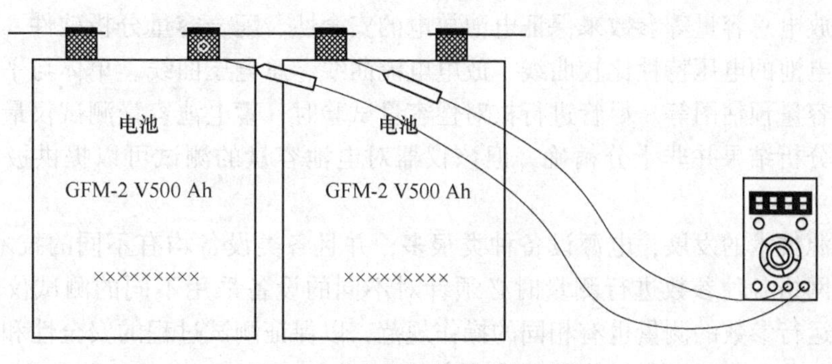

图 9-9　蓄电池极柱压降的测量

9.3.5.5　电池室环境对电池的影响

由于蓄电池充放电过程实际是电化学反应的过程，周围环境的温度对其影响非常明显。不同的温度情况下它的内阻及端电压将发生变化，相同浮充电压情况下它的浮充电流不同。

例如：一组电池浮充电压均为 2.25 V。环境温度为 20～22 ℃时，浮充电流约为 34 mA/100 Ah；环境温度为 34～36 ℃时，浮充电流约 105 mA/100 Ah；环境温度为 40～45 ℃ 时，浮充电流约 300 mA/100 Ah。

另外，由于阀控电池的排气阀的打开与关闭取决于电池壳体内外的气压差，如果电池所使用的地区气压较低，则充电时容易造成电池排气阀在电池内部压力相对较低时便自动打开，从而引起电池失水，容量下降。因此，当使用地区气压较低时，蓄电池组应降低容量来使用。

9.3.5.6　蓄电池组容量的测量

蓄电池组所有的技术指标中，最根本的指标为电池容量。对常规指标的测量其最终目的是直接或间接地监测电池容量、维持电池容量。电池维护规程规定，如果电池容量小于额定容量的 80%时，该电池可以申请报废，否则当电池容量不足，并且维护人员对该电池的性能没有明确了解时，一旦交流停电就很容易造成通信网络供电中断事故。

电池容量的测试，对于防酸隔爆型电池可通过观察电池极柱板，测量电解液密度和液位的高低来估计电池容量的多少；对于密封阀控电池，除了测量电池端电压外，目前只能通过放电才能知道它的容量大小。虽然厂家推荐用电导仪测量电导来推算电池容量，但发现误差大并且不稳定，因此不作推荐。

电池容量的检测方式根据电池是否与直流系统脱离可以分成离线式和在线式。根据放电时放出容量的多少，可以分成全放电法、核对性容量试验法和单个电池（标示电池）核对性容量试验法。根据直流供电的实际情况两者可以灵活组合，得到离线式全容量测试、离线式核对性容量测试、在线式全容量测试以及在线式核对性容量测试等方法。

蓄电池组容量的测量最常用的工具仪表是直流钳形表、四位半数字万用表和恒流放电负载箱、计时器和温度计等，仪表精度应不低于 0.5 级，如果进行标示电池核对性容量试验，则需要单体电池充电器。蓄电池容量测试仪配置有测试所需的整套装备，包括负载箱、电流钳、单体电压采集器、容量测试监测仪以及相应的电池容量分析软件。蓄电池容量测试仪可以保证电池恒流放电，同时可以通过设定放电时间、电池组总电压下限、单体电压下限和放电总容量等参数来保证电池放电的安全性。配合容量分析软件，可以提供放电时各单体电池的电压特性比较曲线、放电电流曲线、总电压曲线、单体与平均电压曲线和单体电池容量预估图等。尽管进行核对性容量试验时，蓄电池容量测试仪最后提供的单体电池容量分析结果并非十分精确，但该仪器对电池容量的测试可以提供极大的便利和帮助。

随着电源技术的发展，电源设备种类很多，并且各类设备均有不同的技术指标要求，因而对供电网络各种参数进行测量时必须针对不同的设备采用不同的测试仪表和测试方法。但各类运行参数的测量也有相同的操作规范，以保证测试过程的安全性和检测参数的准确性。以下各点是对测量操作的基本要求。

（1）被测参数的测量精度与选用的仪表、测量方法、测量的环境等有一定的关系，在通常情况下，一般性的测量调试对仪表精度要求不太高，1%~3%即可，要求高精度的测试中，要尽量选用高精度等级的测量仪表，一般要求精度等级高于 5 级。

（2）仪表在进行测量之前，一般应根据要求进行预热和校零。

（3）被测试信号的幅值必须在测试仪表的量程范围以内。不明被测信号电压值的范围时，可将仪表的量程放在最大挡，待确定被测信号范围后，再把仪表的量程放在适当位置上进行测试，避免损坏仪表造成测量不准确。

（4）保证仪表接线正确，以免损坏仪表。

（5）在测量时表笔和被测量电路要接触，尽量减小接触误差，同时要防止短路，导致电路或仪表被烧坏。

（6）由于大部分仪表属于电磁类仪表，所以测量时仪表周围应避免强磁场的干扰，以免影响测量精度。

9.3.6 通信电源的管理维护

9.3.6.1 通信电源的管理

要管理好电源设备，保证设备的正常运行，应做好以下工作：

（1）思想上重视电源设备。必须认识到：通信电源的作用是整体性和全局性的。虽然它不是通信网主流设备，但它却是通信网中最重要、最关键的设备。

（2）在新建工程时，要从工程设计、方案会审、工程实施到验收竣工等各个阶段把关。电源安全可靠运行与设备质量、工程勘察与设计、建设施工管理、运行维护管理等各环节相关。一个在设计和建设方面先天不足的通信电源系统将造成通信安全的巨大风险和后期人力、物力、财力的巨大投入。供电方式要大力推广分散供电，要有备品和备份，机房的高压引入宜采用双回路供电设计，即两路不同的市电输入，以确保市电供电不间断。

（3）提高通信电源系统的品质，要积极采用新技术、新产品。衡量新技术、新产品的第一标准就是安全可靠。设备宜采用模块化、热插拔式，便于更换和维修。接入网电源问题是当前的一大热点，接入网主要由本地供电并且网点多、环境条件差，容易造成供电中断。因此接入网电源更要选择高品质的电源设备。防雷和防电涌措施等都应是考虑的重点。

（4）一些通信机房为部分设备提供 220 V 交流电时，采用 1~5 kVA 的交流不间断电源（另带有 220 V 蓄电池组）供电。单机工作不可靠，成本高。建议使用逆变且与整流功能一体化的电源设备。逆变模块均流输出，实现 N+1 容量冗余，这样不会因某个模块出现故障而影响正常供电。由于共用原有的-48 V 蓄电池组，省去了交流不间断电源必须另带其他型号电池组的费用及其维护，可大幅度减少维护工作量，设备运行也更安全可靠。

（5）通信电源系统的防雷。雷击产生强电流和高电压对人体和设备都将造成重大损害。防雷是一个系统工程，某种有效技术和器件的采用，只能降低雷击危害的概率。减少损害，必须对所有进出的电缆电线进行屏蔽和防雷处理，采用完善的接地系统，按照规范要求严格接地、减少雷害。为了防止雷电产生的过电压过电流损坏电源设备，在通信电源系统中，一般设有防雷接地装置，其接地阻值不超过 5 Ω。在土壤电阻率低的地方，接地阻值应不超过 1 Ω。在通信电源系统中，要求防雷接地线一定要与工作接地线和保护接地线分开。

（6）采用先进的管理方法。实施集中监控管理是现代化通信网的需要。对正在运行设备的重要参数进行实时跟踪检测，根据参数变化可预知故障，及时排除。因此对动力和环境监控系统要突出可使用性，绝不是越复杂越好，关键是要能够全面了解系统状态，使告警正确无误。

（7）建设一支过硬的电源维护管理队伍，应该有独立的电源专业维护人员。维护人员应熟悉本单位电源系统的性能和特点，定期对电源系统进行保养维护，发现问题及时解决。平时应建立电源故障的应急预案，加强预案演练。

9.3.6.2 通信电源设备的维护

高频开关电源的维护注意事项：

（1）开关电源系统对环境温度要求不高，在-5~40 ℃都能正常工作，但要求室内清洁、少尘。灰尘加上潮湿都会引起主机工作紊乱，灰尘也会造成元器件散热不好。因此最好每季度进行一次清洁。

（2）开关电源系统中设置的参数在使用中不能随意改变。

（3）在使用中要避免随意增加大功率的额外设备，也不允许在满负载状态下长期运行。由于电源系统几乎是在不间断状态下运行的，增加大功率负载或在基本满载状态下工作，都会造成整流模块出故障。

9.3.6.3 蓄电池的维护

阀控式蓄电池全浮充正常使用寿命在 7~10 年，影响阀控蓄电池使用寿命的主要因素有：

（1）环境温度。温度升高时，蓄电池的极板腐蚀将加剧，同时将消耗更多的水，从而使电池寿命缩短。蓄电池在 25 ℃的环境下可获得较长的寿命。

（2）过度充电。长期过充电状态下，板栅腐蚀加速，使板栅变薄加速电池的腐蚀，从而使电池容量降低，同时因水损耗加剧，从而影响蓄电池寿命。

（3）过度放电。当蓄电池被过度放电到其电压过低甚至为零时，会导致电池内部有大量的硫酸铅被吸附到蓄电池的阴极表面。硫酸铅是一种绝缘体，它的形成必将对蓄电池的充、放电性能产生很大的负面影响。

（4）长期浮充电。蓄电池在长期浮充电状态下，只充电而不放电，势必会造成蓄电池的阳极极板钝化，使蓄电池内阻增大，电池容量大幅下降。

9.3.6.4 阀控蓄电池的使用和维护

（1）蓄电池对温度要求较高，标准使用温度为 25 ℃。温度每下降 1 ℃，其容量下降 1%。如果在高温下长期使用，温度每增高 10 ℃，电池寿命约降低一半。蓄电池应放置在干燥、远离热源和不易产生火花的地方。安装在有空调的房间，采用利于散热的布放方式。

（2）蓄电池运行期间，每半年应检查一次连接导线，查看螺栓是否松动或腐蚀污染。松动的螺栓必须及时拧紧（螺栓与螺母的扭矩约为 11 N·m），腐蚀污染的接头应及时清洁处理。电池组在充放电过程中，若连接条发热或压降大于 10 mV 以上，应及时用砂纸等对连接条接触部位进行打磨处理。

（3）不能把不同厂家、不同型号、不同容量、新旧不同的电池串并联在一起使用。

（4）正确设置浮充电压，电压过高或过低都会影响电池的使用寿命。阀控式密封蓄电池在使用过程中由于重力作用和无法添加蒸馏水，因而电解液均匀性较差，失水是其提前失效的重要因素。因此应充分利用智能化开关电源的管理功能，并启动温度自动补偿功能自动修正浮充电压值。

（5）因为电池的使用寿命和放电深度有关，放电深度越深寿命越短；应使每次的充电量为前次放电量的 110%~120%，放电容量则应控制在电池容量的 30%~50%。

（6）落后电池只有在放电状态下才能被正确判定。放电时一组电池中电压降低最快的一只就是落后电池。当出现落后电池时，先用整流器给整组电池均充，然后放电，循环几次后仍不行的，应当单独处理。做好浮充状态下各单体电池端电压数据分析工作，当发现电池组中有两只以上单体端电压不超过 2.20 V 时，应立即进行均衡充电或单体补充电。

（7）做好日常维护测量工作和定期的容量试验工作。测量数据应包括单体电池电压、蓄电池总电压、环境温度、电池温度（壳温）、浮充电压和电流等。每年做一次容量检查，终止电压符合规定标准（−48 V 电池终止电压理论参考值为 1.80 V/只×24 只 = 43.2 V，25 ℃）。

（8）搬运蓄电池时要搬运电池底部，绝对不要在端子部用力。

（9）绝对不要打开排气阀，维护测量蓄电池时，操作者面部不得正对蓄电池顶部，应保持一定角度或距离。

（10）清扫电池表面时应使用湿布，干布或化纤布有可能使蓄电池外壳裂开，造成漏夜或腐蚀着火。检查维护时应穿戴橡胶手套和胶皮鞋等保护用品。

9.4 电力系统电源要求和设计

9.4.1 电力通信电源供电要求

通信电源系统必须保证稳定、可靠和安全地向通信设备供电，供电不中断，供电质量达到规定指标的要求，电磁兼容性符合相关标准的规定。通信电源设备还应效率高、节约能源、体积小、重量轻、便于安装维护和扩容，并应智能化程度高，可以进行集中监控、实现少人或无人值守。对通信电源供电的具体要求，主要有以下几方面。

9.4.1.1 供电可靠性

通信电源系统的可靠性用“不可用度”指标来衡量。电源系统的不可用度是指电源系统故障时间与故障时间和正常供电时间之和的比。

根据我国通信行业标准《通信局（站）电源系统总技术要求》（YD/T 1051—2018）的规定，省会城市和大区中心通信综合枢纽（含国际局）、市话汇接局、数据局、无线局、长途传输一级干线站、市话端局以及特别规定的其他通信局（站），电源系统的不可用度应不大于 5×10^{-7}，即平均 20 年时间内，每个电源系统故障的累计时间应不大于 5 min；地市级城市综合局、门市话局、长途传输二级干线站或相当的通信局（站）等，电源系统的不可用度应不大于 1×10^{-6}，即平均 20 年时间内，每个电源系统故障的累计时间应不大于 10 min；县（含县级市）综合局、万门以下市话局，即平均电源系统的不可用度应不大于 5×10^{-6}，即平均 20 年时间内，每个电源系统故障的累计时间应不大于 50 min。

通信电源系统主要设备的可靠性，用“不可用度”和“平均失效间隔时间（Mean Time Between Failure，MTBF）”指标来衡量，在通信行业标准 YD/T 1051—2018 标准中作了具体规定。例如，直流配电设备，在 15 年使用时间内，MTBF 应不小于 10^{-6} h，不可用度应不大于 1×10^{-6}；高频开关整流器，在 15 年使用时间内 MTBF 应不小于 5×10^{4} h，不可用度应不大于 6.6×10^{6}；阀控式密封盐酸蓄电池组，全浮充工作方式在 10 年使用时间内，MTBF 应不小于 3.5×10^{5} h，不可用度应不大于 3.43×10。

9.4.1.2 供电质量

（1）交流基础电源质量。根据 YD/T 1051—2018 标准的规定，通信设备用交流电供电时，在通信设备的电源输入端子处，电压允许变动范围为：额定电压值的+5%～−10%，即相电压 231～198 V、线电压 399～342 V。

通信电源设备及重要建筑用电设备用交流电供电时，在设备的电源输入端子处，电压允许变动范围为：额定电压值的+10%～−15%，即相电压 242～187 V、线电压 418～323 V。

当市电供电电压不能满足上述规定时，应采用调压或稳压设备来满足电压允许变动范围的要求，例如采用自动补偿式电力稳压器或交流参数稳压器。

交流电的频率允许变动范围为，即额定值的±4%，48～52 Hz；电压波形正弦畸变率应不大于 5%。为使通信局（站）的功率因数符合电力部门的规定，应根据供、用电规则的要求安装无功功率补偿装置。

（2）直流基础电压质量。根据 YD/T 1051—2018 标准的规定，通信机房内每一机架的直流输入端子处，-48 V 电源允许电压变动范围为：-40～-57 V，-24 V 电源允许电压变动范围为：-21.6～-26.4 V。

高频开关整流器的输出电压应自动稳定，其稳压精度不大于±0.6%。通信用直流电源电压的纹波，用杂音电压来衡量。-48 V 直流基础电源输出端子处测量的杂音电压，应满足表 9-1 的指标。

表 9-1　直流基础电源电压标准及技术指标

额定电压/V	通信设备端子上电压允许变动范围/V	杂音电压/mV			
		电话衡重	峰峰值	宽频（有效值）（注 3）	离散频率（有效值）
-48	-40～-57	≤2	≤400（注 2）	≤100（3.4～150 kHz） ≤30（0.15～30 MHz）	≤5（3.4～150 kHz） ≤3（150～200 kHz） ≤2（200～500 kHz） ≤1（0.5～30 kHz）
-24	-21.6～-26.4（注 1）	≤2	≤400（注 2）		

注：1. 新建-24 V 或+24 V 宽电压范围供电系统，通信设备受电端子上电压允许变动范围为 19～29 V（绝对值）。
2. 杂音电压指标是在直流配电屏输出端子处的测量值。进网开关段元要求峰峰值杂音电压不大于 200 mV。
3. 进网开关电源要求宽频杂音电压不大于 50 mV（3.4～150 kHz）、20 mV（0.15～30 MHz）

9.4.1.3　供电安全性

安全供电十分重要，它涉及的面比较宽，例如电源机房应按有关规定满足防火、抗震等防灾害要求，工作人员应严格遵守操作规程，安全生产管理应常抓不懈等。就通信电源系统本身而言，为了保证人身、设备和供电的安全，应满足：（1）通信局（站）电源系统应有完善的接地与防雷设施，具备可靠的过压和雷击防护功能，电源设备的金属壳体应可靠地保护接地；（2）通信电源设备及电源线应具有良好的电气绝缘，包括有足够大的绝缘电阻和绝缘强度；（3）通信电源设备应具有保护与告警功能。

9.4.1.4　电磁兼容性

电磁兼容性（Electromagnetic Compatibility，EMC）的定义：设备或系统在其电磁环境中能够正常工作且不对该环境中任何物体构成不能承受的电磁干扰能力。它有两方面的含义：一方面任何设备不应骚扰别的设备正常工作，另一方面对外来的骚扰有抵御能力，即电磁兼容性包含电磁骚扰和对电磁骚扰的抗扰度两个方面。

电磁骚扰的定义为：任何可能引起装置、设备或系统性能降低或者对生物或非生物产生不良影响的电磁现象。这种电磁现象对外界形成干扰，可能造成通信质量降低甚至通信失效等不良后果，因此电磁骚扰的产生必须受到限制，使通信设备与系统以及其他电子电气设备能够正常运行。

对电磁骚扰的抗扰度或简称抗扰度，定义为装置、设备或系统面临电磁骚扰不降低运行性能的能力。抗扰度又称抗扰性。任何电子电气设备都要有适当的抗扰度，才能在越来越复杂的电磁环境中正常工作。在电磁兼容性文献中还常见另外两个名词：电磁干扰和电磁敏感度，电磁敏感度又称电磁敏感性。电磁干扰的定义是：电磁骚扰引起的设备、传输通道或系统性能的下降。过去，术语“电磁骚扰”和“电磁干扰”常混用，但它们的定义是不同的，两者是因果关系，骚扰是起因，干扰是后果。抗扰度与敏感度是相反的关系：敏感干扰度越高，则抗扰度越低；反之，敏感度越低，则抗扰度越高。

9.4.2 电力系统电源中常用设备

9.4.2.1 相位控制型稳压电源

在由变压器和二极管组成的整流电路中，当输入交流电压确定时，直流输出电压也确定，如果需要改变直流输出电压，必须改变变压器初级线圈与次级线圈的匝数比。为了使整流器输出直流电压能够很方便地调整，可以用由晶闸管组成的可控整流电路。这种电路是靠改变晶闸管的导通相位来控制整流器输出电压的，所以这种类型的电源通常称为相位控制型电源，简称为相控型电源。在相控型电源中，采用适当的控制电路使晶闸管的导通相位根据输入电压或负载电流变化自动调整，整流器的输出电压就能稳定不变。这种直流稳压电源通常称为相控型稳压电源。

9.4.2.2 线性稳压电源

通信设备一般都要求电源电压稳定。但是不论采用整流器供电，还是采用蓄电池供电，在工作过程中，直流电压保持绝对不变是不可能的。比如，当蓄电池充电时，电压逐渐升高；蓄电池放电时，电压将逐渐下降。整流器的输出电压，不但受电网电压的影响，而且还受负载的影响。为了保证通信设备的直流电源电压基本不变，必须采用直流稳压器供电。线性稳压电源通常包括：调整管、比较放大部分、反馈采样部分以及基准电压部分，其原理如图 9-10 所示。

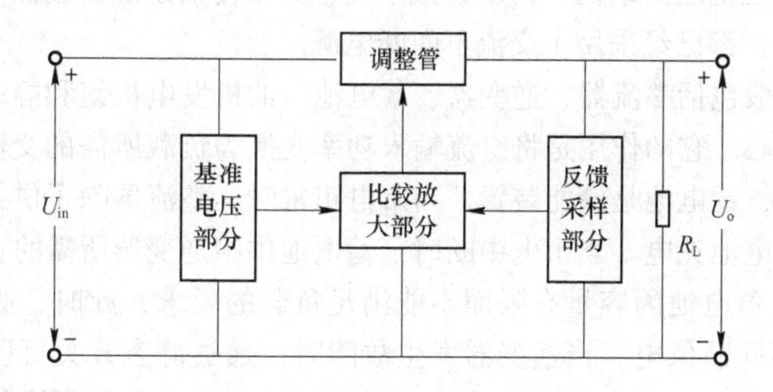

图 9-10 简单串联型稳压器原理

9.4.2.3 脉宽调制型开关电源

线性稳压电源，虽然电特性优良，但由于功率调整器件串联在负载回路里，而且工作在线性区，因此功率转换效率比较低。为了提高效率，就必须使功率调整器件处于开关工作状态。作为开关而言，导通时压降很小，几乎不消耗能量，关断时漏电流很小，也几乎不消耗能量，所以开关稳压电源的功率转换效率可达 80% 以上。

相控型稳压电源，虽然效率较高，但是由于工作频率很低，所以变压器和滤波元件的体积和质量较大。随着通信技术的高速发展，传统的相控型稳压电源也逐渐被高频开关型电源所取代。

开关型稳压电源通常由工频滤波电路、工频整流电路、功率因数校正电路、直流一直流变换器和输出滤波器等部分组成。众所周知，在输出功率一定的条件下，变压器铁芯的截面积与频率成反比。当工作频率由相控型电源的 50 Hz 提升到开关电源的 5 kHz 时，频率升高了 1000 倍，因此铁芯的截面积将大大减小，质量也大大减轻。与传统的相控型稳压电源相比，开关型稳压电源不仅可省去笨重的工频变压器，而且滤波电感的体积和质量也因工作频率升高而大大减小，所需滤波电容的容量也可大大减小。例如 48 V/1200 A 开关型稳压电源的质量为 320 kg，功率因数为 0.99，效率为 90%，同容量的相控型电源的质量为 1752 kg，功率因数小于 0.7，效率也在 70%以下。

开关型稳压电源的主要组成部分是直流—直流变换器，根据直流—直流变换器的工作原理，开关型稳压电源可分为脉宽调制型开关稳压电源和谐振型开关稳压电源。根据输入电路和输出电路的关系，直流变换器可分为不隔离式变换器和隔离式变换器。在不隔离式变换器中，根据输出电压与输入电压的关系，又可分为升压型变换器、降压型变换器和反相型变换器。在隔离式变换器中，根据变换器电路的结构，又可分为单端反激变换器、单端正激变换器、推挽式变换器、半桥式变换器和全桥变换器。

9.4.2.4 交流不间断电源

随着计算机在通信设备中日益广泛的应用，通信设备对交流电源的要求日益提高。计算机构成的各种实时系统不允许电源中断，即使电源电压发生瞬变也可能影响系统的可靠性。如果通信设备直接由市电供电，当因一路市电停电而必须转换到另一路市电时，电源也将产生瞬间中断。当接在电网中的电焊机和大型电动机启动以及发生雷电时，电网电压产生的瞬变也会影响通信设备正常工作。为了确保交流电源不中断、无瞬变，目前在许多重要通信系统（如卫星通信系统、自动转报系统、数据传输系统、程控电子交换系统、微波中继系统等）中，都已经采用了交流不间断电源。

不间断电源一般包括整流器、逆变器、蓄电池、油机发电机组和静态开关等。逆变器是不间断电源的核心。它的作用是将直流输入功率变换为负载所需的交流功率。整流器是逆变器的直流电源，蓄电池是储能装置。当市电正常时，整流器除了供给逆变器所需的直流功率外，还对蓄电池充电。当市电中断时，蓄电池供给逆变器所需的直流功率。当市电中断时间过长时，蓄电池因容量有限而不能满足负载的要求，此时，必须启动油机发电机组，才能保证不间断供电。当逆变器发生故障时，通过静态开关可以自动将负载由逆变器转接到市电电源。从逆变器发生故障到负载转接到市电电源所需的时间，称为转换时间。

目前常用的交流不间断供电系统一般可分为两大类：备用冗余系统和并联冗余系统。所谓冗余即备份的意思。在备用冗余系统中，一台电源装置供电，另外几台备用，一旦正在运行的电源装置发生故障，备用的电源装置立即投入工作。在并联冗余系统中，多台电源装置并联供电。在正常工作状态下，每台电源装置的输出功率都低于它的额定输出功率。在工作过程中，如果某一台电源装置发生故障，该装置就自动从供电系统中切除，其负载由其他装置分担，保证不间断地给负载供电。

9.4.3 电力系统电源的设计

9.4.3.1 电力主网通信电源现状

在电力通信网建设过程中，通过不断积累经验，改进设计，对于主网通信电源的设计、建设逐渐形成了一套比较统一的方案，即 220 kV 变电站的配套通信电源采用双套通信电源配置，为便于运行、维护管理，两套通信电源分 4 个通信机柜安装：1 面交流配电屏、2 面高频开关电源柜、1 面直流配电屏（分两个分配母排），每面开关电源屏各配置 2 组 300 Ah 铅酸免维护蓄电池（单体 2 V）。两套电源共 4 组蓄电池，蓄电池单独组屏（或架式）安装在专用通信蓄电池室。如图 9-11 所示。

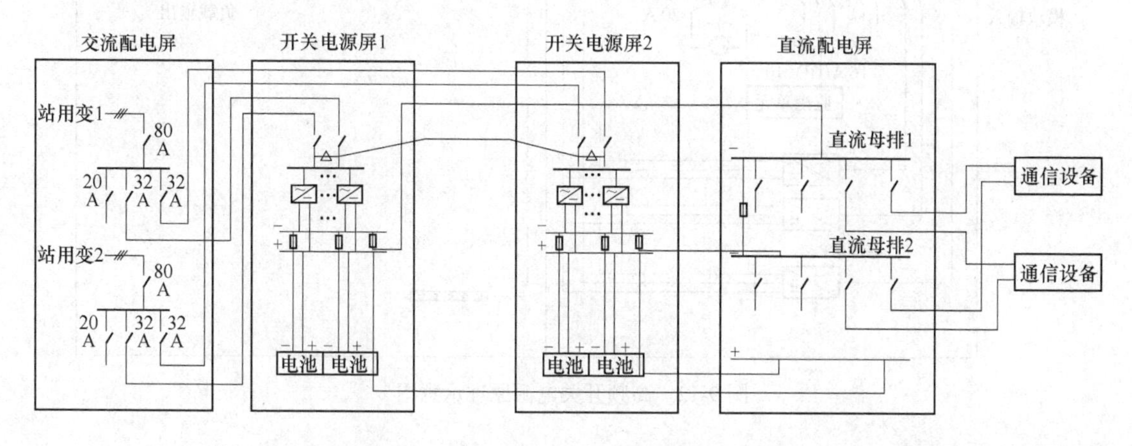

图 9-11 新建 220 kV 站通信电源结构示意

其中配电屏输入为 2 路来自不同站用电盘的 380 V 交流电，在交流屏配置一定数量的开关，分别为开关电源屏和部分其他交流用电设备提供交流电源。开关电源屏的交流输入直接从交流配电屏引入，但为来自不同站用电盘交流电源，进入开关电源屏后，2 路输入进行自互投，为整流模块提供可靠的交流输入。目前无特殊用电需求时，整流容量一般配置 6×30 A 模块，具体原理示意如图 9-12 所示。2 面高频开关电源屏分别为直流配电屏的 2 个母排提供直流电源，2 个直流分配母排采用大容量手动开关连接，平时断开，系统故障时可结合负荷情况闭合。

9.4.3.2 电力二级通信网通信电源现状

近年来，在二级通信网建设过程中，积累了一定的设计经验。经过每年不定期的改进设计，针对 110 kV、35 kV 变电站通信设备种类较少。数量相对较少、需要的容量也不是很大的二级网通信特点，按照电力公司的规划设计原则，一般配置一套通信电源系统。

电源系统和蓄电池安装在 1 面屏中，并将通信电源屏与通信其他设备并排安装在主控室，蓄电池不再单独安装于专用蓄电池室。对于 110 kV 和 35 kV 站，高频开关电源容量均按 3×30 A 考虑，但 110 kV 站配置 2 组 100 AH 铅酸阀控免维护蓄电池（单体 12 V），而 35 kV 站仅配置 1 组 100 AH 蓄电池（单体 12 V）。二级网通信设备相对简单、数量不多、功耗也不大，对可靠性要求也不是特别的高，因此从节约投资的角度来说，一套通信电源已经能够满足需要。并且目前各运营单位均安装了通信电源在线监测告警系统，能够及时通知维护人员进行故障排除，减少因通信电源故障导致的通信电路停运，从而造成电力生产事故。

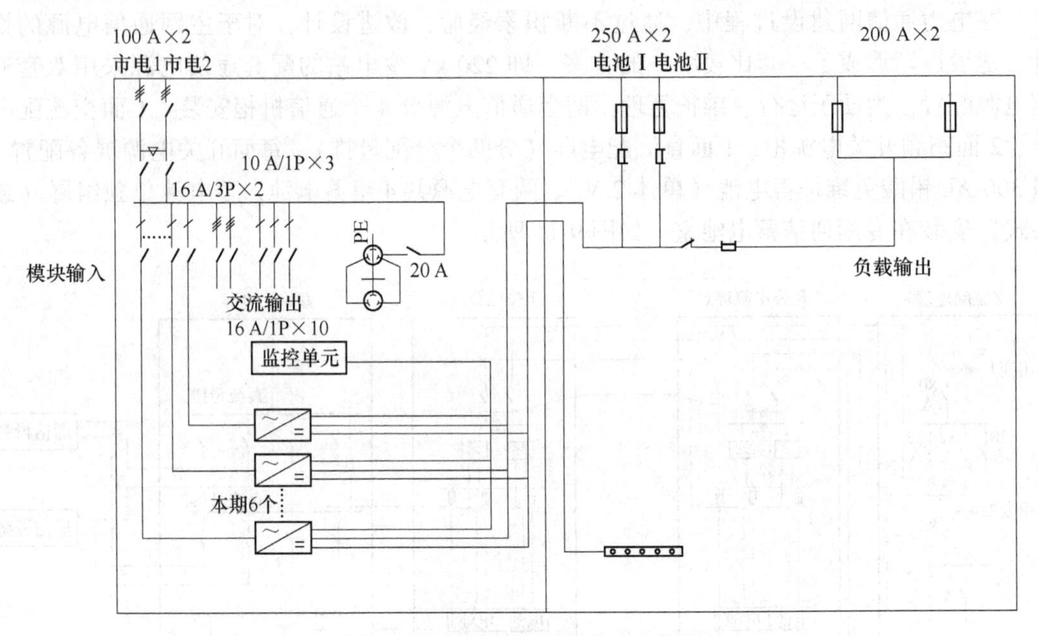

图 9-12　高频开关电源原理示意图

9.4.3.3　通信电源设计方案

A　通信电源设计原则

(1) 安全可靠性。通信设备对电源的基本要求就是提供不中断而且稳定的电源，因而在设计中首先就应考虑供电的可靠性和供电的稳定性。除要求电源设备系统本身结构可靠、性能稳定外。在设计时就要考虑系统检修、扩容等可能出现的状况，提前预留出检修位置或接口，便于日后的运行和维护。

(2) 技术先进性。在保证满足基本电源基本功能的同时，要积极采用技术先进的电源设备和供电系统。目前，无论是电力变压器技术还是微电子控制技术，都在不停地向前发展，通信电源系统不断小型化、集成化和智能化，在机房面积越来越紧张的今天，选用先进的、占地面积小的通信电源已经成为一种必然趋势。

(3) 经济合理性。在电源工程设计中，所采用的电源设备、组成的供电系统和建立运行维护制度，应当高效和节约能源消耗，应能提高维护效率。设计中一般以近期为主，结合设备寿命，考虑扩容发展的可能，并切合实际，合理利用建筑、设备、器材，进行多方案经济技术比较，努力降低工程造价和维护成本。

B　电力通信电源负荷发展分析

传统的电力模拟通信承载的业务范围比较窄（主要是电话、传统远动等），而通信设备一般都是交直流两用，电源容量需要不大，对直流电源的要求也不高，加上传统的蓄电池式结构，日常维护中需要时常加水和酸，导致电池室空气里酸雾较多，所以先前在设计时一般都是将蓄电池组单独安装在专用的蓄电池室，并相应配置排风和加温装置，这个阶段的通信电源以相控电源为主。现阶段数字化的通信设备均采用直流电源，其承载的业务也越来越多，传输的容量也越来越大，对电源系统的要求也越来越高。首先是对电源的容量提出了更大的需求，其次由于单台设备传输容量增大，承载的业务量也就增大，这就对电源的可靠性要求更高，否则设备失电丢失业务将更大。此时，通信电源也从相控电源逐步发展到智能化开关电源，蓄电池也从普通的铅酸电池发展到阀控式密封免维护电池，并且大部分电力企业对通信电源的运行情况进行了集中监控，减少了设备失电事故的概率。

随着智能化光纤传输设备、基于 IP 技术的路由交换机等大负荷通信设备的投入运行，使得对通信电源容量的要求进一步增大，并且变电站中部分二次设备（如光电转换柜等）也开始使用通信的-48 V 直流电源。因此，通信设计时需要适当关注相关专业的需求，预留部分电源容量和开关数量。这就需要对原来变电站典型设计中的电源、蓄电池容量进行重新计算，并在通信电源运行、检修维护上也需要适当调整。

C 目前供电方案（AC-DC+蓄电池）探讨

目前，通信组合电源系统一般由 5 部分组成：交流配电单元、直流配电单元、整流模块、监控单元和蓄电池组。而目前电力通信主网应用最多的为 2 套开关电源系统。两面整流屏整流电源分别独立工作，系统容量也平均分配到 6 个 30 A 的高频开关整流模块中，当出现个别整流模故障时，系统供电一般不会受到影响。故障信息也将通过监控模块上传至远端的监控中心，并告知运行维护人员。系统中在 2 面开关电源屏中各安装了一套装置，这样每个开关电源屏所整流的交流电源已经是该变电站最可靠的交流电源。相对于将装置安装在交流配电屏中的方案，有利有弊。利是降低了因为交流配电开关或个别器件故障，造成 2 面整流开关电源同时停止工作的故障概率，也便于运行过程中对交流配电屏进行检修、调试、扩容等操作；弊是多了一套装置，成本加大，并且交流配电屏的交流配电输出仅来自一台站用电盘，对一些交流负荷来说，可靠性降低。好在目前这样的交流输出很少，通信机房中极少出现新的通信用交流负荷，通信设备基本统一到-48 V 直流供电。系统中 2 面开关电源屏的直流输出，直流配电屏的 2 个母排上，现在通信设备基本具备双路电源输入功能，因此，可以从 2 个直流母排上分别引电源线至通信设备。为便于系统维护检修，一般在直流配电屏的 2 个母排之间加装一个大容量的手动开关，正常运行时断开，待系统故障或需要检修时，人工手动合上开关，灵活运行。对于在直流部分设置装置的供电方案由于存在不稳定因素，一般在设计时不采用。设计通信电源供电方案时，要综合考虑电源的安全可靠性，便于检修维护、扩容等操作。

D DC-DC 方案供电探讨

近年来，电网基础设施建设加速，变电站建设成本中征地费用逐年升高。为节约占地面积，减少变电站设备数量，部分地区通信电源开始与变电站操作直流系统共用，由于 220 kV 及以上电压等级变电站仅有 220 V 操作直流电源，110 kV 及以下电压等级变电站仅有 110 V 操作直流电源，而通信直流电源采用-48 V，因此，需要进行 DC-DC 变换。加上近年来 DC-DC 技术的不断成熟，并且投资相对较小，特别是在功率不是很大的电源需求领域里，DC-DC 技术更得到了广泛的应用。但在电力系统通信中应用 DC-DC 技术也存在着一定缺点：

（1）使通信电源系统与电力生产系统存在耦合、共用环节，一方的故障可能会耦合到另一方，降低了电力生产运行的可靠性。可靠性也是电力生产中极其看重的一点，因此应该避免使用。

（2）从技术层面讲，DC-DC 大规模的并联，难以防止短路和失控。

（3）由于脱离了蓄电池的防浪涌保护，通信设备将直接受到电源电压波动的影响，使通信设备处于不安全的境地。

（4）从电能传播的过程看，多进行了一次功率变换，造成能源资源的浪费。并且随着通信设备不断增加，通信电源系统的扩容也变得复杂起来，需要对整个变电站的操作直流电源整体考虑，增加了工程的复杂度，并且失去了最初节省投资的优势。

（5）变电站操作直流电源与通信电源的接地方式不同。操作直流电源是浮地系统，而通信电源是正接地系统，维护习惯也不同，在运行、检修工程容易出现误操作，导致不必要的安全事故。

参 考 文 献

[1] 许建安．电力系统通信技术［M］．北京：中国水利水电出版社，2007.
[2] 郝福忠．电力系统现代通信技术［M］．郑州：郑州大学出版社，2012.
[3] 钟西炎．电力系统通信与网络技术［M］．2 版．北京：中国电力出版社，2011.
[4] 于海广，王世刚．白城地区“十四五”电力通信网规划分析［J］．电子世界，2020（11）：62-63.
[5] 秦梦瑶，张乐，谷良．服务质量技术在山西电力数据通信网的应用实践［J］．山西电力，2024（1）：69-72.
[6] 冯志，陈刚．中山地区电力通信网 SDH 向 ASON 网络过渡策略与方法［J］．软件，2021，42（12）：65-67.
[7] 翟逸飞．电力载波技术在实验室照明系统中的应用［J］．科技风，2020（33）：197-198.
[8] 胡亚静．电力载波通信技术在能源数据采集系统中的应用［J］．电子技术，2023，52（2）：356-357.
[9] 魏亮．基于电力载波通信技术的智能家居系统的应用研究［J］．光源与照明，2022（1）：131-133.
[10] 郑健海．面向 5G 移动通信系统的信道估计关键技术研究［D］．南京：东南大学，2017.
[11] 黄韬，刘江，汪硕，等．未来网络技术与发展趋势综述［J］．通信学报，2021，42（1）：130-150.
[12] 卞思远．量子通信及其在电力通信中的应用［J］．通信电源技术，2020，37（5）：232-233.
[13] 包萌，王新智．智能电网技术在电力系统规划中的应用［J］．集成电路应用，2023，40（12）：192-193.